JN189926

再生可能エネルギーと 固定価格買取制度 FIT

グリーン経済への架け橋

ミゲル・メンドーサ
デイビッド・ヤコブス　著
ベンジャミン・ソヴァクール

安田 陽 監訳

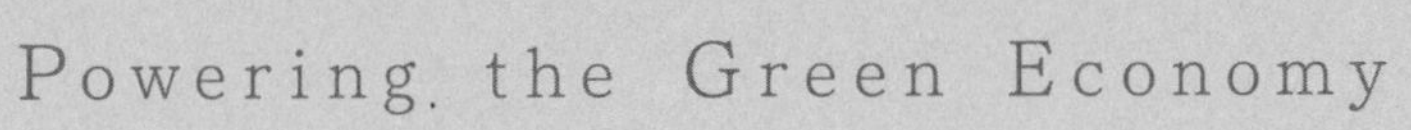

Powering the Green Economy

The Feed-in Tariff Handbook

京都大学学術出版会

Powering the Green Economy : The Feed-in Tariff Handbook
Copyright © World Future Council, Benjamin K. Sovacool and David Jacobs, 2010.
All rights reserved.
Authorised translation from the English language edition published by
Routledge, a member of the Taylor & Francis Group
through Japan UNI Agency, Inc., Tokyo

日本語版への序文

本書（原著）が発行されてから10年になります。人の一生から見ると10年という歳月は長く，その点で本書の**第1章「グリーン経済」**は，2000年代後半に行われた論争を懐かしく思い出させます。そこでは，米国の「新しい」オバマ政権が打ち出した，より多くのグリーンな雇用を生み出す計画について議論され，2008年の経済危機後に議会を通過した経済刺激政策について分析が行われていました。

今日では，おそらくそれとは違ったバックグラウンドで話を進めなければならないでしょう。多くの機会が見過ごされた結果，我々の日常生活は自然災害に常に晒されており，もはや気候変動に目を瞑ることができない世界の中で我々は暮らしています。地球規模の二酸化炭素排出が依然として増加する中，ブラジルやフィリピン，米国などの国々では，環境保護や進行しつつある破滅的な気象変動に対して関心を払わない指導者が国民によって選ばれています。まるで沈みつつあるタイタニック号の中で，食べ放題の食事にありつくことが最重要であるかのようです。

しかしながら，よりポジティブな話をすることも可能かもしれません。195ヶ国もの国がパリ協定に合意し，170ヶ国以上の国が再生可能エネルギーの導入目標を設定し，世界中の1000万人以上の市民が再生可能エネルギー関連の産業で雇用されています。……そして同時に，再生可能エネルギーの技術は誰もが想像し得なかった速度で進展しています。

人の一生から見ると10年という歳月は長いですが，再生可能エネルギーの技術史から見るとそれは一瞬に過ぎません。再生可能エネルギーの産業の変化は予想を超えており，2008年と2018年時点を比べるとその変化は顕著です。例えば，世界中の（水力発電を除く）再生可能エネルギーの設備容量は，2008年時点で280GWであったものが2018年には1000GWまで増加しています。中国一国だけ見ても，2017年末の段階でおよそ650GWの再生可能エネルギー（水力発電を除く）の設備容量を有しており，米国（241GW），ドイツ（112GW），インド（106GW），日本（79GW）がそれに続きます。再生可能エネルギーに対する投資は2008年時点で1500億ドル（約16.5兆円）[訳注1]であったものが，2018年には2800億ドル（約30.8兆円）に増加しています。

この発展は，太陽光発電の進化に着目すればより顕著です。2008年時点で13GWだった太陽光発電の設備容量は，2017年末には402GWとわずか10年で3000％以上増加しています。同じ時期に中国に設置された太陽光は，144MW[1]から131GWと増加率は950倍にものぼっています。

2008年時点では，太陽光はまだ非常に高コストな発電技術だと考えられており，固定価格買取（FIT）制度の買取価格はもっぱら30～50セント/kWh（約33～55円/kWh）の範囲でした。**第6章「各国のFIT制度の発展」**では，これらの歴史的知見のいくつかに焦点が当てられています。今日，太陽光は全ての発電方式の中で最も低コストなものになりつつあり，最近の入札では，サウジアラビアで1.79セント/kWh（約2.0円/kWh），アラブ首長国連邦で2.42セント/kWh（約2.7円/kWh），チリで2.91セント/kWh（約3.2円/kWh），メキシコで3.17セント/kWh（3.5円/kWh）と驚くべき価格が次々と打ち出されています。

幸いにも，今日でもFIT制度は存続しています。それはすなわち，本書の内容の多くの部分が依然としてFIT制度の設計として適切で有効であることを示しています。このことは，**第2章「基本的なFIT設計」**，**第3章「高度なFIT設計」**，**第4章「不適切なFIT設計」**，**第5章「経済新興国のFIT設計」**に見ることができます。本書で議論されたFIT制度の基本設計の全ての特徴は依然として変わらず，コスト効率的な再生可能エネルギー支援策として重要であり続けています。

この10年間で，あらゆるFIT制度の設計に関して多くの報告書が公表さ

1） http://www.ren21.net/Portals/0/documents/Resources/Background_Paper_Chinese_Renewables_Status_Report_2009.pdf

訳注1　本書では，日本の読者の理解のため，1米ドル≒110円，1ユーロ≒130円として日本円の換算額を参考までに表示している。

れています。例えば，2010年には米国の国立再生可能エネルギー研究所（NREL）から『FIT政策設計の政策決定者向け指針』が公表されており，2012年には国際連合環境計画から『発展途上国における再生可能エネルギーおよびグリーン経済を促進する政策ツールとしてのFIT』が公表されていますが，本書は過去10年に亘って依然として最先端であり続けています。

第8章では，再生可能エネルギーの開発に対する障壁について述べられています。この議論は以前に増してより重要なものになっており，本書の議論が依然として有効です。今日，この障壁はリスク低減のための投資という観点から議論されることが多く，本書では規制的側面（許認可手続きの簡素化，簡易で透明性の高い系統接続など）だけでなく，再生可能エネルギーの供給者との長期契約についても触れています。投資家がリスクを低減させるためには（すなわち資本コストや再生可能エネルギーの発電コストをより低くするためには），為替リスクやインフレリスクを緩和するために，また明確な供給契約（非給電時の補償を含む）を結ぶために，資金力があり信頼できる長期契約者の存在が必要です。

本書の**第9章**では，**「他の支援計画」**について議論しています。2000年代初頭の時点では，政策決定者は取引可能なグリーン電力証書[訳注2]やRPS[訳注3]かFITのどちらを選ぶべきか？が最も重要な政策議論でした。今日その議論は変化しており，RPSはもはやあまり広く利用されておらず，FITおよび入札制度（さらに小規模再生可能エネルギーのネットメータリング）が注目されています。

FITと入札制度は相反しないという点を強調することは重要です。事実，両者はお互いの利点を活かし難点を軽減するために，さまざまな方法での組み合わせが可能です。FITと入札制度を組み合わせは，主に以下の3つの選

訳注2　再生可能エネルギー由来の電力や熱の環境価値を第三者が認証し，発行した証書を取引する制度。自前では再生可能エネルギー設備を所有・使用していなくとも，証書を購入することで証書相当分の再生可能エネルギーを使用しているとみなす。

訳注3　政府が電力会社に対して一定割合（または量）の電力を再生可能エネルギーにより供給することを義務づける制度。固定枠制度・クォータ制ともいう。日本では2002年に「電気事業者による新エネルギー等の利用に関する特別措置法」として導入された。

択肢があります。

いくつかの国では，FITの価格水準を決定するために入札制度を利用しています。この動きは2000年中頃から始まり，中国ではFIT価格を決定するためのメカニズムとして入札制度を用いる実験を始めました。発電方式ごとの入札制度が実施され，その入札の結果，中国の政策決定者は現在の市場価格に基づきFIT価格を設定することができるようになりました。中国は国土が広大で地域ごとの再生可能エネルギー資源の差も大きいため，異なる地域に異なるFIT価格が適用されました。このことは入札制度とFIT両者の政策ツールの威力を増大させ，両者の併用が革新的であることを示しています。

他の国や地域では，成熟した発電方式には引き続きFITを利用するものの，十分に成熟していない発電方式（例えば政策的な料金を決めるための価格データが十分に揃わない場合）に対して入札制度が用いられています。デンマークのケースでは，陸上風車にはFITが適用される一方，洋上風車には入札制度が用いられました。同様の方式は中国でも見られています。主な理由は，まだ成熟していない発電方式は急速に進展する（そしてFIT制度の下で他の発電方式が経験した履歴とは違い，非常に急速に価格が低減する可能性がある）からです。さらに，未成熟の発電方式は価格について得られる情報が少ないという理由もあります。このため，政策決定者はFIT制度を用いて政策的に価格を決定することがより困難になっています。

さらに，小規模なプロジェクト（例えば1MWまで）にはFITを適用し，大規模なプロジェクトには入札制度を適用する国や地域もあります。この方式は現在，欧州のいくつかの国や地域で施行されており，日本でも大規模プロジェクトに対して入札制度を利用することが計画されています。大規模プロジェクトになるほど入札に関する高い運用コストをより上手く処理でき，同時にリスクテイクが可能となり，入札に関わるリスクを処理できるようになるため，この方式は有益です。

本書の最後の**第10章**は，**「FITの普及啓発活動」**について取り扱っています。エネルギー転換の新規参入者と既存の電力会社との間の摩擦は（残念ながら），過去10年間解決されず，今も残ったままとなっています。七面鳥は依然としてクリスマスに投票しておらず[訳注4]，再生可能エネルギーの急速な発展に対する論調はあまり変わっていません。主な違いは，再生可能エネルギーは今や最も低コストな電源であるということです。そしてそれ故に，再生可能エネルギーをさらに増やすことで，長期的に見てより低コストな電力システムが実現できます。このような事実は，FIT制度や再生可能エネルギーに対するさらなる支援を勝ち取るために，日本や他の国にとって，有益なものとなるでしょう。

FIT制度は以前にも増して多くの国で（およそ100の国や地域で）利用されています。また，日本や中国などトップランナーの国で，依然として多くの再生可能エネルギーに対する投資を呼び起こしています。本書によって，日本で再生可能エネルギーに対する更なる投資が呼び起こされることを，筆者らは期待します。

デイビッド・ヤコブス，2018年11月，ベルリンにて

訳注4　自分たちの不利になるものに賛同しない，という意味のことわざ。第10章参照。

翻訳者序文

本書は，2009年に発刊された“Powering the Green Economy: The Feed-in Tariff Handbook”の日本語版です。この度，原著の発刊からちょうど10年後という節目の年に日本語版が刊行でき，日本の多くの方に固定価格買取（FIT）制度とは何か？という本質論を改めて提供できる機会を作ることができたということは，翻訳者の一人として大きな喜びです。

と同時に，なぜこのようなFIT制度に関する基本的でわかりやすい「バイブル」が，これまで10年の長きに亘って日本語に翻訳されなかったのか……，という反省の念も少々混じっており，喜びも中くらいなり……，というのが正直な感想です。

日本でも2012年からFIT制度が施行され，今年で7年目を迎えますが，その間，FIT制度の基礎理論や理念に関するわかりやすい日本語の書籍や資料はほとんど見当たらず，専門論文かいくつかの専門書の一部に散見されるのみという状態が続いていました。これでは，なぜFIT制度が必要かという本質的な議論が日本国民全体で十分共有されないまま，誰かがどこかで決めた制度をなんとなく進めてきたと言われても仕方ないかもしれません。再生可能エネルギーやFIT制度の意義や基礎理論を一般の人々にも理解してもらうために努力をしなければならないのは，本来，再生可能エネルギーに関わる学術界・産業界の責任であり，我々はその積年の怠慢を大いに反省しなければならないとも言えます。

経済産業省の集計によると，2017年度はFIT制度による買取金額が約2兆7千億円を超えました。この額は2030年度までには4兆円になるとも予想されています。また，2019年度の家庭用電力料金に占めるFIT賦課金単価は2.95円/kWh，標準家庭の負担金は月額767円であると公表されています。この金額だけを切り取って見ると，「国民負担が増大する」という声が上がりそうですし，「FIT 制度により市場が歪められている」という意見も聞こえてきそうです。実際，そのように喧伝するメディアやネットの論調も少なからず見受けられます。

これらの論調は単純明快で一見わかりやすく，多くの人が共感しそうですが，それに対して本書は明確な反論を提示しています。そこでは，「社会的便益」や「外部コスト」というやや硬い響きのする経済学用語を用いながらも，一般の人々にもわかりやすい語り口で説得力を持つ形で，FIT 制度の理念や基礎理論が語られています。

FIT は決して国民負担ではなく，市場を歪めているわけではありません。むしろ，既に市場が歪んでおり，その歪みを是正するための有効な手段として FIT が選択されたのです。そして FIT 制度のもとでは確かに電気を利用する人々から電気代の一部として広く薄く原資が集められますが，それは決して無駄なコストを消費者に転嫁する「国民負担」ではなく，次世代に負の遺産を残さないための「投資」であり「次世代への富の移転」なのです。

このような FIT 制度に関する本質的な理解なしに，買取総額や標準家庭負担金額のみ切り取って喧伝するとすれば，行き着く先は「自分たちだけハッピーであれば，後の世代はどうなっても知らん！」という極論に容易に陥りがちです。日本で流布する FIT 批判を見ると，本書で語られる「便益」や「外部コスト」という概念が全くと言っていいほど登場せず，重要な視点が欠落したまま，視野の狭い表面的な損得勘定のみに拘泥しているように見えます。

もちろん，FIT 制度も万能ではありませんし，本書で（まさに 10 年前に！）指摘されている通り「不適切な FIT」に陥ってしまうケースも考えられます。日本の FIT 制度も，結果的に高コストな太陽光発電ばかりが偏重され，太陽光パネルの不適切な土地利用のために森林伐採や土砂流出など各地でトラブルも発生し，「不適切な FIT」に該当すると思われる事例も多く報告されています（まさに 10 年前に指摘されていたのに……）。

しかし，ここでも冷静な議論が必要です。FIT 制度は，万能ではないながらも有用です。もし現行の制度が「不適切な FIT」になりつつあるのであれば，不適切な部分を速やかに是正することが先決です。ここでも，そもそもFIT 制度は何のためにあるのか？という基礎理論を押さえておかないと，何でもかんでも十把一絡げに「FIT のせいだ！」と FIT 制度そのものを否定してしまいがちです（その結果，市場の歪みが放置されてしまう可能性があります）。よくわからないけど誰かのせいにして文句を言って溜飲を下げるだけでは問題は解決しません。何が問題かを冷静に切り分け，より良い方向に向けた具体的な解決方法を考えることが重要です。その点も幸い，日本が FIT 後発国であるという立場を謙虚に利用すれば，本書の中で多くの先行者の知見が見つかります。

日本では，FIT 制度施行後 7 年が経つにも関わらず，残念ながら FIT 制度の根本的な理解が浸透せず，むしろ誤解や歪曲された解釈の方が多く流布しているようです。そのような状況に陥ってしまっている理由は，ひとえにFIT 制度の基礎理論に関するわかりやすい日本語の本がほとんど存在しなかったからだ，と言えるのではないでしょうか。

そのような状況の中，英語圏で「FIT のバイブル」とも評価される本書を原書の発刊後実に 10 年遅れではあるものの，ようやく日本語版として出版することができました。本書の内容は，おそらく多くの日本の読者にとって，極めて新鮮に感じられることでしょう。そして，このような議論が「既に 10 年以上前から行われていた」という事実に愕然とするかもしれません。

再生可能エネルギーはインターネットやスマホと比較されるくらい急激に進展している分野であり，技術や法制度もこの 10 年で劇的な進化を遂げています。その点で，10 年前に出版された本書は既に「古典」の部類に近く，本書で紹介された一部の情報は既に陳腐化したり，すっかり状況が変わっているものもあります。しかし，今回の日本語版ではそのようなやや古い情報も，「当時から既にこのような議論が行われていた」という日本の読者への情報提供の意味も込め，そのままの形で翻訳してあります。最新情報に関しては，翻訳者一同が入手できる限り訳注にて追加情報を提供しています。原著者を代表して，デイビッド・ヤコブス（David Jacobs）氏からも日本語版への序文を寄せて頂き，原著から 10 年経った時点での最新動向も交え回顧的に解説頂きました。

経済産業省によると，日本でも 2020 年度に FIT 制度の抜本的見直しが示唆されています。「FIT 制度の抜本的見直し」が何を意味するのかはまさにこれから議論が進むと思われますが，これを機会に多くの国民が再生可能エネルギーや FIT 制度の意義をもう一度改めて共有し，次世代に何が残せるのかを真剣に議論する必要があるでしょう。本書がその「良き議論」のきっかけとなることを望みます。

安田　陽，2019 年 7 月，翻訳者を代表して

推薦の言葉

I.

固定価格買取制度（FIT）は，再生可能エネルギーの発電と利用の割合を急速に拡大するための最良の支援メカニズムであることが明らかになっています。ドイツでは，再生可能エネルギー法（EEG）により，再生可能エネルギー発電電力量の比率を2000年の6%から2008年の15%以上へと増やすことに成功しています。固定価格買取制度は最も重要な気候変動対策の手法となっており，EUの排出量取引制度よりもはるかに有効です。ドイツだけでも，固定価格買取制度は2008年に二酸化炭素換算7900万トンの排出量を削減し，これはアルメニア，ボツワナ，カンボジア，カメルーン，エルサルバドル，アイスランド，アイルランド，パラグアイ，セネガルの年間排出量を合計した値を上回っています。

2010年には，ドイツ緑の党は2030年までに全ての発電電力量が再生可能エネルギーによって供給されなければならないという目標を定めました。これは意欲的な目標ですが，世界的な気候変動とエネルギー安全保障の面から絶対に必要なものです。ドイツ緑の党が2010年までに再生可能エネルギー電力の比率を2倍にするよう提案する決議をした時に，多くの人が緑の党は愚かであり，その要求項目は不可能だと言っていました。しかし，固定価格買取制度のおかげで，2007年には早くも再生可能エネルギー発電電力量の比率は2倍になりました。今日，温室効果ガス排出量を削減するだけでは十分ではありません。我々は今後危険な温室効果ガスの排出を止めなければならないですし，それは再生可能エネルギーを基盤とした社会システムに完全に移行することによってのみ可能なのです。

このようなエネルギー供給の根本的な変化により，社会全体にとっての新しい機会が生まれています。ドイツでは，1998年時点で3万人が再生可能エネルギー分野で働いていました。その10年後には約30万人となり，すぐに50万人となると予想されています[訳注1]。ドイツの産業は総売上高が300億ユーロ（3.9兆円）であり，そのうちの大きな割合が技術輸出によるものです。固定価格買取制度は政府支出から独立しているので，世界中で行われている税収からまかなわれる景気刺激策とは対照的に，現在の経済・金融危機を克服する効果的な手法であることが明らかになっています。従って，固定価格買取制度は，公的借り入れを用いずに，新たな投資や雇用につながる安定的で成功の可能性が高いインセンティブをもたらしています。

固定価格買取制度は再生可能エネルギーを支援するための最良の方法ですが，実際の制度設計ではコスト効率的かつ効果的な支援が極めて重要となります。そこで本書が役立つこととなります。過去数年の間に，北米，中国，南アフリカ，オーストラリアを含め，世界のさまざまな地域の政府が固定価格買取制度を検討または導入してきました。本書は，世界中の政策決定者が効果的な固定価格買取制度を設計するのを助ける重要な手引きです。それゆえに本書は，気候の保護，エネルギーの確保，さらに世界平和の拡大に貢献するでしょう。私は本書から学ぶことを強く推薦します。

ハンス-ヨーゼフ・フェル，国会議員（原著刊行当時）

ハンス-ヨーゼフ・フェル氏はドイツ連邦共和国の国会議員であり（当時），2000年にドイツで導入された固定価格買取制度（EEG）の法案の起草者です。フェル氏は欧州太陽エネルギー協会（EUROSOLAR）の副協会長であり，再生可能エネルギー世界会議の一員です。

訳注1　ドイツ経済エネルギー省のデータによると，ドイツの再生可能エネルギー関連雇用は2011年の416,500人をピークに緩やかに減少し，2017年には316,600人となった。これはとくに太陽光発電関連の雇用減少の影響を受けている。
https://www.erneuerbare-energien.de/EE/Redaktion/DE/Downloads/zeitreihe-der-beschaeftigungszahlen-seit-2000.html

Ⅱ．条件を公平にする　～固定価格買取制度の便益

フランス人科学者のアレクサンドル・エドモン・ベクレルは1839年に初めて光電効果を発見しました。アルバート・アインシュタインはその法則を示し，1921年にノーベル賞を受賞しました。光電効果を用いた太陽光発電は1950年代はじめに米国の人工衛星ヴァンガード1号で最初に実用化されました。しかし，太陽光発電が広く商業利用されるのは，2000年代に入ってからです。

太陽光発電の技術史からわかることは，その大幅な普及拡大の鍵は研究室内での技術開発と同様に公共政策にもある，ということです。特に欧州では，政府が再生可能エネルギーの需要を促進するようになって初めて，民間投資家が太陽光発電パネルの大量生産に対して大規模な投資を行う意欲を示しました。そして，太陽光発電のバリューチェーン全体で急速に価格が低下し，急激な技術革新が起こり，我々の将来のリスクを低減させるために必要な低炭素エネルギーインフラにおいて太陽光発電が莫大な潜在量を持つことを示すといったことが，わずか数年間で次々と起こりました。

もう一つのノーベル賞と呼ばれるライトライブリフッド賞を受賞したヘルマン・シェーアと緑の党のエネルギー分野の広報担当であるハンス・ヨーゼフ・フェルを含めたドイツの政策立案者たちは2000年代初頭に明確な将来像を思い描いていました。それは，信頼性の高い大規模市場によってのみ，太陽電池メーカーは太陽光発電のコストを将来的に低減させうる「規模の経済」を達成することができるようになる，というものです。ドイツの再生可能エネルギー法（EEG）は再生可能エネルギーによる発電電力量に対して一定の価格で20年間の「固定価格買取」が支払われることを保証しています。この固定価格により，バリューチェーン全体のすべての参加者が合理的な利益を得ることができ，この利益はさらなる生産拡大とコスト低下に再投資されることが期待されています。

固定価格買取制度により，太陽光発電を大規模市場に組み込む準備を行うという点でファーストソーラー社やその他の太陽光発電事業者の歩みが大き

く加速されました。2005年には，ファーストソーラー社は初めて年間を通じて操業し，20MWの太陽光モジュールを生産しました。当社は2005年に3ドル/kWh（約3.3円/kWh）という製造コストを達成しました。ドイツの2004年の改定再生可能エネルギー法の施行により，当社にとって，より大規模な初期投資を惹きつけ，急速かつコスト効率的に事業活動を拡大する必要に迫られるような市場がもたらされました。オハイオ州ペリズバーグの当社初の工場での生産を拡大しつつ，ドイツ西部の100MWの生産能力を持つ工場に対して1億1500万ユーロ（約150億円）の投資も行ないました。2009年には，当社は世界全体での生産能力はピーク相当容量で1GWとなり，革新的かつ前払い式の使用済みモジュールのリサイクル手法を含めて，製造コストはワットあたり1ドルを切ると想定しています。再生可能エネルギー法により，当社は単に世界最大級の太陽電池メーカーの一つとなっただけではなく，あらゆる業種の中で最も持続可能性の高い製造業者ともなりました。

この成功には，ドイツや各国での固定価格買取制度の導入は不可欠でした。世界中で40以上の州や国がなんらかの固定価格買取制度を採用してきました。その全てがドイツほどの成功を収めたわけではありませんが，他の政策支援よりも非常に早く，実現が容易で持続可能な成長をクリーンエネルギー産業にもたらしました。

今後，FIT以外に低炭素型のエネルギーインフラを達成するような代替策はありません。本書はその道筋を示しています。より早く固定価格買取制度を導入し，世界中で市場を拡大すればするほど，我々はより早く100%目標を達成できます。私は筆者らがこのような有用で洞察に満ちた立法者・意思決定者向けの手引書を出版したことを称賛します。

マイク・エイハーン，ファーストソーラー会長（原著刊行当時）

謝　辞

ミゲル・メンドーサは以下の方々の支援，情報提供，励ましに感謝します。Herbie Girardet 氏と Azad Shivdasani 氏，David Jacobs 氏および Benjamin Sovacool 氏。世界未来評議会（World Future Council）のスタッフ，資金提供者，アドバイザー，評議員。ハンブルク市と Michael Otto 氏。Earthscan 社の Mike Fell 氏，Claire Lamont 氏，Hamish Ironside 氏および Dan Harding 氏。UNEP（国連環境計画）の Achim Steiner 氏，Nick Nuttall 氏および Maxwell Gomera 氏。David Suzuki 氏。Frances Moore Lappé 氏，Daniel Kammen 氏，Peter Coyote 氏，Paul Gipe 氏，Jose Etcheverry 氏，Janet Sawin 氏，Bianca Barth 氏，Randy Hayes 氏，Lois Barber 氏および再生可能エネルギー連盟（Alliance for Renewable Energy）の運営委員会。Jay Inslee ワシントン州知事。Alan Simpson 国会議員，Leonie Green 氏，Dave Timms 氏，David Toke 氏および全英 FIT アライアンス（the entire UK tariff coalition）。Stephen Lacey 氏，Lynda O'Malley 氏，Lily Riahi 氏および Brook Riley 氏。Toby Couture 氏，Manu Sankar 氏，Jaideep Malaviya 氏，David Moo 氏，Jonathan Curren 氏，Charmaine Watts 氏と Stefan Gsänger 氏。彼らなしでは私が一言も書けなかったであろう，数えられないほどの思想家，著述家，アーティスト，俳優，環境 NGO。私のかけがえのない人たち，Mike Wallis 氏，Fiona Balkham 氏，Daphne Kourkounaki 氏，Dennis Keogh 氏，Daniel Oliver 氏，Mendonça 家および Blachford 家のみなさん，特に Lou and Joe。

デイビッド・ヤコブスは以下の方々に感謝します。再生可能エネルギー電力の支援メカニズムについての研究への資金提供をして下さったドイツ連邦環境基金（The German Federal Foundation for the Environment; DBU）。環境政策研究センター（the Environmental Policy Research Center; FFU）の Danyel Reiche 氏，Lutz Mez 氏および Miranda Schreurs 氏。世界未来評議会（World Future Council）

の Carsten Pfeiffer 氏，Hans-Josef Fell 氏，Fabian Zuber 氏，Thomas Chrometzka 氏，Janet Sawin 氏，Mischa Bechberger 氏，David Wortmann 氏，Florian Valentin 氏，France, Frigiliana, Fritz, Ulla および Mascha。

ベンジャミン・K・ソヴァクールは以下の方々に感謝します。本書への熱心な支援と再生可能エネルギーに関する公共政策全体について，リー・クワンユー公共政策学院（The Lee Kuan Yew School of Public Policy）とアジア・グローバリゼーションセンター（the Centre on Asia and Globalisation）に。Paul Gipe 氏にはカナダでの固定価格買取制度についての最近の出来事に関する重要な情報を提供する手間をとってくれたことに。Wilson Rickerson 氏と Toby Couture 氏には米国での固定価格買取制度を修正する手助けをしてくれたことに。これら 3 人には特別な感謝を送ります。最後に筆者は本書で報告されている業績の要素を支援してくれた補助金（T208A4109）を提供してくれたシンガポール教育省に深く感謝します。本書で示されているあらゆる意見，所見，結論，勧告は必ずしもアジア・グローバリゼーションセンターやシンガポール教育省の見解を反映したものではなく，筆者によるものです。

目　次

凡　例

1. 本書は Miguel Mendonça, David Jacobs, Benjamin K. Sovacool, "Powering the Green Economy: The Feed-in Tariff Handbook."（Routledge, 2009）の日本語訳である。
2. 原著刊行後の最新の情報は，訳注として適宜付した。
3. 各章ごとに翻訳を分担した。各翻訳者の分担は本書末尾に記載している。
4. 海外の通貨は変動があるが，読者の直観的な理解のため，1 米ドル＝約 110 円，1 ユーロ＝約 130 円として円換算値を併記した。

序章

本書は再生可能エネルギーを推進するための政策，すなわちグリーンで安定的な経済のための基本条件を構成する最も効果的な政策について書かれています。この政策は，固定価格買取制度，略して FIT（Feed-in Tariff）と呼ばれ，他に，REP（再生可能エネルギーへの支払い）や ART（先進的再生可能エネルギー固定価格）など，多くの別称をもつ政策です。

FIT では再生可能エネルギー電力の購入に対して固定価格を定めます。通常，発電事業者には電力システムに送られた単位電力量当たりまたはキロワット時（kWh）あたりの小売料金以上のプレミアム価格が支払われます。FIT では通常，電力会社に対し管轄エリア内の適格な発電事業者からすべての電力をプレミアム価格で長期間にわたり購入するように要求します。全ての電力会社および送電事業者に，全ての接続可能な再生可能エネルギー電力供給事業者を電力システムに接続し，電力会社が連系コスト，または少なくとも系統拡張コストを支払うことを義務付ける場合もあります。こうしてすべての電力消費者にそのコストを配分することで，再生可能エネルギーをますます増加させつつ，コストを最小限に抑えることができます。

FIT は，一見そうは見えませんが，非常に画期的なツールです。政府，電力会社，系統運用者，送電・配電事業者，そして一般消費者など，電気に関する現在のプレーヤーの担う役割を変えるツールです（図 0.1 参照）。この本で徹底的に明らかにしていくように，規制機関は一般的に，さまざまな発電コストに関係のあるエネルギー種，発電所の規模，立地，開始年によって FIT 制度を細かく設計します。また，全てが良いとは限りませんが，他にも制度設計上の選択肢があります。

FIT が適切に制度設計され，施行されるならば，それは電力消費者，電力会社，政治家，企業，農家，そして社会全体に大きな利点をもたらすことができます。FIT に反論する人々は「FIT は太陽光パネルを買う余裕がある金持ちのための制度であり，他の人々が金持ちのために負担を強いられる制度である」と言ってきましたが，FIT はそのようなものではありません。

FIT は，保証された支払いを受けるため，またより多くの収入とエネルギー供給の信頼性向上から便益を受けるために，消費者自らが発電を行うことを推奨する制度です。このような便益により，電力価格が下がり，すべて

図 0.1　典型的な FIT がどのように電力需給を変えるかを示す概略図

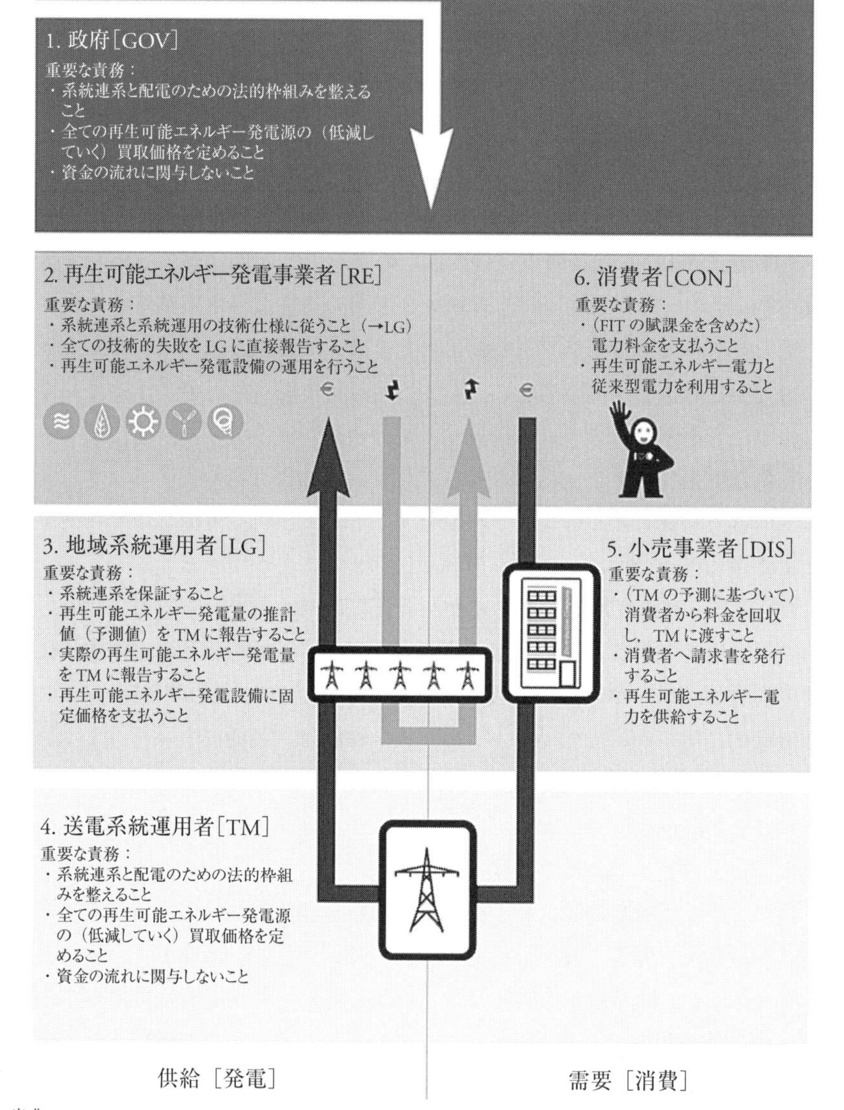

出典：European Renewable Energy Council, 2007

の電力消費者が恩恵を受けることになります。電力会社は，化石燃料の燃料費を（バイオマス以外は）燃料費が不要な再生可能エネルギーに置き換えることができ，燃料費と電力料金の変動幅が縮小することから，便益を得ます。FITを通じて，再生可能エネルギー発電技術の製造部門が大いに活性化され，税収とコミュニティ内の高賃金の雇用をもたらすことが多いため，政治家にも便益があります。さまざまなプレーヤーの中でも，とくに企業や農家は，発電設備を設置して追加的な収入を得ることができます。その結果，温室効果ガスの排出削減と電力部門の多様化により社会的便益がもたらされます。適切に設計されたFITにより，これらすべてを低コストで実現することができます。

なぜ適切に設計されたFITが必要なのでしょうか？　気候変動に関する政府間パネル（IPCC）によれば，温室効果ガスの実効性のある削減は10年以内に開始されなければならないことが示されています。この分野のすべての専門家が，この取り組みにおいて再生可能エネルギー（および省エネルギー）が重要であることに同意しています。

FITは，再生可能エネルギーの急速な普及と規模の経済性を通じて技術発展を促進します。そのため，再生可能エネルギーの発電コストを低減させ，石炭，ガス，石油および原子力に基づく従来の電力システムに対する競争力を向上させます。適切に設計されたFIT制度を実施する国の数が多ければ多いほど，より早く再生可能エネルギー電力のコストは，従来の電力コストよりも低くなります。これはもはや数十年単位の問題ではなく，数年単位の問題です。我々がこの転換点に達した場合には，FITの役割は成し遂げられたとみなされ，仮にFITが継続するとしても限定的な場合にのみ必要とされるでしょう。

世界各地の例を見ると，再生可能エネルギー技術はエネルギーシステムの主力になる可能性を持っています。風力エネルギーやその他いくつかの再生可能エネルギー技術の価格は，すでに多くの国の電力スポット市場[訳注1]で支払われている価格と同程度です。太陽光発電（PV）は市場で最も高価な再生可能エネルギーと長い間考えられていましたが，そのコストは今後10年以内に最終消費者が電力に支払う価格と等しくなる「グリッド・パリティ[訳注2]」に達するでしょう。開発途上国では，ほとんどの再生可能エネルギー技術はディーゼル発電機の高価な電力よりもコスト効率が高くなっています。FIT を実施することにより，上昇を続ける化石燃料のコストと低下を続ける再生可能エネルギーのコストとの間に残っている差は，より早く縮まるでしょう。

したがって，FIT についてしっかりと議論することは，社会が現在直面しているエネルギーと資源の課題を考える上で，重要です。我々人間の社会において必要な転換とは，供給源から消費への人為的で直線的な流れから循環型の生活様式に，我々を本質的に引き戻すものです。自然はその範囲内で，非常に高度にリサイクルを行い，生態系を維持しています。特に過去半世紀の多くの生態学の思想家が述べたように，根本的な真実として人間も自然の一部なのです。我々は間違いなく，時代が進むにつれてより洗練された方法で物質を組織し，相互作用し操作しています。しかし，基本的に我々は自然からのインプットに依存した自己駆動型の生物システムです。

再生可能エネルギー資源に基づくエネルギーシステムはこれを部分的に再現する試みであり，これによって人々が自然と同調でき，ほとんど自然に影響を与えることなく利用できることが明らかになります。従来の化石燃料や核燃料の使用にともなう作業，供給プロセス，汚染物質，政治的腐敗，テロの脅威，気候変動への影響，その他の外部性と比較して，再生可能エネルギーを利用した環境破壊のレベルはごく僅かとなります。

我々が依然として物質的な誘惑に支配された営みの上にいることを考えれば，このままこの道を進み続けるには，大量のエネルギー投入が必要となります。特に，人類がこの大きな課題にすぐに取り組む見込みは小さい上に，人口は今世紀半ばまでに約 50％増加すると予想されているので，尚更です。気候の大変動という漠然とした不安は我々の日々の意識にぼんやりとつきま

訳注 1　指定された受渡日で発電または販売する電気を入札し，売買を成立させる市場。日本卸電力取引所（JEPX）では翌日に受渡する電気の取引を行う市場である一日前市場で，一日を 30 分単位に区切った 48 商品を取引している。

訳注 2 「グリッド＝送電網」，「パリティ＝等しい」という意味であり，ここでは太陽光発電の発電コストが，電力小売価格と等しくなることを表す。

とっていますが，あまり実感がなく，物質的で直接的な危険を感じた際に見られる生存本能のトリガーとなるまでには至っていません。その結果，これまでのところ十分な速度での対策はほとんど行われていません。このエネルギー需要の増大を想定すると，今後必要となるのは新たな社会基盤，社会的および政治的な意識の急激な高まり，脱炭素化への大規模な取り組みです。

そこで我々にとっての選択肢は，FIT を広く導入することで，生活スタイルや製造および輸送，ビジネスの手法を，より体系的に安全なものにしていくことです。筆者らの見解では，従来のエネルギー産業に解決策を委ねることや，固定枠，クレジット，および自発的プログラムなどの他の政策メカニズムに解決策を委ねることは真の解決策ではありません。筆者らは，エネルギー生産の地域分散化と民主化が，21 世紀の基礎的な必要条件と考えています。これは参加する人々に幅広く大きな便益をもたらすような軌道の転換です。かつて哲学者のユルゲン・ハーバーマスが述べたように，「啓蒙の過程では全員が参加者でありうる」のです。FIT の便益は充分に実証されていますが，この潜在的なエネルギー革命に参加することを選択した社会のみに大きな便益がもたらされます。

これらの便益は非常に重大なものです。というのは，再生可能エネルギー電力の民主化の利点は，経済，財政，環境，社会，政治，地政学，技術，医学の全てに関わるものであり，また以下のようなエネルギーシステムを生み出すからです。

- そのエネルギー源を活用する技術が整備されていれば，エネルギー源は無料で，安く，広く利用可能で，永続的に補充されます。
- 供給は完全に信頼性があり，その多くは地域に根ざしたものであり，国家安全保障を強化します。
- それぞれの国が国内で利用可能な資源を使い始めるにつれて，絶えず存在する資源に関する紛争のリスクが最小限に抑えられます。
- ほぼ全ての建築物，駐車場，屋根，畑または水域を発電に利用することができます。
- 水質汚染，土地の荒廃，大気汚染，激しい気候変動といった，従来の発電に伴う環境負荷は減少し始めます。

・より多くの地元の雇用を活用し，コミュニティ内での収入を維持し，競争力のある製造業を促進することで，経済はより強固なものとなります。

実際に，こうした理由により，再生可能エネルギーは現状よりもはるかに進展することが望ましいと考えられます。現在でもそうなのですが，特にレーガンとサッチャーの保守派政府での1980年代の米国と英国における嘆かわしい政治的決断により，従来型エネルギーは以降ずっと勝利者として選ばれ続け，中央政府から巨額の補助金を獲得し続けています。国連環境計画（UNEP）による報告書『エネルギー補助金の改革：気候変動問題への貢献の機会』では，毎年こうした補助金に約3000億ドル（または世界経済の生産額の0.7%）が使われているという数字が示されています（United Nations Environment Programme, 2008）。

従来型エネルギー源に対する優遇は，国家規模のみでなく，世界規模でも存在しています。国際原子力機関（IAEA）に対して再生可能エネルギーの対抗勢力がいない，また国際エネルギー機関（IEA）が再生可能エネルギーへの支援を持続的に行わないことが，再生可能エネルギー技術への重要な政治的関与と支援に対する大きな障害となっています。実際に，エネルギーウォッチグループ（EWG）（ドイツの環境シンクタンク）の専門家グループは，IEAが再生可能エネルギーに関する誤解を招くデータを公表したとの報告を作成し，IEAから各国政府へ行った助言において風力発電からの発電電力量を一貫して過小評価していると主張しています（Peter and Lehmann, 2008）。議論の余地はあるものの，IEAが石油，石炭，原子力を「代替不可能」な技術として推進しながら，風力エネルギーに対しては「無知と軽蔑」を示していると同グループは主張しています（Adam, 2009）[訳注3]。

2009年に国際再生可能エネルギー機関（IRENA）が設立されたことで，この問題が部分的に改善されることが期待されています。また政府がエネル

訳注3　IEAでも2010年代になってから，再生可能エネルギーに関して肯定的・積極的な報告書が相次いで公表されている。例えば，IEAの最新の「エネルギー展望（2018年版）」では，2040年の電源構成（発電電力量ベース）の高位シナリオ（持続可能発展シナリオ）における再生可能エネルギーのシェアは64%を占めると設定されている。

ギー戦略に関する助言を求める際に，再生可能エネルギーがより良い立場となるようIRENAが後押しすることが望まれるでしょう。情報提供，知識移転，政策アドバイス，能力開発はすべて，IRENAが行うべきことに含まれ，IRENAは世界中に存在する豊富な専門知識と経験を活用するでしょう。この重要な新しい国際機関は，再生可能エネルギー拡大への迅速かつ効果的な貢献をすることが望ましいのですが，これまで再生可能エネルギーの発展を制限してきた既得権益団体からの反発にも対応しなければならないでしょう。従来型のエネルギー生産に組み込まれている労働組合と投資によって，政府の政策に影響を与える力学が作り出されています。

喜ばしいことに，本書はドイツやスペインのような再生可能エネルギーの主要国での豊富な事例を紹介することができました。こうした国では，従来型発電よりも再生可能エネルギー資源から多くの便益を得ることができていて，その便益をより幅広く配分できています。政策決定者が再び電力供給だけでなく交通・輸送・物流の将来についても議論しているこの重要な局面で，これらの長所が極めて重要になります。発電により，輸送手段の根本的な変化への扉が開かれるかもしれません。例えば，電気自動車への移行により，石油とガソリンへの依存を実質的に電気に置き換えることができます（UK Industry Taskforce on Peak Oil and Energy Security, 2008）。さらに，沿道の磁気浮力推進式（maglev）風車，道路や駐車場の表面からの熱と振動の利用，界面技術を用いた車両自体からの磁気発生など，車両ベースのインフラから発電できる多くの技術が進んでいます（Magkinetics, 2009）。

人類の創意工夫により，この種の躍進がさらに進み，再生可能エネルギーの普及拡大に対応した革新がさらに加速することは疑いがありません。エネルギーを理解し利用する方法を劇的に変えるような，他のエネルギーシステムと相互に作用する再生可能エネルギー技術の可能性を以下の図に示します（図0.2参照）。右側の例は，現在開発中のいくつかの技術革新を示しており，将来の潜在的な開発領域を示唆しています。したがって，ある意味で本書は，今日存在する再生可能エネルギー技術を促進することだけでなく，近い将来に採用されるであろう政策枠組みを準備することについても述べています。

図 0.2　再生可能エネルギーの普及の環状便益図

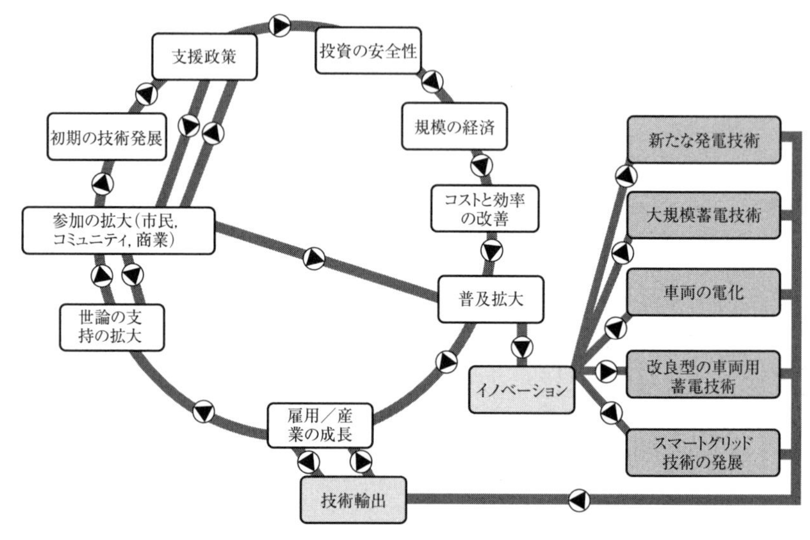

出典：Girardet and Mendonça, 2009

本書の各章では，適切に設計されたFIT政策の顕著な便益の多くを検討しています。こうした便益には，よりクリーンで効率的な企業や産業，地域住民や政治家の能力強化，地域の団結と健康の促進，化石燃料への依存度の低減が含まれます（表0.1，第2章および第3章参照）。しかし，この図式は完全にバラ色ではありません。不適切にデザインされたFITは，多くのリスクと課題をもたらします（表0.2および第4章参照）。要点は，当然のことながら，最初の一連の便益を達成し，次に訪れるさまざまなコストを最小限に抑えるFITを設計する方法です。

以下の章では，その方法について説明します。

・第1章「グリーン経済」では，今日の再生可能エネルギー政策にとって政治的，社会的で核心的な問題の一つ，すなわち景気回復を検討していきます。ここではグリーン経済を扱います。とくに，政策を後押しする要因，変化への障害，なぜ市民と地域社会が自らのエネルギーを生産し始められるよう能力を高める必要があるかについて論じています。

表 0.1 FIT の経済・政治・社会・環境面での利点

●経済面	・環境系の仕事の雇用の創出 ・国内の製造業と輸出産業の創出 ・経済発展の促進 ・従来型燃料の価格変動に対する影響の緩和 ・都市，農村のどちらでも新たな収入を生み出すビジネスの機会の提供 ・再生可能エネルギー技術のサプライチェーンの確立の機会の提供 ・投資家への安定的な投資環境の提供 ・市場の成長につながる安定的な状況の創出 ・グリーン電力の発電コストの低減 ・再生可能エネルギー部門での輸出機会の開発及び拡大 ・簡略かつ透明性のある政策体系により新興企業やイノベーターの活動の促進
●政治面	・再生可能エネルギー政策を支持するステークホルダー組織の拡大 ・再生可能エネルギーの普及に向けた方向性の明示 ・再生可能エネルギーと排出削減の目標を達成するための仕組みの創出 ・環境保護に関する潜在的な市民，コミュニティー，そしてビジネスの役割に対する理解の増進 ・エネルギー安全保障とエネルギー自給率の向上 ・より分散型で強靭な電力システムの促進
●社会面	・市民とコミュニティーによる気候変動と環境保護の活動への参加の促進 ・市民とコミュニティーの能力開発 ・コミュニティーの強靭性の向上 ・再生可能エネルギーが地域や都市においてありふれた光景の一部となることを促進 ・再生可能エネルギーによる直接の利害関係と認識の向上による世論の支持の拡大
●環境面	・炭素排出量の削減 ・汚染物質の低減 ・エネルギー効率化の促進 ・化石燃料への依存の低減

・第 2 章「基本的な FIT 設計」では，FIT について一度も聞いたことが無い人が知っておくべき情報を提供します。ここでは，FIT の基本的な定義，それがどのように機能するか，およびよく設計された FIT の基本要素を取り扱っています。この章では，世界中の政策立案者が基本的で機能的な FIT 制度を策定できるようにします。

・第 3 章「高度な FIT 設計」では，FIT 制度が一定期間実施された後に出現する可能性があるすべての制度設計の選択肢について説明してい

表 0.2　FIT に関わる経済・政治・社会・環境面で取り組むべきこと

●経済面	・普及が著しい場合，FIT によるコストの抑制 ・発展途上国での FIT の場合，賦課金の支払者からの支援不足 ・「投機的な売買」の防止 ・投資意欲と費用抑制の調整 ・製品製造における原材料価格の高騰 ・製造でのサプライチェーンの確立 ・（太陽光発電のように高価な資源が多く含まれる場合）電力価格への短期的な上昇圧力 ・的確な買取価格の設定と，毎年度のコスト効率性の維持 ・特に新しい技術については技術発展の継続的な追跡という課題 ・電力価格のわずかな上昇によって引き起こされるあらゆる負の経済影響の最小化（例えば，FIT 費用の影響を大きく受ける電力多消費型産業や低所得世帯の保護）
●政治面	・既得権益を持つ団体からの反発 ・再生可能エネルギーへの低い政治的優先度 ・原子力や「クリーンコール」等の大規模集中型供給の優先 ・「影響の少ない」（効果の乏しい）FIT の政策設計への圧力 ・既存の制度との組み合わせ ・投資の混乱を引き起こさない既存の制度からの転換 ・プランニングシステムが再生可能エネルギーの普及を妨げないことの保証 ・電力価格上昇への反対 ・許可制度とその他の障害
●社会面	・最適な場所探しの競争により「NIMBYism」への結びつくこと ・（特に燃料不足の人々にとって）燃料代金の上昇への反発 ・低利子ローン等のように，一般市民が参加できる投資方法の開発 ・個別の法人，電力会社による所有よりも，地域での参加と所有の最大化 ・短期的な電気料金の上昇から低所得世帯を保護 ・消費者間，地域間でのコストの適切な分担 ・新規の送電線建設によるプロジェクトへの反対運動発生の可能性
●環境面	・発電設備を導入可能な場所の制約 ・バイオマス燃焼システムの大気汚染の懸念 ・潮力，波力そして洋上風力の海洋への影響 ・蝙蝠，鳥などの生物ごとの影響 ・土地利用問題と対立 ・新規の送電線建設が反対を生む可能性 ・特に風車の騒音や「シャドーフリッカー」[訳注4] の影響

訳注 4　晴天時に風車のブレードが回転する際に，影にあたる部分で明暗が繰り返されること。

ます。過剰な利益をより削減し，再生可能エネルギー電力を従来の電力市場により良く統合するために，高度な設計オプションを実行することができます。

・第4章「不適切なFIT設計」では，どの制度設計の選択肢を回避するべきかを読者にお伝えします。世界中の政策立案者は，30年以上にわたってFIT設計を論じてきましたが，常に成功するとは限りません。このような落とし穴を避けるため，著者らはいくつかの事例を用いて，最悪の状態をもたらす要因を示しました。
・第5章「経済新興国のFIT設計」には，新興国や発展途上国向けの特別な革新的制度設計の選択肢が含まれています。FIT設計は非常に柔軟性が高く，先進国と並行して，発展途上国固有のニーズにも対応できます。この章では，資金調達，コスト管理そしてミニグリッド（小規模系統）に関する問題を重点的に扱います。
・第6章「各国のFIT制度の発展」では，代表的な国や地域の例でのFIT制度の現在の導入状況を詳しく検討しています。この章では，欧州（ドイツ，スペイン，英国），北米（カナダおよび米国），アフリカ（ケニアおよび南アメリカ），アジア（インド）およびオーストラリアでの事例を紹介しています。
・第7章「技術的神話の解体」では，再生可能エネルギーを取り巻く多くの悪意ある神話を打ち壊していきます。ここでは，すでにどれほど多くの自然エネルギーシステムが信頼度の高い電力供給を常時実現しているかを論じます。風力や太陽光などの「変動性」再生可能エネルギーは，相互に連系すること，他の再生可能エネルギーと統合すること，また省エネルギー技術や蓄電技術と統合することで，非常に信頼度の高い電源となりえます。間欠性，相互連系，送電そして配電に関するいわゆる「技術的問題」は，もはや急速な再生可能エネルギーの拡大を妨げることはないとここで論じています。
・第8章「再生可能エネルギー導入の障壁」では，再生可能エネルギーの普及に伴う経済的，政治的そして社会的障壁を詳しく見ていきます。この章は，情報の不足や市場の失敗，矛盾した政策的支援や従来のエネルギーシステムへの不当な補助制度，効率性と節約よりも消費と物質的豊かさを優先する文化的態度とその価値観などの問題点について扱っています。

・第 9 章「その他の支援計画」では，FIT と組み合わせて（もしくは代替策として）使用される 8 種類の政策メカニズムを詳しく扱います。すなわち再生可能エネルギーポートフォリオ基準（RPS）[訳注5] と割当制度，取引可能な証書と発電源証明（9 章で後述），自主的なグリーン電力制度，ネットメータリング[訳注6]，公的研究開発資金，システムベネフィットチャージ[訳注7]，減税，入札などを取り扱います。この章は，それぞれの政策メカニズムに対して FIT にどのような利点があるのかを説明して締めくくります。

・第 10 章「FIT の普及啓発活動」では，FIT が首尾よく促進され政策的に受け入れられる方法に関するガイドラインと指針を提供しています。また，何が障壁となるかも論じています。この章を読む際には，障壁に関して述べた第 8 章と併せて考察するのが望ましいでしょう。戦術，議論，そして人的資源と財源の適切な組み合わせによって，途中のいかなる困難にもかかわらず，FIT 導入を支持する圧倒的な論理で反対論を打ち負かすことが可能となることが，これまでの経験から示されています。

ここで FIT に対するよくある反対意見について先取りしましょう。表 0.1 と表 0.2 を見た際に賢明な読者の中には，再生可能エネルギー事業者が発電した電気に対しての支払いが増加するなら，適切に設計された FIT のもとでは電力価格を削減できるという論理は実際どのように成り立つのだろう，という疑問を持つ方もいるかもしれません。これは素晴らしい質問です。し

訳注 5　日本語版への序文 訳注 2（p.3）参照。

訳注 6　住宅用等の太陽光発電システムの余剰電力分を電気事業者に一定の価格で販売できる仕組み。制度の対象や価格は国や州によって異なる。日本では 2009 年の余剰電力買取制度により高値での買取が始まるまでは，余剰電力買取メニューとして小売価格と同等の価格での買取が電力会社により行われていた。

訳注 7　電力料金に上乗せして徴収し，省エネルギーや再生可能エネルギーなどのエネルギー対策の原資とする仕組みで，米国の州単位で導入された。

かし，この質問にはとても簡潔な答えがあります。

マクロ経済および長期的視点からすると，再生可能エネルギーの普及は，電力消費者が支払う短期的なコストを遥かに上回る多くの便益をもたらします。ドイツやスペインなどではこの現象（便益がコストを上回ること）が比較的早く起こり得ます。スペインでの事例では，過去数年間，安価な風力発電の大量導入が電力の全体的なコストの削減に貢献していることが示されました。2007年までに，スペインの風車やウィンドファームによって26.7TWhが発電され，消費者は約10億ユーロ（約1300億円）のコストを支払いました。同時に，卸電力市場で取引されたFIT由来の風力発電からの大量の電力により，市場価格は0.006ユーロ/kWh（約7.8円/kWh）低減し，電力会社と消費者は17億ユーロ（約2200億円）のコストを削減しました（総削減額から消費者が支払ったコストを差し引いた純削減額としては6億4000万ユーロ（約830億円）以上）（Gasco, 2008）。このいわゆるメリットオーダー効果（6.1.1参照）は，国の電源構成で再生可能エネルギー電力が大きな割合を占めるドイツでも観測されました。ドイツ環境省によると，2007年の電力消費者にとってのFITコストは32億ユーロ（約4200億円）でしたが，メリットオーダー効果により約50億ユーロ（6500億円）以上を節約できたと見積もられています。

さらに良いことに，まだこれらの計算では考慮されていない再生可能エネルギーに関する数多くの便益が存在します。世界各地に広がるFITにより，雇用市場を活性化し，温室効果ガスの排出量は飛躍的に削減されました。重要な事例として，ドイツではFITにより28万人以上の雇用が創出され，二酸化炭素（CO_2）換算で7900万トンの温室効果ガス排出量が削減されました（ドイツFIT制度の詳細な費用便益分析については6.1.1.を参照）。さらに，ドイツの人々は，再生可能エネルギー普及目標のずっと先に進んでいます。

まとめると，これらの章では，世界のエネルギー源の大きな変革が必要とされていることを明確に述べ，本書を通じて，その役割を適切に果たすことができる実績豊富なツール，言い換えれば再生可能エネルギー政策の万能薬であるFITを検証していきます。この本を執筆する際の筆者らの目的は，無批判の応援団になることではありません。筆者らは再生可能エネルギー会社の株式を所有していませんし，FIT に関するいかなる利益にも関わっていません。筆者らの結論としては，FIT は今世紀の気候，環境，社会正義の問題を解決する過程において必要不可欠な協力体制を築くことができるということです。FIT は本質的に（省エネルギー投資に似て）非常に多くの便益をもたらすことができます。それはまるで，食べることで報酬が得られる無料のランチのようなものです。

以上の理由から，これから関心を持つであろう誠実な読者のために，筆者らは，政策立案者，政府，支援者，投資家，企業そして気候，環境，社会問題を解決しようと行動を起こそうとするすべての人に FIT を推奨します。

参照文献

Adam, D. (2009) 'International Energy Agency "blocking global switch to renewables"', *The Guardian*, 9 January, www.guardian.co.uk/environment/2009/jan/08/windpower−energy

European Renewable Energy Council (2007) *Future Investment: A Sustainable Investment Plan for the Power Sector to Save the Climate*, European Renewable Energy Council, Brussels

Gasco, C. (2008) *Economic Impact of Renewable Energy Expansion*, presentation at the fifth workshop of the International Feed-in Cooperation, Brussels

Girardet, H. and Mendonça, M. (2009) *A Renewable World: Energy, Ecology, Equality*, Green Books, Totnes

Magkinetics (2009) 'Technology', www.magkinetics.com/technology.html

Peter, S. and Lehmann, H. (2008) 'Renewable energy outlook 2030 – Energy Watch Group Global renewable energy scenarios', Energy Watch Group, www.energywatchgroup. org/fileadmin/global/pdf/2008-11-07_EWG_REO_2030_E.pdf

UK Industry Taskforce on Peak Oil and Energy Security (2008) 'The oil crunch – Securing the UK's energy future', http://peakoiltaskforce.net/wp-content/uploads/2008/10/oil-report-final.pdf

United Nations Environment Programme (2008) 'Reforming energy subsidies: Opportunities to contribute to the climate change agenda', www.unep.org/pdf/ PressReleases/Reforming_Energy_Subsidies.pdf

Chapter 1
グリーン経済

「グリーン経済」という言葉は，地球環境を大きな規模でとらえる環境保護論者から見ればやや混乱を招きやすい用語です。自然から供給される原材料に依存せずに成立する経済活動は存在せず，それはどのような人間や動物でも同様です。環境は長い間，概念的にも法律的にも経済の周縁に追いやられてきました。まさにそのことが，我々自身が財政・経済・環境分野で直面している多くの「危機的状況」の主な原因です。我々の生活様式そのものが文化的にも経済的にも資源利用が増大し続けることを前提としており，一定量の原料の獲得や，それに関わる非効率性，廃棄物，後処理を当たり前のこととみなしています。

何よりもまずこのことによって我々，すなわち今日の大人自身がますます危険な事態に向かい，選択肢の幅を狭めることになります。さらにもし我々が本当に子供たちへの愛と思いやりについて語ろうとしているのなら，以下の点をより真剣に考える必要があります。すなわち我々の行動や価値体系が，我々の子供やその先の子孫にとって何を意味しているのかということを……。我々の個人主義と物質主義は，現在と未来の両者にとって，極めて危険な結果となることを露呈しています。

世界は権力者による意思決定のみではなく，我々全員による意思決定によっても形作られており，それは数世紀に亘って蓄積されてきたものです。我々がどれだけ倫理的な存在でありたいと願ったとしても，我々自身の論理と価値体系によって危険な環境問題や社会的問題が増え続けているのは事実であり，我々はそのシステムから不可分で逃れることはできません。

それがどれほど信じがたいものに見えようとも，我々の無批判な物質主義者的な生活様式によって人間社会と地球上の生命の存在そのものが脅かされていることは，あらゆる信頼性のあるエビデンス（証拠）が示しています。我々の生活は過度に消費すること，自然界の仕組みについて無知であること，生態学上の限界を軽視すること，といったスタイルをとるのが当たり前になってしまっています。良心ではなく強大な権力や利益に従うという考え方に打ち勝つ能力や，消費と環境破壊に対抗しようとする価値体系を築くことは，我々が創意工夫，決断，戦略的思考や批判的思考をする上での重要な課題であり，それと同時に協調が要求されます。協調こそ，人類が他より秀でているもののうちの一つです。

それゆえ世界を変えることは必要であり，可能です。この良い知らせを大多数の人は感じ取っていることでしょう。執筆の最中（訳者注：2009年時点），国家元首の「歴史に残るような」G20首脳会合がロンドンで開かれました。さまざまな方向性があり，たびたび正反対の意見もありながら，彼らは結束しようと懸命になっていました。会議場の外では「市民第一」と呼ばれる数多くの全く異なるグループの連合が抗議を行っていました。彼らの動機はさまざまですが，そのメッセージは「雇用，正義，気候」でした。彼らの論点の中心にあるのは経済よりも人間と自然界を重視するという目標に明示された価値観です。G20会合での現実的政治は異なる方法で真実を形作っているので，実現できない可能性はあるものの，政治家と抗議行動の参加者の両者は事実上同じ方向に向かって努力しています。

しかし彼らはどこで明確に合意するでしょうか？　現在のような危機的な時代においては，トップダウン型の代表もボトムアップ型の代表もおそらくある解答に行き着き，合意を得るのではないでしょうか。アメリカ合衆国には一つの明快な事例があります。「経済をグリーンにすることは人，仕事に損害を与えるのではなく，人や仕事を守るのだ」というビジョンとメッセージを提唱したのは少なくとも3人いて，いずれもアフリカ系アメリカ人です。それは「グリーン・フォー・オール（Green For All）」という環境団体の創設者であるバン・ジョーンズ，アポロ・アライアンス社の社長であるジェローム・リンゴ，そしてアメリカ大統領のバラク・オバマです。

彼らはこのような危機によってもたらされたさまざまな状況の多くはある解決策，つまり経済を脱炭素化すること，によって解決できると主張しました。脱炭素化によって新しい技術，産業，仕事などが生まれるだけでなく，クリーンで安全な環境を作り出し，国内のエネルギー安全保障を高めることができます。中東などでさらに軍事活動を行う必要性がなくなる，ということへはあまり言及されませんでしたが，軍事活動のためのコストが毎月数十億ドル（数千億円）かかり，2017年までに総計2.7兆ドル（約300兆円）となると推計されていることから考えても，彼らのような提案者はこのことを覚えておく必要があります（Associated Press, 2008）。ブッシュ大統領は，経済が4000億ドル（約44兆円）近く損失を受け500万人が仕事を失うことになるだろう，と述べ京都議定書に署名することを拒否しました（Heilprin, 2004）。バラク・オバマが大統領選に出馬し，ジョー・バイデンと共にグリーン政策により500万人の新たな雇用を生み出すと約束したのは，まさに貴重な偶然かもしれません。

ある種の神の干渉だと考えた人もいるでしょうが，米国は最終的に適切な時期に適切な考えを持つ指導者を持つことができました。オバマ大統領は演説でこう述べています。

> 我々はぼろぼろになった道路や橋を再建し，子供達への教育が十分ではない学校を近代化し，外国の石油への依存から自立し，将来競争力のある経済を保つことができるように風力発電や太陽光パネルを設置し，燃費の良い車と代替的な発電技術を作ることで，人々の雇用を回復させる。（Obama, 2008）

そして実際，オバマ大統領は約束通りに米国の資金を動かし，グリーン政策に巨額を投資することを誓いました。反対する共和党との闘いを経て2009年にアメリカ復興・再投資法が可決されました。景気刺激策のうちグリーン政策に関する部分は，表1.1に示しているように，2年間で総額およそ1130億ドル（約12.4兆円）になります。

この政策パッケージのもう一つの成果は，2007年のグリーンジョブ法（H.R.2847）によって承認された資金が提供されたことです。その法律によって，グリーン産業の成長を鈍化させる恐れのある技術不足に対処するため，国や州の職業体験プログラムを確立するための投資に1億2500万ドル（約140億円）が要求されました。この能力開発はグリーン経済に必要不可欠です。

このような混沌とした時代において，グリーンな政策への資金を増やしたのは米国だけではありませんでした。アングロフォン地域[訳注1]，欧州諸国，

訳注1　複数の公用語のなかで第一言語として英語を話す人々の多い地域。

表 1.1　アメリカ復興・再投資法におけるクリーンエネルギーの詳細

40 億ドル	グリーンカラーの仕事を中心とした職業訓練
320 億ドル	よりスマートでより良い電力システムの推奨，ならびに再生可能エネルギー技術への重点的な投資による，国内の送電，配電，発電システムの転換
110 億ドル	信頼性が高く，効率的な電力システム
60 億ドル	中間所得世帯の住宅の耐候性の向上
310 億ドル	長期的にエネルギーコストを節約できるような投資による連邦および他の公共インフラの近代化
200 億ドル	地域の学区においてエネルギー効率を高めるための新たな学校近代化・改修プログラム
160 億ドル	公共住宅の改修および重要なエネルギー効率改善
10 億ドル	公共住宅向けキャピタルファンド（エネルギー効率を改善するプロジェクトへの資金）[訳注2]
15 億ドル	地域共同体がグリーン・テクノロジーを活用した低所得者向け住宅の建築，修復を行うことを支援する HOME インベストメントパートナーシップ（訳注：連邦政府からの補助金を元に，州および地方自治体が独自に支援事業を設計することができるプログラム）
60 億ドル	米国連邦調達庁ビル（エネルギー効率の向上や省エネルギーのための連邦政府の建築物への大規模改修や修理）
69 億ドル	地方自治体の省エネルギーのための包括的補助金（州と地方自治体が省エネルギー対策を行い，炭素排出を減らすための支援）
25 億ドル	住宅の省エネルギー改修（連邦政府住宅都市開発省が支援する低所得世帯住宅向けにエネルギー効率を高める新しいプログラム）
20 億ドル	エネルギー効率と再生可能エネルギーの研究（エネルギー自給を促進し，炭素排出を減らし，水道光熱費を削減するための開発，実証，導入活動）
5 億ドル	高度なエネルギー効率の良い製造業向け
15 億ドル	エネルギー持続可能性に関わる公共的機関向けのエネルギー効率化補助金と融資並びに，学区，高等教育機関，地方自治体や地方公営企業へのエネルギー効率化補助金
5 億ドル	産業部門の省エネルギー化（エネルギー効率の高い製造業の実証プログラム）
100 億ドル	交通渋滞やガス消費量を減らすための乗客輸送・鉄道システム向け
20 億ドル	高度な蓄電池を対象とする融資や補助金（高度な自動車用蓄電池や蓄電システムの米国内の製造業を支援）
11 億ドル	全米鉄道旅客輸送公社（アムトラック）と都市間旅客鉄道（インターシティ）に対する補助金
2 億ドル	輸送の電化（電気自動車の技術を促進するための新規補助金プログラム）
20 億ドル	高度な蓄電池の開発を支援
24 億ドル	炭素隔離の研究と実証プロジェクト
18 億 5000 万ドル	スマートエネルギー機器を促進するためのさまざまなクリーンエネルギープロジェクト（例えば州政府や米国連邦調達庁がよりエネルギー効率の良い自動車に変える補助を行う，電気自動車の技術研究，再生可能エネルギーの軍事使用に向けての開発）
4 億ドル	代替燃料によるバスやトラック（州および地方自治体によるエネルギー効率の良い代替燃料車両の購入）
80 億ドル	代替エネルギーによる発電および送電プロジェクトのための再生可能エネルギー融資保証
3 億 5000 万ドル	再生可能エネルギーを使用して兵器システムや軍用基地に電力を供給する国防総省の研究
24 億ドル	化石燃料エネルギーの脱炭素化（炭素捕捉や炭素隔離の技術の実証プロジェクト）
4 億ドル	NASA における気候変動研究

出典：Schneider, 2009

訳注 2　いわゆるベンチャーキャピタルとは異なり，実際はエネルギー改修用に国が補助金を出す形。

地域ブロックとしてのEU，主要なアジアの産業国は全て取り組みを行いました（表1.2参照）。

中央政府，国連環境計画，国際労働組合連盟，シンクタンク，NGO，その他の団体もまた同じ方法で，最大の脅威に立ち向かうため世界に一斉に波及するような論理を組み立てようとしました。

これらの何十億ドル（何千億円）もの景気刺激策についてさらに興味深いことは，再生可能エネルギー資源の真の可能性を引き出すという点については，ほとんど何もできていないという点です。米国エネルギー省は，再生可能エネルギーを支持しているとは言えない組織ですが，米国内で利用可能な風力資源と太陽光資源量は石油の資源基盤3000兆バレル以上と等しいと算出しています。言い換えれば当時の国内のエネルギー年間消費量の2万倍以上と等しいのです（US Department of Energy, 1989）。2009年初めには，査読付き学術研究によって世界の未利用の太陽光，風力，地熱，水力発電のポテンシャルはおおよそ3,439,685 TWhであると推定されました。それは2007年に消費された全電力量のおよそ201倍になります（Jacobson, 2009）。さらに，このポテンシャルの多くは経済的に採算性があります。ある世界的な評価によると，2004年から2030年までに世界の再生可能エネルギー供給への予測投資額を2倍にすることができるとわかりました。それは新規の（採算性を持つ）投資額の5.6兆ドル（約620兆円）よりもはるかに多くなります（図1.1

表1.2　景気刺激策とグリーン支出額

国 / 地域	総額（10億ドル）	グリーン支出額	グリーン支出割合（%）
オーストラリア	26.7	2.5	9
カナダ	31.8	2.6	8
中国	586.1	221.3	38
EU	38.8	22.8	59
フランス	33.7	7.1	21
ドイツ	104.8	13.8	13
イタリア	103.5	1.3	1
日本	485.9	12.4	3
韓国	38.1	30.7	81
英国	30.4	2.1	7
米国	972	112.3	12

出典：Financial times, 2009を改変

参照）（European Renewable Energy Council, 2007）。米国では，実際には実現しなかったものの風力発電と太陽光発電システムの設備容量が，2008 年に操業中の商業的に利用可能な発電方式の総設備容量の 3 倍に達する可能性はあった，と指摘されています（Sovacool and Watts, 2009）。

グリーンエネルギーに何十億ドル（何千億円）も注ぎ込まれ，潜在的な投資機会，より良い交通インフラや能力開発などに何兆ドル（何百兆円）も使われていますが，これらは財政的，政治的な健全性や持続可能性のためであり，環境的な智慧のためではありません。むしろこれらはグリーンな原材料や技術の輸出市場の巨大なポテンシャルと密接に関連している可能性があります。急拡大する市場でのシェアを獲得する可能性を考えれば，再生可能エ

図 1.1　2004～2030 年の世界の再生可能エネルギー発電システムに対する予測投資額（左）と潜在的投資額（右）

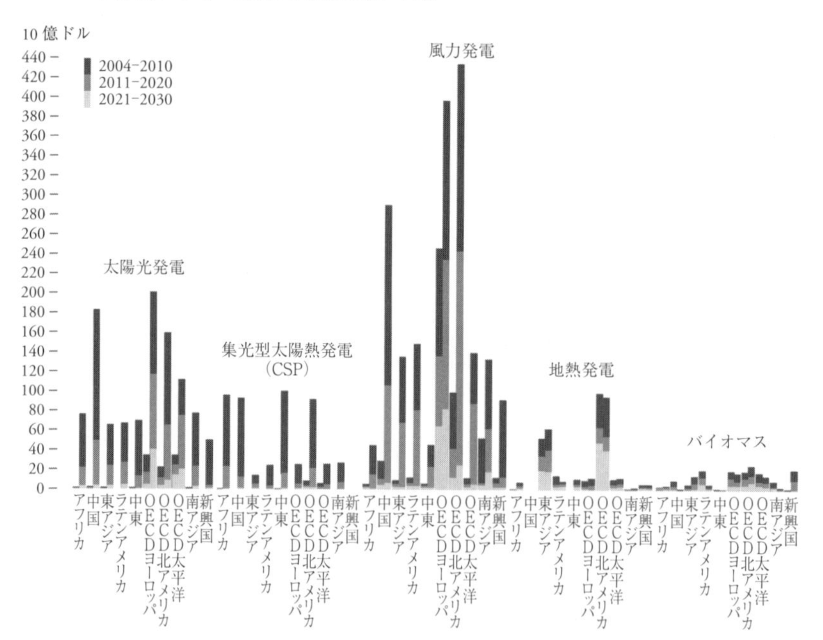

注：予測投資額とは，2004～2030 年に BAU（従来通りの）ケースの下で起こると予測される投資。潜在的投資額とは，規制機関が積極的に再生可能エネルギーを推進して，あらゆるコスト効率の良い投資機会に投資する際に達成されるであろう最大の見込み額。

出典：European Renewable Energy Council, 2007

ネルギーを支援するドイツの熱狂的な姿勢について，立法者の心に浮かんだであろう鮮明な光景まで思い浮かべることができるでしょう。彼らの原子力の段階的廃止案と研究開発や製造能力は驚くほどの可能性を秘めていました。既得権益との壮大な苦闘を強いられたものの，彼らの目論見はかなりの程度実現されました。特に第 10 章では，既存の秩序を覆すには時間がかかりますが，社会の利益を増やす勢力が優勢になり，現在では再生可能エネルギー政策と発電方式についてのおそらく世界で最も優れた例としてこの国を取りあげています。

彼らが秀でていたのは再生可能エネルギーだけでなく，多くの分野においてグリーンな経済を作ることです。「グリーンな仕事」とは，太陽光パネルや風車の設計者や設置者のことだけを指すのではありません。グリーンな仕事はとても奥が深く広範囲に渡っています。明確に定義することは難しいですが，見かけによらず単純な考えで構成されています。

1.1　グリーンな仕事を定義する

「グリーンカラー」という単語は，1976 年に米国の議会聴聞で初めて使用されました。その聴聞の中でパトリック・ヘファナン教授が「環境のための仕事――来たるグリーンカラー革命」という論文を発表したのが始まりです。比較的最近までこの考え方を耳にする機会はほとんどありませんでしたが，再び米国を中心にこの考え方が広まっています。バン・ジョーンズ，グリーン・フォー・オール，アポロ・アライアンス，ブルー・グリーン連盟などのさまざまな団体や人々，また 2008 年の選挙遊説を行ったオバマ，クリントン，マケインもこの用語を一般に広めました。彼らは経済の健全性と環境の健全性，また貧困の原因と環境汚染を関連づけました。彼らはこれらの問題は別個のものであるという通説を退けました。

究極的には全ての仕事は「グリーンな」仕事であるべきですが，現時点ではこの単語は「ダーティな経済システムの中で仕事はどれほどクリーンであることができるのか？」という質問を浮かび上がらせます。この問題に関する国連環境計画の著名な報告書の中で，著者らは「グリーンに潜む影」に言及しています。

> グリーン経済は，自然と人々を尊重し，給料の良いきちんとした仕事を創出する経済のことである。グリーン経済のもとでは，技術やシステムに豊富な選択肢があることでさまざまな環境上の便益や雇用が提供されている。また，公害を未然に防ぐことは，公害が起こった後での規制とは異なる結果をもたらす。これは気候変動の緩和と適応との関係，エネルギー効率の良い建物と建築物の改修との関係，公共交通機関と燃費の良い自動車の関係でも同様であり，予防と事後的な対策の関係にある。もちろんエネルギー効率が最も良く，汚染が最も少ない選択肢が優先されることは好ましいことである。しかし，これらの選択肢は全てより持続可能でよりCO_2排出の少ない経済を作り出すのに必要なため，二者択一の選択ではない。だが，これらは実際に雇用における「グリーンに潜む影」を暗示している。エネルギー，水，原料をより効率よく使用することは主目標であり，効率的な実践と非効率的な実践の間のどこで線引きをするかということは重大な問題である。基準値を低くするとより多くの仕事をグリーンな仕事と定義することになるが，進歩したという錯覚を引き起こしてしまうかもしれない。人間の環境フットプリント[訳注3]を劇的に減らす必要があるという観点から見ると，基準値は高く設定する必要がある。国際的に最も利用可能な最良の技術を用い，ベストプラクティスを採用することが最適な基準値であると見なされることが望ましい。そして，技術の進歩と改善への喫緊の必要性を考慮すると，効率的か非効率的かを分ける基準は徐々に高い水準に設定される必要がある。そのため「グリーンな仕事」は相対的で，そして非常にダイナミックな概念なのである（UNEP, ILO and ITUC, 2007, ppxi and xiii）。

訳注3　環境への影響の大きさを指標化したもの。

グリーンカラーの仕事は多くのさまざまな技能や役職に亘り，各種の分野に存在しています。再生可能エネルギーや省エネルギーなどの特にグリーンな分野にあるかもしれませんし，もしくは建築業，建設業，製造業やファイナンスなどの従来からある分野における「よりグリーンな」姿かもしれません。バン・ジョーンズは最近の自身の本の中で，グリーンカラーの仕事を「環境の質を保持したり高めたりすることに直接寄与し，家族を十分に養うことができる出世コースに乗った仕事」と定義しています（Jones, 2008）。彼はグリーン経済を定義する3つの中心となる原理「全ての人への均等な保護，全ての人への均等な機会，全ての創造物への畏敬の念」を定めています（Jones, 2008）。均等な機会を求める主張は米国の学術や政策提言においてよく見られます。参入障壁が低いことにより拡大しているグリーンカラーの分野は，低収入の労働者や仕事を見つけるのが困難な人が魅力的で有意義な雇用や出世の機会を得ることができるため，注目を集めています（Pinderhughes, 2007）。こうした状況から，普遍的に同意されている定義はないものの，グリーンカラーの仕事には下記のように共通の特徴がいくつか見られます。

・環境親和性のある製品やサービスに関連している
・全水準の教育や技能に関連している
・生活費や医療補助を提供する
・キャリア開発を提供する
・地元密着型であることが多い

1.2　政策の推進要因

再生可能エネルギーはこれまで最も多くの雇用を創出してきた分野の一つです。米国とドイツの印象深い一連の事実と数値から，この分野で得られる，または得られる可能性のある経済または雇用に関するさまざまな機会が理解できます。米国太陽エネルギー学会によれば，米国はすでに再生可能エネルギーと省エネルギーの一大産業を有していて，適切な支援策により今後数年間大幅に成長する可能性があります。

2007年に米国の再生可能エネルギー・省エネルギー産業は1兆450億ドル（160兆円）の売り上げを生み出し，900万人の雇用を作り出したことがわかった。コロラド州では103億ドル（約1.1兆円）の売り上げと9万1000人の雇用をもたらした。米国の再生可能エネルギー・省エネルギー分野の収益は，2007年の米国の3大企業であるウォルマート，エクソンモービル，GMの売り上げの合計（9050億ドル（約100兆円））を大きく上回った。再生可能エネルギー・省エネルギーは米国平均よりも早く成長していて，風力，太陽光発電，燃料電池，リサイクルや中古品の販売，バイオ燃料といった世界でも最も急速に成長している産業を含んでいる。連邦政府や州政府の適切な政策により，再生可能エネルギー・省エネルギーは2030年までに米国で毎年3700万人の雇用を生み出すことができる（American Solar Energy Society and Management Information Services, Inc., 2008）。

また別の報告書では，適切な公共政策が実行されれば，2030年までに米国内の労働者の4人に1人（4000万人）が再生可能エネルギーや省エネルギーの分野で働いていて，その分野での収益は4.5兆ドル（約495兆円）に達するだろうと予測しています。その報告書では，これらの産業はすでに1兆ドル（約110兆円）近くの規模に達しており，税収は1500億ドル（約16.5兆円）以上となっています（American Solar Energy Society, 2007）。

再生可能エネルギーの雇用創出に関する別の調査では，再生可能エネルギー産業は化石燃料産業よりも，単位エネルギーあたりの雇用が大きくなると発表しました。さらに多様な分野に対して最大の共通の利益を生み出すのは，包括的かつ調整されたエネルギー政策であると示しています（Kammen et al, 2004）。

政策の推進要因は再生可能エネルギー分野では極めて明確となってきていますが，省エネルギー，従来型発電，製造業，廃棄物処理，建築，輸送といった他の多くの重要な分野にも拡大しています。

・拡大生産者責任（製造物の回収，再利用，リサイクルの法律）

・公共部門と民間部門のグリーン調達（環境親和性のある製品とサービスの調達の義務）
・エコ・ラベリング（基準を設けて購入の選択肢の指針とする）
・リサイクルと埋め立て禁止義務（例えば，地方自治体への義務化）
・グリーン建築基準（例えば，2016年までの英国のゼロカーボン・ホーム制度）
・省エネルギー改修（政府の基金制度や義務付け）
・持続可能な交通（歩行者と自転車の推進，代替燃料義務付け，トラムやバスによる高速移動システム）
・再生可能エネルギーと省エネルギー目標，義務付け，インセンティブ（固定価格買取制度，住宅用太陽光支援制度，太陽熱の義務付け，税制優遇，燃費基準）

これらの政策の推進要因は今後確実に成長すると見られています。再生可能エネルギーの世界市場は推計約1兆ユーロ（約130兆円）に達し，予測では今後10年間で2.2兆ユーロ（約290兆円）の収益に達しうるとされています。

・省エネルギー（電化製品，産業プロセス，電気モーター，断熱など）：現在の4500億ユーロ（約59兆円）から2020年までに9000億ユーロ（約117兆円）
・廃棄物処理・リサイクル：300億ユーロ（約3.9兆円）から2020年までに460億ユーロ（約6.0兆円）
・水供給・下水道設備・効率的利用：1850億ユーロ（約24兆円）から2020年までに4800億ユーロ（約62兆円）
・持続可能な交通（より効率的なエンジン，ハイブリッド化，燃料電池，代替燃料など）：1800億ユーロ（約23兆円）から2020年までに3600億ユーロ（約47兆円）（UNEP, ILO and ITUC, 2007, p16）

本書の6.1.1項で述べるように，ドイツはこの10年間で再生可能エネルギーによる雇用創出の象徴となりました。他に，米国，中国，スペイン，インドがこの分野では世界的に主要な国であり，フランス，ポルトガル，ブラジル，日本も大きく発展している段階です。表1.3が示すように，再生可能エネルギーの成功と国の規模，GDPにはあまり相関性がありません。それよりもまず再生可能エネルギー源の組み合わせ，次に政策決定や社会的な認識に依存しています。これらの資源を活用しようという決定がなされると，財政や政策支援の点からの優先順位が確定されます。

再生可能エネルギー普及の目標と政策は，市場と市場に参加しようとしている全ての人々にとって極めて重要なシグナルとなります。世界中の70以上の国が再生可能エネルギーの普及目標を有しています。米国とカナダは国単位の目標は持っていませんが，多くの州が独自の目標を持っています。EUは2020年までに達成すべき国ごとの目標値を設定しています。しかし目標値はそれを達成するための政策と支援環境，達成しない時の罰則がなければ，実効性を持ちません。

急速に再生可能エネルギーを普及させるための政策を求める大多数の国はFITモデルを採用しています。FITの採用は他のいかなる政策よりもより安価に，さらなる再生可能エネルギーの普及を促進します。学術的な文献を見ると，本書の第9章で考察するように，さまざまな支援制度の中でもFITの実効性と効率性について評価が一致しています。『気候変動の経済（スターン・レビュー）』では，支援制度を比較した文献を調査し，このことが確認されています（Stern, 2006）。個人による研究でも同じことが示されています（Mendonça, 2007）。スターン氏は気候変動についての新しい著書“A Blueprint for a Safer Planet”の中でドイツの事例を成功した政策として何度も繰り返し取り上げています（Stern, 2009）。

表1.3　再生可能エネルギー上位5カ国の主なデータ

国	再生可能エネルギー設備容量（GW）						面積（平方マイル）	GDP（1人あたり）
	風力	太陽光	バイオマス	小水力	地熱	合計		
中国	12.2	＞0.1	3.6	65	～0	81	9,596,960	$6,000
米国	24.2	0.8	8	3	3	40	9,826,630	$47,000
ドイツ	23.9	5.4	3	1.7	0	34	357,021	$34,800
スペイン	16.8	2.3	0.5	1.8	0	21	504,782	$34,600
インド	9.7	～0	1.5	2	0	13	3,287,590	$2,800

注：合計には集光型太陽熱発電や太陽熱利用など他の技術も含む。
出典：REN21, 2009; Central Intelligence Agency (CIA), 2008

1.3　阻害するのは誰か？

最近まで多くのアングロフォン（英語圏）の国々では，いわゆる市場ベース・メカニズムが好まれ，FIT は拒否されてきました。そうした国はさまざまな理由で FIT を拒否してきましたが，主に「価格を固定する」という行為が反発を呼び，FIT は社会主義的な考え方と見なされてきました。しかしながら FIT の実効性と効率性を支持する圧倒的なエビデンスにより，多くの再生可能エネルギー推進連合がこうしたイデオロギー的な障壁を取り除くことができました。価格を定めることは，量を定めることと比べ，一体どの程度市場への介入となるのでしょうか？　正統派のドイツ方式の「固定価格」モデル（FIT）よりも市場志向的と考えられている「プレミアム」価格制度（FIP）[訳注4]が存在することで，価格を定めるという方式へのイデオロギー的な障壁を低くすることができました。

しかし十中八九，こうした明示的なイデオロギーは，FIT に反対する本当の理由ではないでしょう。FIT を支持しない人々は巨大かつ信用力の高い投資家や電気事業者を好みますが，これらの投資家や電気事業者はエネルギーの独占的な供給者であることが多いのです。実際，他の支援制度は再生可能エネルギーの成長を制限する傾向があり，従来型のエネルギー源が市場で大きなシェアを確保することを規定します。そして従来型のエネルギー源は一般的に巨大な私企業が所有しているか，寡占状態にあります。

権力と影響力というテーマに戻りましょう。伝統的なエネルギー源を所有する集団は，中央政府の公共政策を自らに有利な方へ誘導する能力を持っています。その結果，市場に参入したいという人々や，家や会社に太陽光パネルを設置するためのコスト効率的な解決策を見つけようとする人々にほとんど機会が与えられない政策環境になってしまいます。「グリーン電力証書」取引制度[訳注5]は典型的な例です。ここでは大規模な開発事業者に高い価格が

訳注４　固定価格で再生可能エネルギー電力を買い取る FIT とは異なり，発電事業者は電力市場を介して電力を自ら販売し，市場価格と基準価格との差額がプレミアムとして支払われる制度。

支払われる傾向があり，小規模な事業者のニーズは考慮されていません。さらに，市場での証書の数が少ないほど価格が高くなるため，普及を抑制する効果があります（その他の支援制度については第9章で詳細に検討します）。

取引可能な証書制度は，その他の不安定で廃止されてしまった仕組みと同じく，巨大エネルギー企業や独占企業によって推進され，擁護されてきました。そして米国の太陽光再生可能エネルギー証書（SREC）も同様です。皮肉なことに，FITに反対する人々はコストの高さや仕組みの複雑さ，技術革新の阻害などを理由に，自らが支持した仕組みの失敗を非難する傾向があります。真実を明らかにするとともに，こうしたことから本当は誰が利益を得ているのかを確かめ，どのように政策を分析するのかを考えるまたとない機会です。危機的状況にあると仮定すると，我々は利己的な集団がエネルギー市場への市民や地域の参加を妨げる可能性を回避しなければなりません。この重要性はどれほど強調してもしすぎることはありません。このテーマは第10章でさらに検討します。

1.4　なぜ市民と地域社会は参加しなければならないのか

デンマークと米国の経験からわかることは，再生可能エネルギーの普及は，部分的にでも一般の人々の投資や参加を政策が促すか妨げるかに左右されます。例えば，一般の人々が関わるかどうか，あるいは受容できるかどうかは，その事業に対して投資ができるかどうかと明らかに関わりがあることが示されてきました（Mendonça et al, 2009）。デンマークでは1970年代から地域風力パートナーシップが非常に一般的になり，地域住民が自らのウィンドファームに投資するために資金を貯めていました。この手法が不利な政策転換のためにそれ以上続けられなくなり，大規模で純粋なビジネスの投資に置き換わると，地域住民がもはや風力エネルギービジネスに関与できなくなり，風力発電開発への反対が増えたのです（Girardet and Mendonça, 2009）。

訳注5　日本語版への序文 訳注1（p.3）参照。

市民と地域社会を気候変動保護や環境保護の活動に関わるよう促すための2つの重要な要因があります。一つ目の要因は，心理戦に勝つことに関係しています。経済活動を通じて省エネルギー策を大幅に導入するとしても，我々は世界の人口増加に直面しているため，おそらく2050年には90億人に達し，エネルギーの需要も欲求も拡大するでしょう。そして我々は世界の人口が30億人や60億人の時代であっても倫理的で持続可能な世界をつくることはできませんでした。

ここ20年間の経済成長の多くは情報通信技術と消費者向け電子機器の大流行という文脈の中で起こりました。これらの産業の成功によって，新しい「無意識の依存傾向」がより明白なものになってきました。我々の生活は電子的コミュニケーションシステム，GPS，その他の携帯型機器にますます依存するようになっています。携帯電話の信号なしでいることに恐れを抱く「携帯電話依存症」と呼ばれる不安状態が認識されるようになっています。MP3の音楽プレーヤーが信じられないほど人気となり，数百万台の機器が毎年世界中で販売されています。同じことはあらゆる種類のゲーム機にも当てはまり，映画産業よりもゲーム産業の方が重要視されているようです。これらのシステムによって，人間が自然環境から引き離され，エネルギー集約型技術に依存した生活様式を作り出すためにエネルギーがどのように影響を受けるかについて十分に考えることがより難しくなっています。皮肉なことに，本書はそれぞれ地球上の別々の場所に住んでいる3人の著者によって執筆され，執筆期間中は一度も会わずに高速なインターネットと電話を用いて調査し，考えを共有できたということは言添えなければなりません。

つまり我々は一方では先端技術とエネルギー需要を持っており，他方では「環境を破壊しつくす」エネルギーシステムを持っています。もし我々が第三の道を指し示すことができるなら，それは再生可能エネルギーの必要性を提示することになるでしょう。原子力発電に関わる極めて大きな社会的，環境的コストを考えれば（Sovacool and Cooper, 2008），再生可能エネルギーに取り組むことは，社会におけるエネルギーの短期的な難題に対処すべきほとんど唯一のことと言えます。英国エネルギー・気候変動長官（訳注：当時）であるエド・ミリバンドはウィンドファームへの反対は社会的タブーであり，シートベルトをつけないことと同じように受け入れられるものではないと述べています（Stratton, 2009）。

ウィンドファームへの反対は通常，景観に対する考え方についてのものであり，再生可能エネルギーに対する考え方についてではありません。2009年の気候変動についてのドキュメンタリードラマ“The Age of Stupid”では，ウィンドファームの支持者と反対者が取り上げられています。反対運動の参加者が風車からの騒音に懸念を示すシーンの後で，明らかに英国で最も騒音が大きい場所であるSanta Pod競馬場の近隣の映像に場面が切り替わりました。原則として再生可能エネルギーを支持していると言いつつ，風力エネルギーに対する勝利を祝うという，勝ち誇ったウィンドファーム反対運動の参加者への印象的なインタビューからは，カメラの前で語った彼女の論理が破綻していることが見て取れます。

つまり市民と地域社会を気候変動保護や環境保護の活動に関わるよう促すための第一の要因は，市民の支持が再生可能エネルギーを基盤としたエネルギーシステムへの円滑な移行に不可欠だということです。第二の要因は，ビジネス，工場，地方自治体，農場，病院，学校などと同様に，市民が再生可能エネルギーに直接参加する経験を重ねたとき，何が起こるかということに関連します。極めて単純に，市民はグリーン経済に関与することになり，さらなるグリーン化のための政策を（詳細にもよりますが）歓迎する可能性が高くなります。そしてこれまで権利を制限され関心の低かった人々が活動的になり，社会の基礎的な側面を作り直すパートナーとしての意識を持つようになるでしょう。FITはこうした人々の関わりを簡潔な方法で提供します。

重要なことは，FITによってさまざまな補助金や制度による支援を打ち切るのではなく，多様な再生可能エネルギー産業をひとまとめにして支援することができるということです。こうした多様な再生可能エネルギー産業の結びつきを批判しても得るものは何もありませんが，FITのように世界的に受け入れられた簡潔で包括的で公平な仕組みが存在しなければ，実際にはそうした批判が起こり，一部そう結論づける人も出てくるでしょう。石炭や原子力のような従来型エネルギーシステムによる強力で組織化されたロビーイングを打ち消すためだけにでも，よく組織化され，声を揃えて発言することがこの産業にとって非常に重要です。

結論として，読者の皆様にいくつかの要点を述べます。生態学の原則に基づき，限界を尊重するグリーン経済はより良い雇用やマクロ経済的な安定性，生活水準の向上と相反するものではありません。実際にはこれらの要素は切れ目なく繋がっています。FITにより促進されるクリーンエネルギーは同時に地域の雇用を強くし，エネルギー価格を安定化させ，エネルギーの知識や民主主義，ときには積極的な行動を促進します。FITはグリーン経済を達成する唯一の手段ではありませんが，確かにその道に進み始めるための直接的でコスト効率的な仕組みの一つです。FITを採用することは，現在世代の欲望を満たすために地球を破壊するのではなく，将来世代に残すような経済を作り出すための本質的な第一歩です。

参照文献

American Solar Energy Society and Management Information Services, Inc. (2008) Defining, Estimating, and Forecasting the Renewable Energy and Energy Efficiency Industries in the U.S. and in Colorado, New York, NY

American Solar Energy Society (2007) Renewable Energy and Energy Efficiency: Economic Drivers for the 21st Century, American Solar Energy Society, Boulder, CO

Associated Press (2008) 'Studies: Iraq war will cost $12 billion a month', www.msnbc.msn.com/id/23551693/, 9 March

Central Intelligence Agency (2008) The World Factbook, www.cia.gov/library/publications/the-world-factbook/

European Renewable Energy Council (2007) Future Investment: A Sustainable Investment Plan for the Power Sector to Save the Climate, European Renewable Energy Council, Brussels

Financial Times (2009) 'Which country has the greenest bail-out?', www.ft.com/cms/s/0/cc207678-0738-11de-9294-000077b07658.html? nclick_check=1, 2 March

Girardet, H. and Mendonça, M. (2009) A Renewable World: Policies, Practices and Technologies, Green Books, Totnes

Heilprin, J. (2004) 'Bush stands by rejection of Kyoto Treaty', www.commondreams. org/headlines04/1106-07.htm, Associated Press, 6 November

Jacobson, M. Z. (2009) 'Review of solutions to global warming, air pollution, and energy security', Energy and Environmental Science, vol 2, pp148–173

Jones, V. (2008) The Green Collar Economy, Harper One, New York, NY, p12

Kammen, D., Kapadia, K. and Fripp, M. (2004) Putting Renewables to Work: How Many

Jobs Can the Clean Energy Industry Generate? Renewable and Appropriate Energy Laboratory, University of California, Berkeley, CA

Mendonça, M. (2007) Feed-in Tariffs: Accelerating the Deployment of Renewable Energy, Earthscan, London, pp17–18

Mendonça, M., Lacey, S. and Hvelplund, F. (2009) 'Stability, participation and transparency in renewable energy policy: lessons from Denmark and the United States', Policy and Society, vol 27, pp379–398

Obama, B. (2008) 'President-Elect Obama's weekly democratic radio address – 2.5 Million Jobs', my.barackobama.com/page/community/post/stateupdates/ gGxtlN, 22 November

Pinderhughes, R. (2007) Green Collar Jobs: An Analysis of the Capacity of Green Businesses to Provide High Quality Jobs for Men and Women with Barriers to Employment, Executive Summary, pp3–4, http://blogs.calstate.edu/cpdc_sustainability/wp-content/ uploads/2008/02/ green-collar-jobs_exec-summary.pdf

REN21 (2009) Renewables Global Status Report: 2009 Update, REN21 Secretariat, Paris, www.ren21.net/globalstatusreport/g2009.asp

Schneider, K. (2009) 'Clean energy is foundation of proposed stimulus', apolloalliance.org/ new-apollo-program/clean-energy-serves-as-foundation-for-proposed-reinvestment- bill/

Sovacool, B. K. and Cooper, C. (2008) 'Nuclear nonsense: Why nuclear power is no answer to climate change and the world's post-Kyoto energy challenges', William and Mary Environmental Law and Policy Review, vol 33, no 1, pp1–119

Sovacool, B. K. and Watts, C. (2009) 'Going completely renewable: Is it possible (let alone desirable)?', The Electricity Journal, vol 22, no 4, pp95–111

Stern, N. (2006) Stern Review: e Economics of Climate Change, Cambridge University Press, Cambridge, p366

Stern, N. (2009) Blueprint for a Safer Planet, The Bodley Head, London, p116

Stratton, A. (2009) 'Opposing wind farms should be socially taboo, says minister', The Guardian, 24 March

UNEP, ILO and ITUC (2007) Green Jobs: Towards Sustainable Work in a Low-Carbon

World, United Nations Environment Programme, International Labour Organization and International Trade Union Confederation, 21 December

US Department of Energy (1989) Characterization of US Energy Resources and Reserves, DOE/CE-0279, Washington, DC

Chapter 2
基本的な FIT 設計

本章では，固定価格買取制度（FIT）の制度設計において最も一般的に利用されている選択肢を提示します。これらを念頭に置くことで，希望する人はだれでも自らの国や地域のための基本的だが完全なFITの草案を作成することができるでしょう。必要に応じて，いくつかの地域や国の特に優れた制度設計の事例を含めています。第3章では高度なFIT設計の選択肢を扱い，より複雑で珍しい制度設計の選択肢が提示されます。これらは，すでにFITを運用して数年経った国の人々が特に関心をもつかもしれません。加えて，第4章では不適切なFIT設計を扱い，失敗した制度設計の選択肢を提示します。

FITの制度設計を行う際の理念は，一方で最終消費者の追加コストを下げるために発電事業者の投資に対する保証をしつつ，他方で過剰な利益を排除するようにバランスをとることです。これらの目標を達成するため，FITの制度設計はますます複雑になってきています。しかしながら，FITの法案を作成したり，見直したりする際に政策立案決定者や我々が検討すべき数多くの制度設計の基準は，実証研究によって明確になっています（Mendonça, 2007; Roderick et al, 2007; Sösemann, 2007; Grace et al, 2008; Klein et al, 2008; Fell, 2009b）。本書の第2〜4章は，ドイツ連邦環境基金（DBU）の資金協力を受けて進行中のデイビッド・ヤコブスの博士論文プロジェクト[訳注1]の研究枠組みに基づいています。詳しすぎて戸惑ってしまった読者には，本章末尾のチェックリストが役に立つでしょう。

再生可能エネルギーの開発の歴史が比較的短い国や，はじめてFITを構築する国では，最初のうちは支援制度をシンプルにすることを勧めます。FITは，一般家庭から大規模な電力会社まで，社会の全ての構成員が発電主体となるよう「誘う」ため，わかりやすくあることが望ましいからです。そのため，法案は，法律の専門家の援助なしで，だれもが理解できなければなりません。後の段階になると，FITはより複雑になるかもしれませんが，この支援制度によって発電事業者はより経験を積むことになるでしょう。その

訳注1　David Jacobs (2012) *Renewable Energy Policy Convergence in the EU : The Evolution of Feed-in Tariffs in Germany, Spain and France*. Routledge.

良い例は，ドイツのFITです。1990年の最初のFITの法律には5項目しかなかったものの，その数は，2000年には13項目，2004年には21項目，そして，2009年には66項目という驚異的な数へと増加しました。これは，よりよい市場統合，系統連系，賦課金区分といったような論点を取り入れた結果です。

本章では，以下の基本的なFITの制度設計の選択肢を扱います。

・適切な発電方式
・適切な発電所
・賦課金の計算方法
・発電方式別の賦課金
・規模別の賦課金
・賦課金支払いの期間
・資金調達の仕組み
・購入義務
・電力系統への優先接続
・系統連系のコスト分配方法
・効果的な行政手続き
・目標設定
・経過報告書

まずは，どのようなFITにとっても基本的な要素である「適切な発電方式」からはじめましょう。

2.1　適切な発電方式

最初のステップとして，政策決定者はどの再生可能エネルギー発電方式を支援したいのか，つまり，FIT制度のもとでどの発電方式を賦課金支払いの対象とするのかを決めなければなりません。これを決定する上で必要なのが，その地域や国で，発電方式ごとにどのようなポテンシャルや資源があるのか，十分な情報が揃っていることです。国による風況や日射量のマップが（他の資源マップと併せて）あると，非常に役に立ちます。

一般的に，現在最もコスト効率的である1つか2つの発電方式に注目するのではなく，全ての再生可能エネルギー発電方式を支援することが推奨されます。後に FIT がコストを低下させる上で，いま発電方式を多様化させておくことがカギとなることは，重ねて強調されるべき点です。本質的には，FIT は技術発展とコスト低下のためのツールであると言えます。発電方式別のアプローチにより，さまざまな発電方式の開発を比較的低コストで可能にする点は，FIT の重要な長所の一つです。将来の電力構成における再生可能エネルギーの割合を高めようとするのであれば，異なるさまざまな発電方式が必要になります。例えば風力や太陽光のような変動する発電方式や，バイオマスや太陽熱，地熱，水力のような比較的安定した発電方式があり，これらを揃えることで再生可能エネルギー100％の電力システムの基盤を早い段階で作ることができます。

それにも関わらず，FIT で1つの発電方式しか支援していない国や地域があります。これは，他の発電方式に対して別の支援制度がある場合に当てはまります。しかしながら，例えば太陽光発電のみを対象とするような FIT は，社会的受容性に関して一定のリスクを伴います。たとえば太陽光発電の発電コストは他の従来エネルギーや他の再生可能エネルギーに比べて著しく高く，また発電電力量はかなり少ないため，最終消費者はファイナンスメカニズム（2.7 節を参照）によって分配される追加コストを高いと感じるかもしれません。しかし，FIT 法の下で多様な発電方式のポートフォリオが組まれていれば，再生可能エネルギー電力の単位あたりの平均コストは相対的に低くなります。風力発電のように一定程度成熟した発電方式は，太陽光発電のようにやや未成熟な発電方式の発展を助けることになり，社会的受容を高めることができるでしょう。

FIT 法のもとで適切な発電方式を定義するときには，正確な内容を盛り込むことが重要となります。とくに注意が必要なのは，バイオマス／廃棄物と太陽光発電の導入の際でしょう。バイオマスという用語には，林業生産物，畜産廃棄物，エネルギー作物，その他の一般廃棄物など，さまざまな資源が含まれます。一般的に，生分解不可能な廃棄物は賦課金支払いの対象になりません。従って，EU 指令[訳注 2]2001/77/EC ではバイオマスを「農業（野菜，畜産を含む），林業および関連産業から生じる生分解可能な生産物，廃棄物，残渣に加え，生分解不可能な産業廃棄物や一般廃棄物（EU, 2001）」と定義しています。太陽光発電については，野立てソーラーと建築物と一体となった太陽光発電のように，高度な FIT 制度のもとでカテゴリを分けることがあります（3.13 節を参照）。

例えば，オーストリア・グリーン電力法では，再生可能エネルギーの広範な定義に関する典型的な例を提示しています。全ての主要な発電方式が含まれていることに加え，生分解可能な部分が一定割合以下となる不純なバイオマスを除外しています。グリーン電力法 2002 は，2006 年に改正され，その第 5 条（1）11 には次のように示されています。

> この法の目的のため，用語は……「再生可能エネルギー資源」は再生可能で非化石のエネルギー資源（風力，太陽光，地熱，波力，潮力，水力，バイオマス，廃生物由来の物質を高い割合で含む棄物，埋立地ガス，下水処理場からのガス，バイオガス）を意味する。

2.2　適切な発電所

適切な発電方式に加え，FIT を設計する上ではどの発電所が FIT 制度のもとで支援されるのかを決めなければなりません。通常，賦課金の支払いはその地域や国に立地する発電所にのみ適用されます。洋上風力の場合，国の領域は国連が定義する領海（12 海里の水域）もしくは排他的経済水域（200 海里

訳注 2　欧州連合（EU）の拘束力を持つ法律文書のひとつ。すべての加盟国において即時に効力を有する「規則（Regulation）」や特定の個人・団体に拘束性を持つ「決定（Decision）」とは異なり，原則として各加盟国内において関連法の整備を必要とする。「命令」と訳されることもある。

の水域）によって限定されます。しかしながら，他国で発電された自然エネルギー電力を取り入れられるように，国のFIT制度を「開こうとする」試みがあります。例えば，ドイツ連邦議員ハンス＝ヨーゼフ・フェル氏は，ドイツの支援制度のもとで，北米で発電され高圧直流送電線で欧州に輸出された電力にも賦課金を支払うことを提案しています（Fell, 2009a）。

さらに，政策決定者は規模（自然エネルギー発電所の設備容量）に応じて賦課金の支払いを制限します。特に，水力発電の場合，賦課金支払いは一定の最大設備容量（例えば20もしくは100MW）以下の発電所にのみ認められます。その理由は，大量の資源がある地域の大規模水力発電所は財政支援なしでも既存のエネルギー資源よりもやや競争力があるからです。水力発電の電力は，たいてい0.02もしくは0.03ユーロ/kWh（約2.6〜3.9円/kWh）程度のコストで発電することができ，一方で（その次に安い）陸上風力や埋立地ガスの電力は0.04〜0.05ユーロ/kWh（約5.2〜6.5円/kW）です。さらに，大規模水力発電プロジェクトは，他の自然エネルギーに比べてより資本集約的であり，また，より大きな環境影響を与えることから，政策決定者はFIT制度から除外したいと考えるかもしれません。

その他の制限を加えるケースもあります。例えば，スペインのFIT制度は賦課金の支払い対象を最大50MWの発電所までとしています。こうした制限は歴史的な背景に関連しています。かつては，再生可能エネルギーは電力構成の中で小さな割合しか占めることができないと考えられており，その定義から，再生可能エネルギー発電所も小規模かつ分散型で導入されなければならないと考えられていました。しかしながら，近年の多くの国々の経験から，この想定は間違っていると言えます。分散型の導入はいまだに再生可能エネルギーの利点であるものの，風力発電の発展が示すように，数百MWのウィンドファームは実現可能であり，経済的にも成功が見込めます。大規模発電所は，太陽光や太陽熱，地熱，バイオマスなどの他の発電方式でも期待することができます。そのため，筆者らは大規模水力発電以外の発電方式に対して発電所の規模に応じた制限は採用しないことを推奨します。必要なのはむしろ，発電所の規模に応じた賦課金の区分を採用することでしょう（2.5節　規模別の賦課金を参照）。実際には，再生可能エネルギー設備は大規模な従来型発電所を置き換えていかなければなりません。これは，発電所の規模もしくは導入する総設備容量に制限をかける必要がないということです（4.8節を参照）。ただし，これは途上国においては注意深く検討する必要があります。

発電の開始時点，つまり設備がどの時点で系統に接続されるかも，その発電所がFITで支援されるかどうかを決定する重要な要素です。旧来の再生可能エネルギー発電所は先行する支援政策から利益を得ている可能性があるため，筆者らは新規の設備導入のみを対象とすることを推奨します。そのため，FIT法の施行日以降に開始した発電所が対象となります。

理論的には，特定の発電事業者グループを賦課金支払いの対象から除外することもありえます。例えば，1990年のドイツの最初のFITでは，立法者は自治体が所有する割合が高い発電所を除外する決定をしました。これは，規制機関が電力市場の自由化を計画し，既存の電力会社と競合する新規参入を促そうとしている段階では，ひとつの適切なステップといえるでしょう。しかしながら，筆者らは，どのような発電事業者グループも賦課金の支払いから除外しないことを推奨します。開かれていて，参加型で，民主的であることは，FITの最も重要な特徴です。また，当然のことですが，FITの支援を受ける電気事業者が増えるほど，再生可能エネルギーの普及も広がっていきます。

2.3　賦課金の計算方法

FITに関わる政策決定者にとって，最も喫緊の問題は，どのように賦課金の適正レベルを設定するかです。賦課金が低過ぎれば再生可能エネルギーへの投資を促すことができず，一方で賦課金が高過ぎれば不当な利益を生み出し，最終消費者に高いコストをかけることになってしまいます。著者らは，透明性と比較可能性を保証するため，FIT制度のもとで適用される全ての発電方式に共通の分析方法を開発することを推奨します。

過去に規制機関（および彼らが頻繁に雇うコンサルタントやエコノミスト）

は，賦課金の計算にさまざまな方法を適用してきました。しかし，そのなかで最も成果をあげたのは実際の発電コストにわずかなプレミアムを加えることで投資に見合う十分なリターンを提供する FIT を採用した国々であることが，経験的証拠から示されています。そのため，このアプローチが「ベストプラクティス」と考えられています。他には，電力価格もしくは「回避可能コスト」[訳注3] にもとづいて賦課金を設定するような方法も示されていますが（4.7 節），これはあまり成功していません。

実際のコストと発電事業者の収益率に基づく賦課金計算の方式は，さまざまな名称で呼ばれてきました。ドイツの FIT 制度は「コスト回収報酬（cost-covering remuneration）」，スペインの支援メカニズムは「適正な投資回収率（reasonable rate of return）」，フランスは「収益性指標方法」によって，公平で十分な収益性を保証しています。名称と考え方に多様性はあるものの，いずれの場合も立法者は，年間 5〜10％程度の投資リターンとなるような一定の内部収益率（IRR）を可能とする水準で賦課金を設定します。従来の発電方法から期待される収益と比較できるように，再生可能エネルギープロジェクトの収益性をより高く設定する場合もあります。原子力や化石燃料の発電所に比べて再生可能エネルギーの発電所の収益性が同等か高い場合にのみ，クリーンなエネルギーへの投資が経済的なインセンティブをもつという考え方です。

賦課金を決める上で，立法者にはいくつかの選択肢があります。最初のステップとして，同じような資源状況にあって FIT を採用している国の分析を進めてみることが役に立つでしょう。本書の第 6 章では実際の賦課金水準に関するデータの表を掲載しています。もし，例えば近隣でうまく機能している FIT 制度をもつ国があれば，その国で適用されている賦課金が参照点になるかもしれません。しかしながら，あらかじめ警告しておくと，少数の賦課金水準を比較するだけでは不十分です。本章の後半で見ていく賦課金支払いの期間，賦課金の低減，系統連系コスト，行政手続きなど，プロジェク

訳注 3　FIT の買取義務者が FIT 電気を買い取ることによって支出を免れた費用。日本では現在，市場価格連動制となっており，スポット市場（一日前市場）価格と一時間前市場価格の加重平均地が用いられている。

トの収益性に影響を与える多くの制度設計上の選択肢それぞれを検討しなければなりません。

既存の賦課金についての良い参照枠組みを得た後は，再生可能エネルギーの発電に関するコスト要因を評価しなければなりません。筆者らは，以下の基準にそった計算を推奨します。

・それぞれの発電所の投資コスト（設備と資本コストを含む）
・系統に関連する行政コスト（系統連系コスト，許認可手続きコスト）
・運用保守（O&M）コスト
・燃料コスト（バイオマスとバイオガスの場合）
・廃棄コスト（適用可能な場合）

これらのデータに基づいて，立法者はそれぞれの発電方式の名目発電コストを計算することができます。以下では，3つの国の事例を紹介しましょう。標準的な発電所の平均稼働時間と賦課金の支払い期間を理解することで，立法者は名目報酬水準を確定することができます。平均発電コストの概算を出す上で，規制機関は標準的な投資計算方法（年金計算法など）を使うことができます。スペインの立法者は，賦課金を設定する際に最適な情報を使うため，再生可能エネルギー発電事業者に対して，発電に関連する全てのコストを開示することを義務付けています。

まず，ドイツとフランスを取り上げ，先進国における賦課金計算アプローチを提示します。途上国の事例として，南アフリカのアプローチを取り上げます。

2.3.1　ドイツ　～コスト回収報酬～

ドイツのFIT制度では，発電コストに基づいて，透明性のある賦課金計算方法が開発されました。この方法は，経過報告書と呼ばれる枠組みでの当初の賦課金提案にドイツ連邦環境省（BMU）が使用したことから始まっています。この経過報告書は4年おきに発行され，FIT制度の定期的な見直し（2.13節を参照）の基盤となっています。しかしながら，その後の政治的意思決定プロセスの中で，BMU による当初の賦課金提案は何度か変更されていることには注意しなければなりません。多くの他の国々とは対照的に，ドイツの FIT 制度は法律としての位置づけをもっています。そのため，行政による当初の提案は，政府と議会を通過しなければならず，それゆえに修正を前提としているといえるでしょう。

賦課金を設定するため，経済省と環境省はさまざまな独立した研究機関に調査研究を委託しています。加えて，再生可能エネルギー発電事業者を対象として，コストに関する幅広いアンケート調査が行われています。その結果は，公表されているコストデータと省庁のプロジェクトパートナーによる実証値と照合され，こうして BMU は発電所の平均発電コストを評価しています。賦課金レベルを最終的に決定するためには，いくつかの基礎データと変数が組み込まれます。一般的に，賦課金の支払いは 20 年間保証されます。賦課金を計算する上で設定される資本利子率の名目の基礎値は 8% です。この数値は発電方式によってわずかに変わります。年間インフレ期待値は 2% であり，さらに専門家の人件費と年間稼働時間の期待値も検討する必要があります。詳細な仮定とデータは表 2.1 にまとめた通りです。

ドイツ環境省は，風力発電を除く全ての再生可能エネルギー発電方式の発電コストを計算するため，「年金方法」を適用しています。このダイナミックな投資計算方法によって，一時支払いと変動する定期支払いを一定の年間支払いへと「翻訳」することが可能となります（BMU, 2008）。風力発電については，20 年間にわたって大きく変動する支払いを考慮に入れるため，正味現在価値（NPV）法[訳注4]が適用されています。この変動は，主に最初の数年間の運転に対する高い賦課金支払いによるものです。再生可能エネルギー電力の全てのコストは，実績ベースで計算され，特定の参照年をもとにインフレ調整されています。ドイツの FIT は，明確にインフレ指標に連動させ

訳注 4　現在価値とは，発生の時期を異にする貨幣価値を比較可能にするために，将来の価値を一定の割引率（discount rate）を使って現在時点まで割り戻した価値のこと。また，正味現在価値（NPV：Net Present Value）とは，ある投資プロジェクトのキャッシュフローの現在価値の総和であり，その投資によってどれだけの利益を生むのかを意思決定するための評価指標の一つ。

表 2.1　収益性計算のための基本データ

	水力	バイオマス	埋立地ガス，下水，炭鉱ガス	地熱	風力	太陽光
買取期間（年）	30 / 15	20	基本ケース：20（埋立地ガス変動分：6）	20a	基本ケース：20（変動分：16）	20
名目構成利率（%/year）	小規模発電所 7 大規模発電所 8		8	8	8	5〜8
インフレ率	2% / 年					
熱報酬（CHP, 従来型発電所）	基本ケース：€ 25/MWh（変動範囲 € 10〜40/MWh）					
専門家の人件費	€50,000/ 人・年					
発電の稼働時間（時間 / 年）	利用状況によって変動	7700	埋立地ガス 7000, 下水 / 炭鉱ガス 7700	7700	立地の条件によって変動	
熱供給設備の稼働時間		モデルケースによって変動	——	——	——	——

出典：BMU, 2008

図 2.1　ドイツにおける発電コスト計算のための方法および入力変数

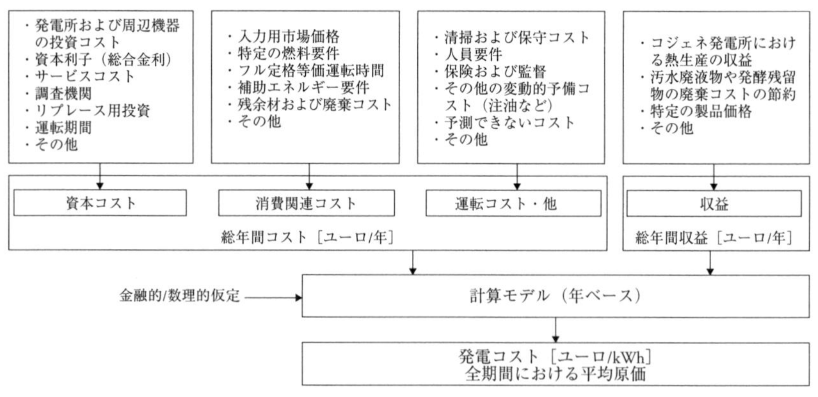

出典：BMU, 2008

ていませんが，計算方法によって実質的にバランスをとっています。

特定のコスト計算にあたっては，多数の変数を考慮しなければなりません。これには，バイオマスやバイオガスの場合では燃料調達コスト，投資コスト（設備，建設，系統連系等），運用コスト（図 2.1 を参照）といった，現在稼働している平均的な発電所の出力データが含まれます。ドイツには独特な規制環境があるため，金融機関からの特別な投資コスト補助は計算に含まれていません。また，ドイツの FIT は課税前のデータで計算しています。

2.3.2　フランス　～収益性指標方法～

フランスの政府機関である環境エネルギー管理庁（ADEME）は，賦課金の計算に「収益性指標方法」を適用しています。しかしながら，賦課金設定の権限をもつ経済省は，この方法を適用していないことを特記しておきます。それでも，ADEME による賦課金提案は，ドイツとは異なる計算方法の良い例として法案につながることがよくあります。フランスの方法は，もともと風力発電の賦課金計算のために開発され，透明性のある変数のセットに基づき，後述するような方程式にまとめられています。

収益性指標（PI）は，再生可能エネルギー事業の正味現在価値（NPV）と初期投資（I）の比率です。フランスでは，割引率は加重平均資本コスト（AWCC）で与えられており，内部収益率（IRR）を目標としているわけではありません。2001 年からはじまったフランスで最初の FIT の賦課金計算では，参照値である $t = 6.5\%$ が実際に適用されています。FIT の支払い期間に従い，償却期間 n は 15 年間で設定されていました。

数学と経済学が得意な読者のために解説すると，資本回収係数（K_d）は以下の方程式で定義されます。

$$K_d = K_d(t, n) = [t(1+t)n] / [(1+t)n-1] \qquad (1)$$

投資コスト比率は，

$I_u = I / P$ あるいは

$I_{us} = I / S$

ここで，P および S は定格出力と掃引面積。

また初期投資 I にはプロジェクト稼働 n 年後の残余価値

V_{alres} が含まれる

で表されます。

平均的な年間維持管理（O&M）コストは，以下の比率で表されます。

$K_{om} = D_{om} / I$

ここで，D_{om} は修理を含む年間 O&M コスト

平均的な年間エネルギー生産比率は，以下の比率で表されます。

$N_h = E_y / P$（関連する電力の年間の時間数）もしくは

$E_{ys} = E_y / S$（年間と m^2 あたりの kWh）

ここで，E_y は年間で系統に販売したエネルギー量

目標とする収益性指標値 PI は，1 年目から n 年目までに一定の賦課金 T_{eq} を必要とします。

$$T_{eq} = \{\{(1+PI)\ K_d[1-(V_{alres} / (1+t)(n+1))] + K_{om}\} / N_h\} I_u \qquad (2)$$

もしくは，I_u と N_h に I_{us} と E_{as} を使った同じ方程式で $PI = 0$ とすると，賦課金 T_{eq} は kWh あたりの総割引コスト（ODC）となります。

収益性指標（PI）と内部収益率（IRR）には直接のつながりがあります。

$$K_d = (IRR, n) = (1 + PI) K_d(t, n)$$

例えば，もし賦課金支払いの年数（n）が 15 年，割引率 t が 6.5%，収益性指標が 0.3 であれば，内部収益率は 10% になります。

収益性指標方法は，賦課金支払いと kWh あたりのコストを区別できると

いう長所があります。双方の数値の違いによって発電事業者のマージンが決定され，それゆえにプロジェクトの収益性となります（Chabot et al, 2002）。

2.3.3　南アフリカ　～適正な収益率～

南アフリカの立法者は，フルコスト回収と適正な投資リターンに基づいて賦課金を計算しています。南アフリカ国家エネルギー規制庁（NERSA）は，これを「均等化発電原価（LCOE）」方式と呼んでいます。多くの先進国と対照的に，開発途上国や新興国のインフレ率は非常に高くなっています。そのため，3.12 項で述べるように，途上国の政策決定者はインフレ指標と連動した賦課金支払いを検討したいと考えるかもしれません。NERSA は賦課金の計算に年間 8%のインフレ率を適用しています。再生可能エネルギー事業の資金調達において，負債資本比率は 70：30 と見積もられています。従って，名目負債コストは 14.9%と見られ，課税後の実質負債コストは 6.39%となります。ドイツの計算方法とは対照的に，南アフリカの立法者は平均税率 29%を計算に組み込んでいます。課税後の実質資本収益率は 17%，加重平均資本コストは 12%に固定されています。

それぞれの発電方式について，賦課金の計算にあたり，以下の仮定が設けられています。風力発電の場合，政策決定者は負荷係数を計算するため，60m の高さで 7m/s の平均風速を使っています。石炭産業の「副産物」である埋立地のメタンガスでは，ガスタービンやレシプロエンジンを駆動させることを仮定します。集中型太陽熱発電の賦課金は，溶融塩貯蔵がついたパラボラ型の発電所が 1 日に 6 時間稼働すると仮定しています。2009 年の賦課金計算の全ての詳細は表 2.2 の変数に基づいています。

NERSA は，公式に入手可能な最新の国際的なコストと再生可能エネルギー発電方式の実績データを使って FIT の支払いを調整しています。国際金融市場で資本コストが増大したため，NERSA は最初の FIT 提案と比較して，ほぼ全ての発電方式の賦課金支払いを大幅に増やしました。

表 2.2　南アフリカの均等化原価の計算方法

パラメータ	単位	風力	小水力	埋立地ガス（メタン）	集中型太陽熱
資本コスト：エンジニアリング・調達・建設（EPC）	ドル /kW	2000	2600	2400	4700
土地代		5%	2%	2%	2%
建設中利子		4.4%	10.6%	4.4%	4.4%
系統連系コスト		3%	3%	3%	3%
貯蔵（CSP）		−	−	−	8%
総投資コスト	ドル /kW	2255	3020	2631	5545
固定 O&M	2009 年換算ドル /kW/ 年	24	39	116	66
変動 O&M	2009 年換算ドル /kWh	0	0	0	0
運転期間	年	20	20	20	20
加重平均資本コスト		12%	12%	12%	12%
リードタイム	年	2	3	2	2
燃料種		再生可能	再生可能	再生可能	再生可能
燃料コスト	ドル /10^6btu	0		1.5	0
燃料コスト	ドル /kWh	−	0.00106	−	−
熱比率	Btu/kWh	−	−	13500	−
仮定負荷率		27%	50%	80%	40%
均等化発電コスト	ドル /kWh	0.1247	0.0940	0.0896	0.2092
為替レート R/S	南アフリカランド / ドル	10	10	10	10
均等化発電コスト	南アフリカランド /kWh	1.247	0.940	0.896	2.092

Note：CSP ＝集中型太陽熱発電，貯蔵付帯パラボラ溝（6 時間 / 日）埋立地ガス＝メタン
出典：NERSA, 2009

2.4　発電方式別の賦課金

政策決定者が再生可能エネルギー電力の発電コストに基づいて賦課金を計算するのであれば，発電方式別に異なる賦課金を設定することは自然な成り行きです。発電方式別の支援は，多くの FIT の主要な特徴の一つです。証書を使った制度や RPS のような他の量的な支援制度とは対照的に，FIT は発電方式に応じた発電コストを考慮に入れることで，異なる発電方式の幅広い基盤づくりを推進することを目指しています（2.3 節「賦課金の計算方法」を参照）。発電方式に応じた支援が必要な理由は，再生可能エネルギー発電方式によって発電コストが大幅に異なるためです。ある種類のバイオマスもし

くはバイオガスがすでに 0.03 ユーロ /kWh（約 3.9 円 /kWh）以下で発電できるようになっている一方で，太陽光発電のように未成熟な発電方式では 0.43 ユーロ /kWh（55 円 /kWh）以上のコストがかかります（Ragwitz et al, 2007）。

バイオマスに関しては，さらに区分を設ける必要があります。先述のように，バイオマスの燃料としての種類には，林業生産物，畜産廃棄物，エネルギー作物，その他の一般廃棄物などが含まれます。発電コストは燃料種ごとに大幅に異なり，例えば，一般的にエネルギー作物は林業生産物よりも高く，畜産廃棄物からのバイオガスは埋立地ガスもしくは下水ガスよりも高くなります。そのため，FIT 制度のなかにはバイオマス発電所の燃料種の違いを考慮したものがあります（6.1.1 および 6.1.2 項，スペインとドイツの報酬についての表を参照）。また，例えばコジェネレーションやガス化といった，バイオマスから電力に変換するプロセスの違いによるコストの差異も賦課金の設定に反映させる必要があります。

2.5　規模別の賦課金

発電方式別の賦課金に加え，多くの FIT 制度では発電所の規模別に異なる報酬レベルが取り入れられています。これは，一般的により大規模な発電所ほど割安になるという考えに基づいています。そのため，たいていの FIT 制度では特定の発電方式で規模別に特定の賦課金が設定されています。最も簡単な方法は，例えば以下のように導入設備容量に応じて設定することです。

・0kW 以上 30kW 未満
・30kW 以上　100kW 未満
・100kW 以上 2MW 未満
・2MW 以上

それぞれの発電区分の範囲の選択は必ずしも無作為である必要はありませ

ん。多くの発電方式には標準となる設備の規模範囲があります。太陽光発電の場合，例えば，典型的な家庭の屋根上での導入は3～30kWの範囲にあります。産業ビルや農場などの大型屋根への導入は，一般的に100kW以下です。そのため，所与の地域もしくは国でそれぞれの発電方式の標準となる設備の分析を行うことが，規模別の賦課金の設定に役立ちます。規模のカテゴリによって生じる潜在的な混乱を避けるため，立法者は発電所の規模と賦課金支払いを関連づける公式を開発するという選択肢もあります。

2.6　賦課金支払いの期間

賦課金支払いの期間は，賦課金支払いの水準と密接に関連します。もし立法者が比較的短い期間での賦課金支払いを保証したいのであれば，コスト回収を保証するため，賦課金の水準は高くしなければなりません。もし賦課金支払いが長期間にわたることを前提とするのであれば，報酬の水準は下げることができます。しかしながら，長期的な支払い期間の場合，インフレの影響が大きくなるので要因として考慮しなければなりません（3.12節を参照）。世界の多くのFITでは，10～20年間の期間で賦課金の支払いを保証しており，15～20年間が最も共通して成功するアプローチとなっています。20年間の支払い期間は，多くの再生可能エネルギー発電所の平均耐用年数と同じです。それより長い期間の報酬支払いは，技術イノベーションを妨げることから，一般的には避けられています。いったん賦課金支払いが終了すると，発電事業者は古くなった発電所を動かし続けるよりも，賦課金支払いを得るため新しく効率的な技術に再投資するように強いインセンティブが働きます[訳注5]。一方で，発電事業者には，標準的な市場条件で売電し続ける権利が認められています。

これに関して，南アフリカのFITのガイドラインでは次のように述べられています。

7条6項　固定価格買取制度の賦課金支払い契約期間を満了し，

終了した際には，発電事業者はその時点での市場条件のもとで料金の交渉をしなければならない。

賦課金支払いの期間を決める際に，政策決定者は保証された支払い期間の間に発電事業者がFIT制度から離脱する権利があるのかどうかを明確に記述する必要があります。もし化石燃料や原子力といった電力のスポット市場価格が保証されたFIT価格を上回る場合，再生可能エネルギー発電事業者はFIT制度から離脱することに関心をもつかもしれません。化石燃料の負の外部コストを組み入れ，従来型発電に対する補助金のカットに取り組み始めている国では，こういったことが数年のうちにより頻繁に起こるようになるでしょう。特に，風力や埋立地ガスといった，最もコスト効率的な再生可能エネルギー発電方式が該当します。

この場合，立法者には基本的に3つの選択肢があります。

1. FIT期間を満了することを義務付け，再生可能エネルギー発電事業者は従来の電力市場に参入する権利をもたない，とすることができます。この方式の良い面としては，従来型の電力の価格が賦課金のレベルを上回れば，最終消費者の電力コストを下げることができるということです。この場合，FITが平均電力価格を引き下げ，安定化させます。しかしながら，こうした政策によって，開発事業者が再生可能エネルギーによる電力を敬遠することになるため，グレーな電力市場にグリーンな電力を増やす動きが遅れる可能性があります。
2. 規制機関が再生可能エネルギー発電事業者にFIT制度から離脱する権利を与えるものの，再参入することは認めないという方法がありま

訳注5　1980年代後半から風力発電の導入が進んだドイツやデンマークでは，2000年代に固定価格買取制度を前提としてリパワリングの機会が発生したため，このようなインセンティブが働いた。一方，2012年から固定価格買取制度がはじまった日本では，入札制への移行も議論されており，リパワリングの機会が発生する2030年代に固定価格買取制度を前提とすることができるかどうかは不透明であるため，留意する必要がある。

す。これは，将来の価格を予測することが難しいため，再生可能エネルギー発電事業者が従来の電力市場に参加することが本質的に難しくなるかもしれません。

3. 立法者は，発電事業者がFITのもとでの報酬の保証とスポット市場への参加の間でスイッチする機会を与えることができます。これにより，発電事業者は変動する市場価格に関連するあらゆるリスクに曝されることなく，電力市場での経験を積むことができます。この場合，例えば1ヶ月に1回もしくは1年に1回といったように，規制機関は発電事業者がシステムを変更できる期間を定めます。

2.7 財政の仕組み

FITの基本的な特徴のもう一つは，追加コストが全ての電力消費者に等しく分配されるということです。この財政負担共有の仕組みは，再生可能エネルギー電力の大量導入を最終消費者の電気料金へのわずかな上乗せのみで可能にします（そして，適切に実施されるのであれば，FITが化石燃料を再生可能エネルギーに転換し，温室効果ガスの排出を減らし，消費者のお金を節約することになります）。さらに，賦課金の支払い期間を決め，購入義務を確立することで，政府は電力市場の民間プレーヤーを対象とする純粋な規制者となります。ここでは政府からの財政支出はありません。その他の財政的な制度は，政権交代や景気後退といった外部の影響を受けやすいことが立証されています（4.6節を参照）。

再生可能エネルギー発電事業者から最終消費者に価格を転嫁するため，賦課金支払いをまとめたコストは一連の電力供給システムを通じて転嫁されなければなりません。はじめに，再生可能エネルギー発電事業者が地元の送配電事業者から賦課金支払いを受け取ります。FIT制度の法的義務のもと，この送配電事業者は生み出された電力に対して接続，輸送，支払いが義務付けられています（2.8節を参照）。通常，再生可能エネルギー発電事業者は，隣接する配電事業者（DSO）に接続されることになっています。しかしながら，大規模発電所の発電事業者は，送電事業者（TSO）を通じて，直接高圧送電線に接続する場合もあります。その後，コストと会計データは次の上位の電力システムに送られ，国の送電事業者が全てのコストをまとめ，発電された全ての再生可能エネルギー電力量で割ります。

この段階で，規制機関は2つの方式を選択することができます。コストは，最終消費者に供給された総電力量に応じて，国内の全ての小売事業者の間で等しく分配されます。このようにして，全ての最終消費者が，所与の領域内で生み出された全ての再生可能エネルギー電力に対して等しく支払うことになります。もう1つの方式として，配電事業者もしくは送電事業者が電力システムのコストにわずかに上乗せして，総コストを分配するという方法もあります（図2.2参照）。

いくつかの国では，このような平等な負担共有の仕組みからエネルギー集約的な産業を除外するという例もあります（3.14節を参照）。

2.8　購入義務

全てのFIT制度にとって重要な要素のうち，長期的な賦課金支払いに次いで二番目に挙げられるのは，投資の安全を保証するための購入義務です。購入義務とは，電力需要に関係なく，最も近い送配電事業者に再生可能エネ

図2.2　FIT制度の下での電力と支払いの一般的フロー

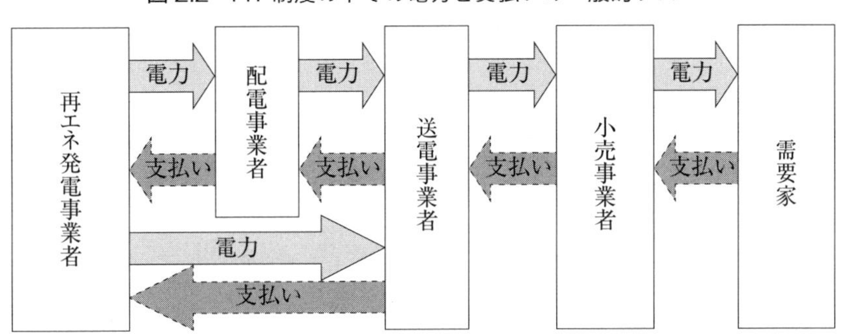

出典：Jacobs, 2009

ルギー資源から生み出された全ての電力を購入・供給することを義務付けるものです。これは，例えば，需要が少ないときに送電事業者が化石燃料や原子力の電力量を減らし，全ての再生可能エネルギー電力を電力構成に取り入れることを意味します。購入義務は，発電事業者が発電するタイミングを制御できない風力や太陽光のような，より変動性が高い再生可能エネルギーにとって特に重要となります。対照的に，ガス・石炭火力・原子力の発電所や，ダム式水力発電やバイオマス設備，地熱発電所は出力を上げ下げできます。そのため，高度なFIT制度では，電力需要に応じて賦課金に区分を設けるものがあります（3.3節を参照）。

送電事業者が発電設備も所有し給電するような独占もしくは寡占市場では，購入義務によって再生可能エネルギー発電事業者が保護されます。電力需要を満たす上で，どの発電源からの電力を使うのかを決定する際に，そのような送電事業者は最初に自らが所有する発電所からの電力を給電しようと偏る可能性があるからです（プレミアムFITでは購入義務は適用されないことがあることに留意。3.1節を参照）。

適切に定められた購入義務の例として，ドイツのFITは，全ての電力を購入し，送電し，配電することを義務付けています。再生可能エネルギー法（EEG）2009の第8条，1項は次のように記されています。

> 系統運用者は，再生可能エネルギー資源と鉱山ガスからの電力の全量を直ちに，優先して購入し，送電し，配電しなければならない（BGB, 2008）

2.9　電力システムへの優先接続

送電事業者自身が発電も行っているような電力市場では，不公平な系統接続ルールが障壁となります。このように発電・送電・配電の「分離」が行われていない場合，どの発電所が電力システムに接続されるのかが問題となったときに，送電事業者が自らの発電設備を優遇する状況へとつながりかねません。そのため，通常FITには適格な発電所は電力システムに接続されなければならないという規定が含まれます。例えば，ドイツのFIT制度では「送電事業者は，再生可能エネルギー資源と鉱山ガスからの電力の全量を直ちに，優先して購入し，送電し，配電しなければならない」と記されています。「直ちに」という文言は送電事業者による遅延を防ぎ，「優先」接続が従来の発電設備よりも先に再生可能エネルギー発電所が電力システムに接続されることを意味するため，著者らはこの方式を推奨します。

同様に，送電容量不足により再生可能エネルギーの普及が深刻に停滞する可能性があります。カナダのオンタリオ州では，2006年のFITで次のように記しています。

> 申請者は，送電システムのあるエリアでは増加する電力を受け入れる能力が限られていることに注意すること。このことから，OPA（オンタリオ電力公社）は，特定の指定エリアでのプロジェクト申請を制限もしくは断る可能性がある。

再生可能エネルギー発電事業者の系統接続を拒否できるようにして障壁をつくってしまうのではなく，立法者はカナダのモデルではなく，ドイツのモデルに従って，系統増強にとりかかり，国レベルの拡張計画を策定するべきです。

2.10　系統接続のコスト分配方法

系統接続のルールは全体の収益性に影響を与えるため，再生可能エネルギー支援政策の成否にも影響を与えます。所与の国で，他の支援制度がしっかりと作られたとしても，系統接続において差別的な慣行，規制，連系規定，その他のルールが残っていれば，それが再生可能エネルギープロジェクトの普及を深刻に妨げる可能性があります。これは，プロジェクトの総コストに占める系統接続のコストが特に高いことに起因します。欧州の調査研究プロジェクト GreenNet-Europe は，洋上風力発電の場合，系統接続は総投資コストの 26.4%に上ることもあると算出しています。

系統接続のコスト分配方法は，その割合は他の全ての再生可能エネルギー発電方式よりも低いものの，あるプロジェクトが収益性をもつかどうかに関わる意思決定において非常に重要となります（図 2.3 を参照）。多くの FIT は，通常，再生可能エネルギー発電事業者と送電事業者の間で系統接続のコストを分配する方法を定義しています。基本的に，「ディープ」「シャロー」「スーパーシャロー」という 3 つの異なる方法が接続の費用分配に適用されます（Knight et al, 2005）（図 2.4 を参照）。

ディープ接続のコスト配分方式は，系統接続と系統増強の両者に関して，再生可能エネルギー発電事業者が全てのコストを負担するというものです。これには，近接の接続点までの電源線だけでなく，既存の系統インフラを増強するコストが含まれます。送電容量が不足する場合，発電事業者に必要な電圧階級の上昇に対する支払いが義務付けられます。著者らは，この方式を推奨しません。歴史的には，この方式は大規模な従来型の発電所に用いられてきました。それらの発電所の莫大な投資コストのもとでは，ディープ接続の方式の追加的な系統接続コストはわずかなものでした。これは，原子力や石炭火力発電所の巨大なコストに比べてはるかに小さなコストの再生可能エ

図 2.3　総投資コストに占める系統連系コストの割合

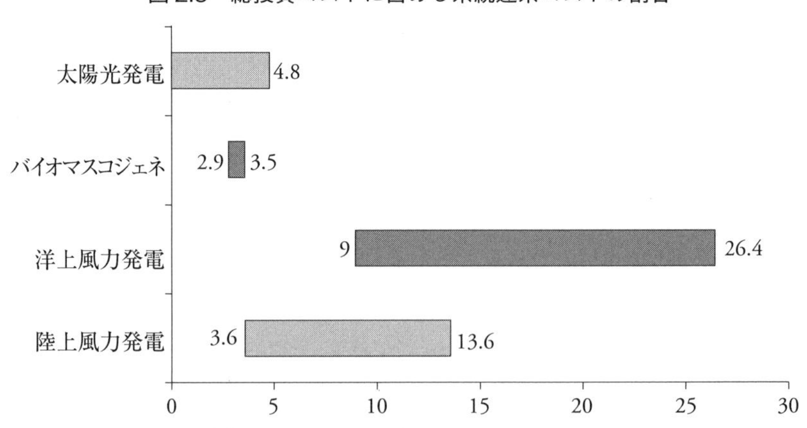

出典：GreenNet-Europe を改変

図2.4　系統連系のコスト共有方法

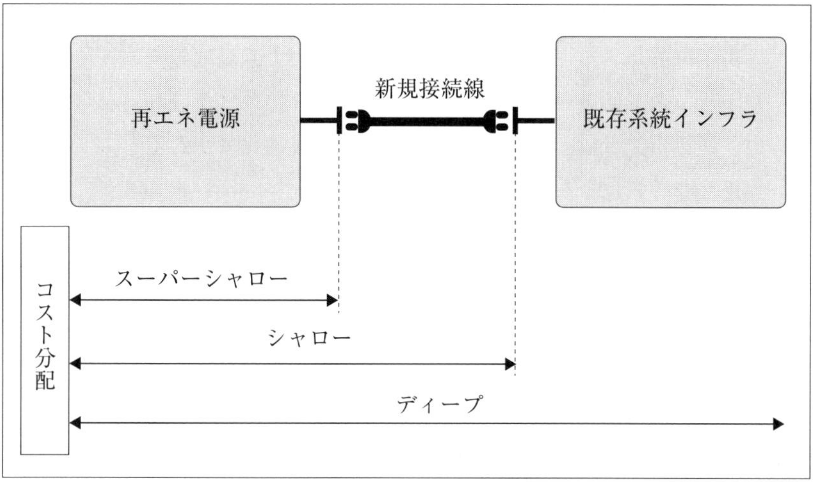

出典：Auer et al, 2007

ネルギープロジェクトにおいては異なります。さらに，ディープ接続の方式はすでに電力システムが開発されているエリアでの発電にインセンティブを与えます。これは，石炭やガス火力発電所では筋が通るものの，再生可能エネルギーには当てはまりません。例えば，風力発電は系統容量に余裕があるかどうかではなく，風況の良い場所に立地されるべきです。

代替方法として，シャロー接続の方式が開発されました。シャロー接続の方式では，再生可能エネルギー発電事業者は近接の系統接続点までの新規送電線のコストのみを支払い，送電事業者が既存の系統インフラの潜在的な増強コストの全てを負担しなければなりません。送電事業者によって負担されるコストは，電力システム利用料[訳注6]として最終消費者の支払いに上乗せされます。この方式のもとでは，再生可能エネルギー発電事業者は，インフラの利用可能性ではなく，資源の利用可能性（例えば風況）に応じて発電所の立地を選ぶことになります。

したがって，2009年のドイツ固定価格買取制度（第3章13・14節）では次

訳注6　現行の日本の制度では，託送料金に相当。

のように規定されています。

> 再生可能エネルギーもしくは埋立地ガスによる発電設備の接続にかかるコストは……設備導入主体によって負担されなければならない。送電事業者は，電力システムの増強や最適化にかかるコストを負担しなければならない。

2つの方式を組み合わせることも可能です。この場合，発電事業者は近接の接続点までの電源線のコストを支払います。系統増強コストは，送電事業者と発電事業者で共有することになります。通常，発電事業者が負担する分のコストの割合は，彼らが新しいインフラを利用する割合の評価に応じて変わります。この組み合わせは，既存の系統インフラ利用のためのインセンティブと資源最適な立地選択の間の妥協点と見ることができます。

近年，デンマークやドイツのような洋上風力発電の普及を促進するいくつかの欧州の国々で，スーパーシャロー接続の方式が実施されています。洋上風車の立地から最も近い陸上の接続点までの接続線は，長距離となることから高コストになります。この資金負担から洋上風力発電開発事業者を解放するため，立法者は，洋上風力発電所から近接の陸上の接続点までの新規接続線のコストさえも送電事業者が支払わなければならないように決定しました。

著者らはシャロー接続もしくはスーパーシャロー接続の方式を推奨します。これにより，インフラへの投資と発電設備への投資を厳格に区別することが可能になります。多くの国々で再生可能エネルギーを促進するために，ディープ接続からシャロー接続へと移行する明確な傾向があります。規制機関は，どのようなコスト分配方法を適用したいと考えるとしても，賦課金を計算するときに再生可能エネルギー発電事業者にかかる資金的な有利（スーパーシャロー方式）もしくは不利（ディープ接続方式）を考慮しなければなりません。

系統接続と増強の推定コストは，賦課金計算の方法に組み込まれていなければなりません（2.3節を参照）。

2.11　効果的な行政手続き

いくつかの国々でのFITの経験によると，経済性が高く系統アクセスの条件が整っていたとしても再生可能エネルギー発電設備が著しく増加しないことがあることが示されています。優れたFITがあっても平凡な実績しか発揮されない理由には，プロジェクトの許認可にかかるリードタイムが長いことや，関係部局の数が膨大になること，空間計画との調整が欠落していることなどが挙げられます（Ragwitz et al, 2007; Roderick et al, 2007; Coenraads et al, 2008）。例えば，欧州委員会は，小規模なプロジェクトについては，大規模な石炭火力発電所などとは根本的に異なるため，より迅速な許認可プロセスを実行することを推奨しています（EU Commission, 2005）。大規模と小規模のプロジェクトに同じ許認可プロセスを強いることは非合理的です。行政手続きの最大の壁は，リードタイムと調整，空間計画にあります。

2.11.1　リードタイムの短縮

再生可能エネルギープロジェクトの行政手続きにおける最大の壁の一つがリードタイムです。EUでは，小水力発電の開発にかかるリードタイムは12ヶ月（オーストリア）から12年（ポルトガルとスペイン）と異なります。フランスでは，風力発電開発事業者はプロジェクトの概略設計から発電までに4〜5年待たなければなりません。同様のことが，アイルランドの洋上風力発電プロジェクトにも当てはまります。

政策決定者は，関係機関が必要とする全ての書類の許認可プロセス全体に時間制限を設けることにより，こうした障壁を減らすことができます。国や地方自治体はプロジェクトの許認可を時間内に処理しなければならなくなりますが，これは非経済障壁なので再生可能エネルギーに反対する団体にはあまり影響がありません。それぞれの機関に決定の締切を設定することは，それらが遵守される限り役に立ちます。特に地方レベルでは，行政主体は産業規模のプロジェクトを扱う経験に乏しいことから有効となります。

2.11.2　関係部局の最小化と調整

再生可能エネルギー開発事業者にのしかかるもう一つの重要な制約は，許認可プロセスにかかわる機関の数が膨大な数になってしまうことです。例えばフランスでは，風力発電事業者は異なる政治レベルで27件の異なる機関と連絡を取らなければなりません。イタリアでは，小水力発電の開発で異なる機関から最大で58件の許認可を取得しなければならない地域もあります。

こうした複雑性は，それぞれの機関の責任を明確にしたり，迅速な再生可能エネルギー普及に従事する新たな組織を設立することで縮減することができます。そういった組織は，計画プロセスを調整し，シンプル化する「ボトルネック組織」や「ワンストップショップ」と呼ばれます。さまざまな政策レベルの下位機関の全てを一つの行政主体で対応している国が，最も成功しています。このアプローチは欧州委員会の新しい再生可能エネルギー指令で提案されています。

2.11.3　空間計画との統合

空間計画で再生可能エネルギーを規定することにより，道路，産業地帯，発電所，下水システムなどの立地といった，所与の地域もしくは国での物理的な空間の利用を整理することができます。地域レベルの空間計画に関する規制や基準を起草もしくは改定する際には，将来の再生可能エネルギープロジェクトを予期しておかなければなりません。このプロセスでは，風況や日照量といった利用可能な資源を明確にしておく必要があります。例えば，1996年に規定されたドイツの建築基準では，それぞれのコミュニティに風力発電プロジェクトの開発の特別エリアを指定することが義務付けられています。これらの手法により，立法者は手続きプロセスを大幅に縮小することができます。

2.12　目標値の設定

FITの法制化は再生可能エネルギーの意欲的な政策目標値と組み合わされることがよくあります。このメリットは，目標値が投資家に対して長期的な政策的関与をうながすきっかけになることです。目標値があることは，支援制度が一定期間継続し，賦課金が十分に高額になる可能性が高いことを示します。目標値は，「少なくとも」といった言葉で常に最小値で規定される必要があります（例「2020年までに少なくとも20%」）。こうすることで，いったん目標値が達成されると新規導入が遅滞したり，止まってしまうといったように，目標値が設備導入量のキャップとなり（4.8節参照），ネガティブな影響を与えてしまうことがなくなります。

目標値は，エネルギー全体もしくは電源構成全体における再生可能エネルギーの割合で規定されます。これは，ドイツのFIT制度は「電力供給における再生可能エネルギーの割合を高めることを目的として，2020年までに少なくとも30%へと高め，その後も継続的に増やしていく」といった形で，ドイツの立法者によって実行されています。また，もう一つの方法として，目標値を設備容量で示すこともできます。オンタリオ州の政策決定者は，双方を組み合わせており，2004年には「再生可能エネルギーによる電力を2007年までに5%（1,350 MW），2010年までに10%（2,700 MW）」という形で目標値を設定しています。筆者らは，再生可能エネルギーがどのように化石燃料や原子力発電を置き換えていくかの道筋がわかるように，短期，中期，長期で目標値を設定することを推奨します。こうした目標値がどの程度達成されたかを明らかにするため，経過報告書の作成も必要でしょう。

2.13　経過報告書

最後に，FITの進捗状況について評価し，定期的に報告することが，長期的な成功に向けてきわめて重要となります。報告と評価は，通常，所管省庁の任務です。彼らは法が適正に執行されていることを確認し，必要であればどのように改善もしくは改定することができるか提案します。いくつかの国では，経過報告書がFIT制度の定期的な改定のための科学的基盤を提供しています。例えば，スペインとドイツのFIT制度は4年毎に修正されています。こうした定期的な見直しは，さしあたり法律が変わることはないものの，政治家たちに修正の余地も残していることを理解している発電事業者の安定性を保証します。規制機関がはじめてFIT制度を実施する際には，最初の数年の間に頻繁な調整が必要になるかもしれません。そのため，南アフリカの立法者は，最初の5年間は毎年FIT制度を見直し，その後は3年おきに見直すということを選択しました。

通常，経過報告書には，全ての適切な発電方式の成長率と平均発電コストの分析が含まれます。報告書では，再生可能エネルギー支援の経済面，社会面，環境面のコストと便益が明示され（特に温室効果ガス排出削減の推計），最終消費者の追加コストも評価されます。また，自然や景観といった，再生可能エネルギー発電所の生態系への正や負の影響も算出されます。

2.14　基本的なFIT制度のチェックリスト

本章のまとめとして，規制機関が基本的なFIT制度の草案を作成する際に参考となるチェックリストを提示しておきましょう。

- 国内で利用可能な資源情報に基づいて，適切な発電方式を選択する
- どのような種類の発電所が適切であるべきかを決定する
- それぞれの発電方式の発電コストに基づく透明な賦課金計算方法を策定する
- 発電方式や規模に応じたFITを設定する
- 賦課金支払いの期間を決める（通常20年間）
- 全ての電力需要家で追加コストを分配する健全な財務制度を創設する
- 送電事業者が全ての再生可能エネルギー電力を購入することを義務付

ける
- 電力システムへの優先接続を認める
- 系統接続と増強のコスト分配を「シャロー」もしくは「スーパーシャロー」の方式に基づいて規制する
- 効果的な行政手続きプロセスを創設する
- FIT 法案のなかで再生可能エネルギーの目標値を明示する
- 将来の調整の科学的基盤となるように，経過報告書を策定する

参照文献

Auer, H., Obersteiner, C., Prüggler, C., Weissensteiner, L., Faber, T. and Resch, G. (2007) Action Plan: Guiding a Least Cost Grid Integration of RES-Electricity in an Extended Europe, GreenNet-Europe, Vienna, May

BGB (2008) 'Gesetz zur Neuregelung des Rechts der erneuerbaren Energien im Strombereich und zur Änderung damit zusammenhängender Vorschriften', Bundesgesetzblatt, vol 1, no 49, p2074

BMU (2008) Depiction of the Methodological Approaches to Calculate the Costs of Electricity Generation Used in the Scientific Background Reports Serving as the Basis for the *Renewable Energy Sources Act (EEG) Progress Report 2007*, Extract from Renewable Energy Sources Act (EEG), Progress Report 2007, Chapter 15.1

Chabot, B., Kellet, P. and Saulnier, B. (2002) Defining Advanced Wind Energy Tariffs Systems to Specific Locations and Applications: Lessons from the French Tariff System and Examples, paper for the Global Wind Power Conference, April 2002, Paris

Coenraads, R., Reece, G., Voogt, M., Ragwitz, M., Resch, G., Faber, T., Haas, R., Konstantinaviciute, I., Krivosik, J. and Chadim, T. (2008) Progress: Promotion and Growth of Renewable Energy Sources and Systems, Final Report, Contract no. TREN/ D1/42-2005/ S07.56988, Utrecht, Netherlands

EU (2001) 'Directive 2001/77/EC of the European Parliament and of the Council of 27 September 2001 on the promotion of electricity produced from renewable energy sources in the internal electricity market', Official Journal of the European Communities, L 283/33

EU Commission (2005) The Support of Electricity from Renewable Energy Sources, Communication from the Commission, COM (2005) 627 final, Brussels

Fell, H.-J. (2009a) Mögliche Gesetzentwicklung zur Realisierung erster Leitungen und Kraftwerke in Nordafrika, Presentation at the Official Presentation of the Desertec Foundation, 17 March, Berlin

Fell, H.-J. (2009b) FIT for Renewable Energies: An Effective Stimulus Package without New Public Borrowing, www.boell.org/docs/EEG%20Papier%20engl_fin_m%C3%A4rz09.

pdf

Grace, R., Rickerson, W. and Corfee, K. (2008) California FIT Design and Policy Options, CEC-300-2008-009D, California Energy Commission, Oakland, CA

GreenNet-Europe (undated) http://greennet.i-generation.at/

Jacobs, D. (2009) Renewable Energy Toolkit: Promotion Strategies in Africa, World Future Council, May

Klein, A., Held, A., Ragwitz, M., Resch, G. and Faber, T. (2008) Evaluation of Different FIT Design Options, best practice paper for the international Feed-in Cooperation, www.feed-in-cooperation.org/images/files/best_practice_paper_2nd_edition_final.pdf

Knight, R. C., Montez, J. P., Knecht, F. and Bouquet, T. (2005) Distributed Generation Connection Charging within the European Union – Review of Current Practices, Future Options and European Policy Recommendations, www.iee-library.eu/images/all_ieelibrary_docs/elep_dg_connection_charging.pdf

Mendonça, M. (2007) Feed-in Tariffs: Accelerating the Deployment of Renewable Energy, Earthscan, London

NERSA (2009) South African Renewable Energy FIT (REFIT), Regulatory Guidelines, National Energy Regulator of South Africa, www.nersa.org.za/UploadedFiles/Electricity Documents/REFIT%20Guidelines.pdf, 26 March 2009

Ragwitz, M., Held, A., Resch, G., Faber T., Haas, R., Huber, C., Coenraads R., Voogt, M., Reece, G., Morthorst, P. E., Jensen, S. G., Konstantinaviciute, I. and Heyder B. (2007) Assessment and Optimisation of Renewable Energy Support Schemes in the European Electricity Market, final report, OPTRES, Karlsruhe

Roderick, P., Jacobs, D., Gleason, J. and Bristow, D. (2007) Policy Action on Climate Toolkit, www.onlinepact.org/, accessed 23 May 2009

Sösemann, F. (2007) EEG – The Renewable Energy Sources Act: The Success Story of Sustainable Policies for Germany, Federal Ministry for the Environment, Nature Conservation and Nuclear Safety, Berlin

Chapter 3
高度な FIT 設計

本章では，すでに固定価格買取制度（FIT）をある程度の期間にわたって運用してきた国や，十分に健全で相当な規模に達した再生可能エネルギー産業をもつ国を対象として，高度な制度設計の選択肢を探ります。再生可能エネルギー電力の割合が増えるにつれて，過剰な利益やコストの発生を避けるための追加的な措置が必要となります。同時に，「グリーンな」電力を「グレーな」電力市場に取り入れていくことがますます重要となります。このプロセスは，より優れた市場統合のための高度な制度設計を取り入れることによって強化することができます。

より具体的には，本章ではFITの高度な制度設計の選択肢を3つのカテゴリに分けて議論します。第一に，より優れた市場統合のための方法として，次のような項目があります。

・プレミアムFIT（FIP）
・従来の電力市場（エネルギー市場）への参入に対するインセンティブ
・需要に応じた賦課金の区分設定
・発電方式の組み合わせに対する賦課金の支払い
・出力予測の義務づけ
・系統サービスに対する特別な賦課金の支払い

第二に，経済効率性を確保し，不当な利益を最小に抑えるための方法として，次のような項目があります。

・立地に応じた制度設計
・制限された発電電力量もしくは総発電電力量に対する賦課金の支払い
・賦課金の逓減
・柔軟な賦課金の逓減

第三に，その他の「革新的な」制度設計の選択肢として，次のような項目があります。

・増加する賦課金
・インフレ指標と結びついた賦課金
・革新的な特性に対する追加的な賦課金の支払い
・エネルギー集約型産業の除外

特記すべきこととして，これらの高度な制度設計の選択肢を選択し実施する際は，その国の電力市場やその他のマクロ経済データに影響を受けるということに注意が必要です。それぞれの選択肢を実施する際に，政策立案者は，制度がより複雑になることよりも期待される便益の方が上回っているかどうかを見極めなければなりません。

3.1　プレミアム FIT（FIP）

従来型のエネルギー市場に再生可能エネルギーを適切に統合するため，「プレミアム FIT」（FIP）と呼ばれる方法を採用する国が増えつつあります。これによって，「一般的に価格ベースの支援政策は市場ベースではない」というイデオロギー的な批判を無効化し，そうした批判を克服することが可能となります。プレミアム賦課金すなわち「市場連動型賦課金」（Couture, 2009）は，1998 年にスペインではじめて実施され，続いてデンマーク，スロヴェニア，チェコ，イタリア，エストニア，アルゼンチン，オランダで採用されました。フィンランドもこの報酬オプションの実施を計画しており，ドイツは検討を続けています[訳注 1]。

FIP のもとでは，再生可能エネルギー発電事業者の報酬は 2 つの要素から成り立っています。すなわち，従来の電力市場における 1 時間単位の電力市場価格と，再生可能エネルギー事業が適正な利益を十分に得ることができる

訳注 1　フィンランドは 2011 年に風力に FIT が導入され，バイオマスに対しては一部 FIP も導入されている。また，ドイツでは 2014 年の再生可能エネルギー法（EEG）改正により，100kW 超の発電設備は FIP に移行している（CEER: Status Review of Renewable Support Schemes in Europe for 2016 and 2017, Public report (2018)）。

までに削減された賦課金です。市場価格が変動するため，この2つの報酬要素の組み合わせによって，それぞれの発電方式の賦課金を立法者が確定することがより困難になります。市場価格が高い場合に不当な利益が発生することを避け，市場価格が低い場合でも十分な投資リターンが得られるように，市場価格の推移を予測する必要があります。

スペインの立法者は，市場価格を予期することがきわめて難しいことを理解しました。そのため，2007年にスペインのFIP制度は，上限価格と下限価格を設けています。この上限価格によって，市場価格が高い場合に，組み合わせた報酬がある一定の上限を超えることを防ぐことができます。また，下限価格によって，市場価格が低い場合に，報酬が最小閾値を下回ることを防ぎます。例えば，陸上風力発電については，プレミアムは0.029ユーロ/kWh（約3.77円/kWh）に設定されています。市場価格とプレミアムを組み合わせた賦課金支払いは，0.085ユーロ/kWh（約11.05円/kWh）を上回ることがなく，0.071ユーロ/kWh（約9.23円/kWh）を下回ることもありません（図3.1参照）。筆者らは，効果的で効率的な支援において上限価格と下限価

図3.1　スペイン・プレミアムFIT（陸上風力）の報酬レベルの進展

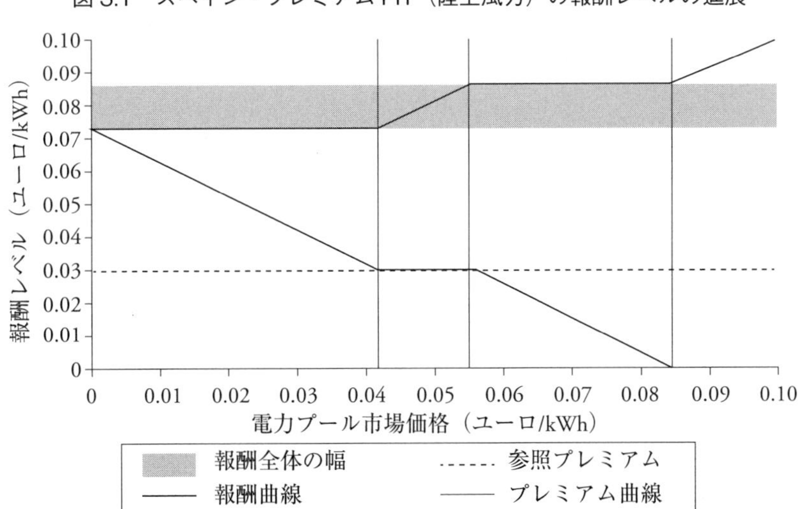

出典：Klein et al, 2008

格の実施が極めて重要であると考えます。

プレミアム FIT の円滑な実施を保証する上で，いくつかの必要条件があります。

- しっかりとした所有権分離（発電事業者と系統運用者との厳密な分離）によって，再生可能エネルギー発電事業者に公平な系統アクセスを保障すること。この報酬オプションのもとでは，再生可能エネルギー発電事業者は購入義務（2.8 節参照）に頼ることができません。そのため，系統運用者が発電所を給電制御する際に偏りをもたないことが重要になります。
- 従来型の電力市場の流動性によって，価格を安定化させ変動を抑えること。そのため，相対取引ではなく，電力の大部分がスポット市場で取引されることが重要になります。これにより，立法者が電力価格を予測することが容易になります。
- 従来型の電力市場へのアクセス条件を再生可能エネルギー発電方式の必要に応じて調整しなければなりません。例えば，風力や太陽光発電のように，前日に予測することが難しい再生可能エネルギー発電方式があるため，いくつかの当日市場を設立することが特に重要です。当日市場は，市場参加者が前日だけでなく，一日に数回電力を売ることを可能にし，これは変動する電力を発電する事業者により適しています。スペインの規制機関は，風力発電事業者が出力予測に一時間単位で調整することを許可しています（3.5 節参照）。

報酬の一部である市場価格が変動することから，再生可能エネルギー発電事業者の投資の予見性は，通常の固定価格の賦課金の場合よりも悪くなります。このリスク要因のもと，一般的に銀行はそういった不安定性を補償するためにより高い利率を要求することから，再生可能エネルギー事業はわずかに高価になります。そのため，賦課金を計算する際に，FIP のもとで期待される投資収益率はわずかに高くなります。例をあげると，スペインの立法者は固定価格（FIT）での投資収益率を 7% で計算し，FIP のもとでは 5～9% で計算しています。

筆者らは，あくまでも固定価格の FIT の代案として FIP を実施することを強く推奨します。固定価格の代案がない場合，特に個人や中小企業といった，多くの潜在的な再生可能エネルギー発電の担い手が支援制度から除外されることになってしまいます。実際のところ，屋根上に小規模な太陽光発電システムを導入した個人は，すべての取引コストを含めた上で，スポット市場で売電しようとは思わないでしょう。同じことがコミュニティ風力発電にも当てはまります。対照的に，電力会社のような大規模プレーヤーは，すでに市場で売電することに慣れています。彼らは，期待される収益もわずかに大きいこともあり，この報酬オプションに当然参加するでしょう。

政策立案者は，2つの報酬オプションの組み合わせのもとで，発電事業者がどの程度両者の間で切り替えることができるのかを決めることになります。スペインでは，発電事業者は一年単位で2つの報酬オプションを切り替えるチャンスがあります。ドイツでは，月単位での切り替えが立法者によって構想されています。期間が短過ぎると「いいとこ取り」のインセンティブを与えてしまうため，政策立案者はこうした切り換えの決定には注意する必要があります。市場価格が高いときには発電事業者は FIP に参加したがる一方，低いときは皆が固定価格に戻ってしまうでしょう。

究極的には，政策立案者は FIP の期待されるメリットがデメリットを上回るかどうかを決めなければなりません。積極的なメリットとしては，再生可能エネルギー発電事業者が市場で電力を売る経験を積む機会を得て，より市場の統合が進むということです。加えて，通常，銀行は固定価格の FIT を基準とすることから，発電事業者は比較的良好な資金調達の条件を得ることができます。これは，もちろん，発電事業者が2つの報酬オプションから選択することができる国にのみ当てはまります。消極的な欠点としては，投資の見通しが悪くなることによって最終需要家の負担が高くなることと，上限価格や下限価格といった賦課金の設定がより複雑になることによって行政コストがより高くなることがあげられます。

3.2 従来型エネルギー市場への参入に対するインセンティブ

固定価格の支払いから従来型エネルギー市場への参入の道筋を円滑にするための方法として，立法者はスポット市場での売電に対する追加的なインセンティブを与えることができます。スペインは，2004年から2007年にかけてこの方式をとりました。当時，賦課金の支払いはまだ電力価格の割合で表されていました。例えば風力発電の場合，FIPのもと，発電事業者は平均電力価格の40%を提示されていました。加えて，再生可能エネルギー発電事業者は市場参加に対して追加の10%を受け取っていました。スペイン風力産業協会によると，後者は追加的な賦課金支払いとして0.007ユーロ/kWh（約0.91円/kW）になったとのことです（AEE, 2008）。このインセンティブは，市場での活動にかかわる追加的な取引コストを埋め合わせる支援となりました。

3.3 需要に応じた賦課金の分化

近年，いくつかの国は，電力需要に応じて賦課金支払いを細分化することを選択するようになってきました。政策立案者は，需要が高まっているとき（ピーク）に賦課金を高くし，需要が低くなっているとき（オフピーク）に賦課金を低くすることを決めることができます。このようにすることで，発電事業者は一般的な消費パターンに応じて発電を調整するインセンティブをもつことになります。

ハンガリーのFIT制度は，発電方式を十分に区分していないことで支援メカニズムが批判されているものの（下記の表で，風力発電と太陽光発電の賦課金が同じになっています），興味深い例を示しています。風力発電と太陽光発電の事業者は，需要に応じて発電をコントロールできないため，風力と太陽光は需要に応じた賦課金の区分から除外されています。表3.1に示す通り，他のすべての発電方式は，ピーク時（朝と夕方），オフピーク時（たいてい

表3.1　ハンガリーのFIT制度における需要連動型賦課金支払い

発電方式	賦課金レベル（ユーロ/kWh）		
	ピーク	オフピーク	最オフピーク
太陽光，風力	0.105	0.105	0.105
地熱，バイオマス，バイオガス，小水力（5MW以下）	0.1173	0.105	0.0429
水力（5MW以上）	0.073	0.0467	0.0467

出典：Klein et al, 2008

日中），ディープオフピーク時（夜間）で，賦課金支払いが区別されています。

3.4　発電方式の組み合わせに対する賦課金支払い

再生可能エネルギー電力の割合が増えるにつれて，電力の「質」，つまり，再生可能エネルギーの供給が需要に応じることがますます重要になります。将来的に継続して需要に応じた電力供給を保障するため，異なる再生可能エネルギー発電方式を組み合わせることが必要となります（7.4節参照）。FITは，こうした発電方式の組み合わせを促進する追加的な経済インセンティブを提供します。これを受けて，ドイツ再生可能エネルギー連盟（BEE）は，「フル定格時間4,000時間方式」もしくは「統合ボーナス」を提案しています。

平均的に，ドイツの風力発電所は年間2,000時間のフル定格時間で運用されています[訳注2]。バイオマスや水力発電もしくはその他の貯蔵技術との組み合わせにより，総フル定格時間を2倍にすることが可能になり，さらに重要なのは，電力の出力を計画することが可能になるということです。BEEの計算によれば，追加の賦課金0.02ユーロ/kWh（約2.6円/kWh）で関連するコストをカバーできるといいます。つい最近まで，保守党と社会民主党の大

訳注2　フル定格時間とは，対象期間の時間に設備利用率をかけたもの。例えば，設備利用率100％の設備を1年間（8,760時間）稼働した場合，フル定格時間は8,760時間だが，設備利用率25％の設備の場合は2,190時間と算出される。

連立は，FIPと併せてこの方式を議論していました。ドイツの立法者は，発電事業者に2つの選択肢から選択する機会を与えたいと考えていました。残念ながら，2つの主要政党の間の政治的交渉は，本書の執筆時点（2009年）で止まってしまいました。そのため，2009年9月の総選挙より前にこのような規制がドイツで実施されることはないでしょう。

それでもやはり，再生可能エネルギーの市場統合を改善する新たな方法を提供することから，筆者らは世界中の政策立案者にとってこの提案は興味深いものであると考えます。

3.5 出力予測義務

再生可能エネルギー電力の割合が大きくなるほど，系統運用者が所与の時間にどの程度発電されるのかを知ることはますます重要になります。すべての従来型発電所は，発電を予測することが義務付けられています。電力は，長期的な相対契約のもと，スポット市場，需給調整市場，もしくは先物市場で，異なる時間軸上（1ヶ月前，1週間前，前日，当日，その他）で取引されます。いくつかの国では，風力発電の発電量はすでにかなりの割合に達しているため，出力予測がますます重要になっています。太陽光発電はまだ比較的少ない割合に留まっているため，出力予測は大きな問題となっていません[訳注3]。

FIPと同様，世界に先駆けて出力予測要件を設定したのがスペインでした。2007年に制定されたFIT法（Royal Decree 661/2007）では，固定価格（FIT）とプレミアム（FIP）の両者に予測義務が課せられました。後者については，すべての発電事業者に適用される一般ルールとなっています。固定価格の場合，2004年には10MW以上のすべての風力発電所に予測を提出することが義務付けられ，この適用基準は2007年には5MWに，2009年には

訳注3　日本では2012年の固定価格買取制度（FIT）施行後，太陽光が急速に伸張しているため，太陽光の出力予測の方がむしろ重要視されている。

1MW にまで下げられ，現在すべての風力発電事業者は出力を予測しなければなりません。予測は少なくとも 30 時間前に作成しなければならず，1 時間前までの調整は可能となっています。実際の出力が 1 時間単位の予測から 5% 以上逸脱すると，違約金を支払わなければなりません。

風力発電の予測誤差は，より短い予測期間（当日市場や可能であれば一時間単位の調整）を導入することや，予測が行われるエリアを拡張することで低減することができます。そのため，それぞれの風力発電事業者に翌日の出力の見積りを提出させることを義務付けるのは得策ではないかもしれません。かわりに，ドイツのように，風力発電の出力予測を地域の系統運用者が地域レベルで行うことも考えられます。もし立法者が個別の発電事業者に義務付けることを選択するのであれば，あるエリアの予測を集合化させることもでき，それによって潜在的な予測誤差を少なくすることができます。

加えて，最新の風力発電所は遠隔操作を可能にする電子機器を備えています。その場合，系統運用者は，国もしくは地域の制御センターから風力発電所の出力を下げたり，上げたりすることが可能となります。スペインの立法者は，10MW 以上のすべての風力発電事業者が賦課金支払いから利益を得ることができるよう，新たにこれらの機器を導入することを義務付けました。ドイツの新しい FIT 制度は，100kW 以上のすべての設備に対して，遠隔操作を通じて電力の出力を下げることができることを導入の要件としています。既存の設備については，2011 年までに機器を導入することが期限となっています。これらの厳しい条件が課された背景には，ドイツが 2020 年までに電力の 30～35% を再生可能エネルギーで賄うことを目指していることがあります。系統安定度を確実にするため，小規模な発電所であっても出力を制御できるようにする必要があります。

発電所が遠隔操作される場合，系統運用者は系統が過負荷になったりその他の深刻な問題が発生するときに限って確実に制御を行えるようにしなければなりません。2009 年の EEG の第 11 項で，ドイツの立法者は次のように明確に述べています。

系統運用者は，電力システムに接続された 100kW 以上の再生可能エネルギー，コジェネレーション，埋立地ガスによる発電設備の技術的な制御を，以下の条件のもとで例外的に行うことができる。

1. それぞれの系統エリアの系統容量が，当該エリアの電力により過負荷になってしまう場合
2. 系統運用者は，再生可能エネルギー，コジェネレーション，埋立地ガスからの電力購入が可能な限り最大になるようにしている場合
3. 系統運用者は，当該エリアの電力システムにおける給電状況のデータを収集している場合

ドイツでは，系統運用者によって出力を抑制された再生可能エネルギー発電事業者は，経済的な補償を要求することができます。補償は義務となっており，系統運用者は出力抑制を実行した理由を述べなければなりません。

3.6 系統サービスに対する特別な賦課金支払い

今日，風力発電所は，瞬時電圧低下をサポートしたり，系統安定度を維持するために無効電力を供給したり，重要な系統サービスを提供することが可能となっています。旧型の風車への遡及適用は比較的コストがかかりますが，ドイツやスペインでは，立法者がこれらのサービスに対する特別な賦課金を数年間に亘って支払うことを決定しています。

かつては，瞬時電圧低下が発生した場合，風力発電所は解列しなければなりませんでした。この時，交流の主電圧が短時間低下しますが，一般には数秒以内です。風力発電所が解列されると，再起動して再並列するには時間がかかりますが，今日では最新の技術と機器により，風力発電所は運転継続をすることが可能となり，従って系統安定度をサポートすることが可能です。スペインでは2004年に，発電事業者は自らの風車が瞬時電圧低下をサポートすることができることの証明書を提出しなければならなくなり，スペインの立法者は稼働開始から最初の4年間分だけ平均電力価格の5%の賦課金を

追加で支払いました。2007年には，2008年1月以降に接続されるすべての設備に対する特別賦課金が0.0038ユーロ/kWh（約0.49円/kWh）に決まりました（Jacobs, 2008）[訳注4]。新規導入には，追加の支払いなしでこれらのサービスを提供することが期待されています。無効電力の場合，スペインの立法者は「ボーナス・マルス」制度を設定し，系統運用者の要求を満たす発電事業者に報酬を与え，応じない発電事業者にペナルティを与えています。

おそらく風力発電の導入は，2020年までに36,000MWに達するでしょう[訳注5]。従って，風力発電は，電力システムのアンシラリーサービス[訳注6]に重要な役割を果たすようになることが可能です。スペインのFITに触発され，ドイツの立法者は，国の電力システムサービス規制を遵守する範囲において，風力発電事業者に0.005ユーロ/kWh（約0.65ユーロ/kW）の特別賦課金を支払うことを決めました。この「システムサービスボーナス」は，2014年以前に導入された風力発電所のみに5年間の限定で支払われます。本書執筆時点で，詳細な要件はまだはっきりしていません。ドイツ環境省の草案には，調整可能な電源と瞬時電圧降下をサポートすることが要件に含まれています。

訳注4　この結果，2007年には25件に上っていた風力発電所の解列数は2010年には4件に減少した（アッカーマン編著（2013）『風力発電導入のための電力系統工学』第26章「スペインの系統連携に関する知見」オーム社）。

訳注5　スペインでは，電力自由化にも関わらず小売料金の規制が残ったため送電会社がFIT賦課金を電力料金に転嫁できず，「電力料金赤字問題」が発生し2010年には太陽光FIT買取価格の大幅引き下げが行われた。また，2011年11月の政権交代の後，2013年7月の王令9/2013により既存設備を含む全ての再生可能エネルギー発電設備を対象として固定価格買取制度の撤廃が公表された。その結果，再生可能エネルギーへの投資が急激に落ち込み，2013年に23.0GWに達した風力は2018年23.4GWとわずかしか増えていない結果となった。しかし2018年6月に再び政権交代があり，風力発電の導入目標は2030年に50GWと再び引き上げられた（スペインの再エネ政策に関してはIEA/IRENA: Joint Policies and measures databaseを，導入容量に関してはIREA: Insights on Renewablesを，電力料金赤字問題については大島・高橋編著（2016）『地域分散型エネルギーシステム』第3章「再生可能エネルギーの普及と政策」日本評論社，を参照のこと）。

訳注6　周波数調整や無効電力制御など，電力の品質やセキュリティを維持するための機能。

3.7　立地に応じた設計

広大な面積を持ち，場所によって「質」（例えば風況や日射）が大きく異なる国や地域では特に，立地に応じた賦課金の設計を筆者らは推奨します。これまでのところ，こうした特別な設計は風力発電のみで使われていますが，基本的には太陽光発電にも応用することができます。立地に応じた賦課金は，非常に良い立地で発電事業者に不当に高い利益を生み出すことなく，そのエリアで再生可能エネルギー発電所のより均等な分散化を促すことができます。

賦課金を設定する際に，立法者は「良い」立地での事業の収益性を比較的「悪い」立地での収益性よりも確実に高くする必要があります。そうでなければ，FIT 制度全体の効率性が相当低くなってしまうでしょう。立地に応じた賦課金の規定があったとしても，事業者は最も良い立地を探すインセンティブが与えられなければなりません。

立地に応じた報酬を検討する上では，その立地の質を評価する必要があります。風力発電の場合，事業の遅延を避けるため，通常，風況の測定は稼働1年目の間に行われます。この期間は，立地の質に関係なく，すべての発電事業者に同じ報酬（フラット賦課金）が支払われます。立地の平均的な質が測定され（一般的に最初の5〜10年），それによってその後の賦課金レベルが決まります。

立地に応じた賦課金の選択は，所与の土地における人口密度によってある程度左右されます。人口密度の高い国では，政策立案者は社会的受容を考慮し，紛争化を避けるため，風力発電所を均等に分散させることが必要だと考えます。この場合，普及が非常に風の強い数ヵ所のみに限定されないため，おそらく風力発電の立地に応じた賦課金が最適な解決策となります。同時に，立法者は既存の設備への対応も検討する必要があるかもしれません。すでにもっとも風況の良い場所が利用されているのであれば，立法者は賦課金全般を引き上げる，もしくは立地に応じた賦課金を実施することができます。

フランスの立地に応じた賦課金のシステムは，比較的簡単に理解し，適用することができます。これは，「収益性指標方法」（Chabot et al, 2002）という明確な公式にもとづいて（2.3.2項参照），個別の風力発電所のフル定格時間に応じて異なる賦課金を設定するというものです。フランスでは，賦課金の支払いが15年間保障されています。最初の10年間に，すべての発電事業者は0.082ユーロ/kWh（約10.7円/kWh）の固定価格で賦課金を受け取ります。最後の5年間の稼働に対しては，最初の10年間の年間平均発電電力量に応じて賦課金の支払いが行われます。発電電力量は，フル定格時間で測定されます。良好な平均値を得るため，もっとも良い年ともっとも悪い年は計算が除外されます。表3.2に表されるように，それぞれの立地でのフル定格時間に応じて，賦課金支払いは0.028～0.082ユーロ/kWh（約3.6～10.7円/kWh）の範囲になり得ます。

3.8　総発電電力量もしくは限定された発電電力量に対する賦課金

立地に応じた賦課金の代替案として，一定の発電電力量までに賦課金の支払いを限定することで，政策立案者は非常に良い立地での過剰な利益を回避することができます。この方式は，ポルトガルの立法者が風力，小水力，太陽光発電で採用しています。ポルトガルでは，賦課金の支払いは15年間保障されています。しかし，発電電力量が設定されている最大値に達すると，自動的にFIT賦課金の支払いが止まります。上限は，風力発電で33,000

表3.2　フランスのFIT制度における陸上風車の立地に応じた賦課金

参照年間運転時間	最初の10年間の価格（ユーロ/kWh）	その後の5年間の価格（ユーロ/kWh）
2400時間以下	0.082	0.082
2400時間超～2800時間未満	0.082	線形補間
2800時間	0.082	0.068
2800時間超～3600時間未満	0.082	線形補間
3600時間	0.082	0.028

出典：Roderick, et al, 2007

MWh/MW，小水力発電で42,500MWh/MW，太陽光発電で21,000MWh/MWに設定されています[訳注7]。この設計オプションを実施する上では，立法者は所与の国での総発電電力量についてよく理解しておく必要があります。これは，FIT制度の最初の年に評価する必要があります。

この設計オプションは，詐欺行為を避ける上でも役に立つかもしれません。フランスのFIT制度では，これを目的として太陽光発電の上限を実施しています。賦課金支払いは，フランス国内で最大1,500時間のフル定格時間内に保障されており，海外県・海外領土では，太陽光発電への賦課金の支払いは最大1,800時間となっています[訳注8]。立法者は，太陽光発電システムと蓄電池が組み合わされ，総発電電力量が増えることを心配します。個別の太陽光発電が違法に蓄電池と組み合わされるのをコントロールする代わりに，上限が導入されています。

所管する省によると，フランスの地理条件のもとで最大フル定格時間を延長することはできないことになっています。しかしながら，フランスのFIT制度の場合，この上限が重要なイノベーションを阻止しています。例えば，フランス国内では，太陽を追尾するソーラートラッカーと太陽光発電を組み合わせれば1,500時間のフル定格時間を超えることが可能です。そのため，フランスの所管省はこの規制を変更する予定です。

3.9　賦課金低減

賦課金の低減は，年単位で自動的に固定価格が減らされていくことを意味

訳注7　それぞれ，フル定格時間33,000時間（= 3.77年），42,500時間（= 4.85年），21,000時間（= 2.40年）に相当。風力発電，小水力発電，太陽光発電の平均設備利用率をそれぞれ25%，32%，16%と想定すると，いずれも約15年でフル定格時間に到達する計算となる。

訳注8　それぞれ，年間フル定格時間1,500時間，1,800時間を上限としていることに相当する。すなわち，設備利用率がそれぞれ17.1%，20.5%の発電設備であれば8,760時間（= 1年間）で到達する値であり，万一それ以上発電しても賦課金は支払われないことになる。

します。しかしながら，この削減は新規導入のみに適用されます。言い換えれば，賦課金の低減にかかわらず，いったん導入された発電所の賦課金支払いは長期にわたって維持されます。立法者が，例えば4年毎など，定期的にFIT法を修正する場合，長期にわたる政治的な意思決定プロセスの負の影響を受けないように，報酬率が自動的に下がるように賦課金を低減させます。例えば，ある国で2009年の太陽光発電の賦課金が0.3ユーロ/kWh（約39円/kWh）で20年間保障されているとします。年間低減率を10%と仮定すると，2010年に導入される設備の賦課金は0.27ユーロ/kWh（約35.1円/kWh）になります。そのため，賦課金の低減によって，投資家が計画プロセスのスピードを上げるように刺激され，より早く系統に接続するほど発電所への賦課金支払い額が高くなります。

技術学習を予期し，産業としての再生可能エネルギー技術のさらなる改善にインセンティブを与えるため，ドイツではこの制度設計が国として初めて実施されました。再生可能エネルギーのコスト削減ポテンシャルは，規模の経済と技術イノベーションに基づきます。例えば，この10年間で風力と太陽光発電の発電コストは50%下がりました。それぞれの発電方式の学習ポテンシャルにあわせ，高位または低位の低減率が立法者によって設定されています。風力発電のように相対的に成熟した発電方式は，非常に低い低減率，もしくは低減なしに設定されます。例えば，ドイツでは毎年1%ずつ自動的に賦課金が下げられます。まだ発電コストが急速に下がっていく発電方式は，高い低減率が設定されます。ドイツでの太陽光発電の低減率は，毎年最大で10%になります。表3.3は，2009年のさまざまな発電方式に対するドイツでの低減率をまとめたものです。

3.10　柔軟な賦課金低減[1)]

柔軟な賦課金低減は，所与の発電方式の市場成長と低減率を結びつけた新

1)　この節はJacobs and Pfeiffer, 2009に大きく基づいている。

表 3.3　ドイツ FIT 制度における賦課金低減率

再生可能エネルギー発電方式	年間低減率（%）
水力（5MW 以上）	1
埋立地ガス	1.5
下水処理ガス	1.5
鉱山ガス	1.5
バイオマス	1
地熱	1
陸上風力	5（2015 年以降）
洋上風力	1
太陽光	8〜10

出典：BGB, 2009 をもとに原著者ら調整

しい制度設計です（Jacobs and Pfeiffer, 2009）。先述のように，ある発電方式のコスト削減ポテンシャルは規模の経済にある程度起因します。もし所与の国で設備導入量が著しく増えれば，同様に生産コストの低下を期待することができます。さらに，所与の発電方式の設備導入量と普及率は，賦課金が高過ぎたり，低過ぎたりするかどうかを見極める良い指標となります。不必要に賦課金が高い場合，発電事業者には強力な投資インセンティブが与えられ，国の目標さえも超えていくでしょう。柔軟な低減によって，賦課金は自動的に下げられていきます。賦課金が低過ぎる場合，新規の設備導入が減ったり完全な停滞が起こります。柔軟な賦課金低減を実施すると，自動的に年間低減率が低く設定され，再び投資が促進されます。

これを機能させるため，まず，立法者は標準低減率を定義しなければなりません（前節参照）。標準低減率からの乖離は，あらかじめ定義しておいた市場成長の道筋，もしくは所与の設備導入量の目標値（例えば，毎年新規に導入される 400MW の設備容量）とリンクさせることができます。それらの目標値を超過する場合，低減率は上がります。逆に，目標値に達しなかった場合は，低減率は下がります。実際の市場の発展を評価する上では，全ての新規事業が登録される国レベルの登録簿を構築することが欠かせません。市場成長を集約した統計は，年間低減率を設定する際の基礎となります。

低減率の変動幅は，標準低減率からの最大乖離を上下に設定することで制限されなければなりません。例えば，標準低減率が 5%の場合，乖離の上限

もしくは下限を±3%とすると，全体で2〜8%の「回廊（corridor）」が生まれます。

この制度設計は，2008年にドイツとスペインで実施されています。どちらの国でも，新しい規制は将来のコスト削減の余地が大きい太陽光発電のみに影響を与えました。従って，筆者らは，例えば太陽光発電のような，急速に成長する市場のみにこの制度設計を適用することを推奨します。その他の発電方式について，不当な利益を防ぐ上では標準低減率が十分な役割を果たします。加えて，将来の市場成長もしくは設備容量目標を見積もるため，十分に大きな国レベルの市場を構築することが必要です。

ドイツでは，標準低減率からの最大乖離（前節参照）は，±1%に過ぎません。立法者は，あらかじめ定義した2011年までの市場成長の道筋を，設備導入量で2009年までに1,500MW，2010年までに1,070MW，2011年までに1,900MWと固定しています。それらの年における実際の設備導入量によって，表3.4に示されるように低減率は上下します。

以前，ドイツの緑の党は，低減率を標準的な市場成長率の15%とリンクするように提言していました。期待に対して実際の成長が下回る，もしくは上回る場合，それぞれのパーセンテージポイントは，低減率0.1%の増加もしくは低下へと翻訳されます。例えば，国の市場成長が15%ではなく20%だった場合，つまり期待より5%高かったとき，低減率は0.5%高まります。

表3.4　ドイツFIT制度における柔軟な低減率

年	2009年の追加設備容量	標準低減率からの偏差
2009	1000MW以下	マイナス1%
	1000MW〜1500MW	偏差なし
	1500MW以上	プラス1%
2010	1100MW以下	マイナス1%
	1100MW〜1700MW	偏差なし
	1700MW以上	プラス1%
2011	1200MW以下	マイナス1%
	1200MW〜1900MW	偏差なし
	1900MW以上	プラス1%

出典：Jacobs and Pfeiffer, 2009

同様に，スペインの立法者はあらかじめ定義された市場成長の道筋を利用して運用しています。しかし，スペインの仕組みでは，1年に一度ではなく，4ヶ月毎に低減率の調整を行うため，さらに複雑です。

さらなる混乱を避けるため，筆者らはスペイン太陽光発電協会の最初の提案を示すことにします。この提案では，どのように低減率が市場成長にリンクされるかが明確に示されています（ASIF, 2008）。スペイン太陽光発電協会の提案は，市場成長が20％の場合の標準低減率を5%としています。この標準低減率からの乖離幅は表3.5にまとめられています。

表3.5　スペイン産業協会（ASIF）による柔軟な賦課金低減案

市場成長	低減率
≤ 5%	2%
10%	3%
15%	4%
20%	5%
25%	6%
30%	7%
35%	9%
≥ 45%	10%

出典：Jacobs and Pfiffer, 2009

3.11　増加する賦課金

通常，技術学習と規模の経済により生産コストが下がるため，政策立案者は制度改正の度に賦課金の削減を期待することができます（3.9節参照）。しかし，場合によっては数年後に賦課金の支払いを増やす必要に迫られるかもしれません。これは，特に風力発電のようにすでに技術的成熟が高度に進んだ発電方式に当てはまります。

初期のFIT制度では，収入を最大化するため，風力発電事業者は国内で最も良好な立地を選択します。それ以降の改正では，最も良好な地点はすでに利用されていることを政策立案者は考慮しなければなりません。風況が弱い立地では，高い賦課金支払いが必要となります。今日，風力発電は最適条件の立地でなくとも収益を上ることができるため，技術学習によって高い賦課金の必要性は埋め合わされるかもしれません。しかしながら，スペインの経験は，風力発電の賦課金を上げなければならなかったことを示しています。

2004 年の旧 FIT 制度では，風力発電は 2,400 時間のフル定格時間をベースとしていました[訳注9]。2007 年の新しい法律では，すべての立地でそれぞれの風況を活かして国の目標を達成できると考え，所管省は 2,200 時間のフル定格で賦課金を計算しました[訳注10]。風力発電の賦課金は，0.068 ユーロ /kWh（約 8.8 円 /kWh）から 0.073 ユーロ /kWh（約 9.5 円 /kWh）へと増えました。ドイツでも同じことが起こりました。2009 年に，当初の高い賦課金が 0.0787 ユーロ /kWh（約 10.2 円 /kWh）から 0.092/kWh（約 12.0 円 /kWh）へと増えました。両国で賦課金が増えたのは，世界市場で原材料（主に鉄鋼）の価格が上昇したことに一部起因します。

まとめると，政策立案者は賦課金を調整する際に固定的に考えるべきではないということです。再生可能エネルギー全般にコスト低下の傾向があることは確かですが，立法者は国内と国際的な市場の状況を観察する必要があり，希望的観測ではなく，経験的見地にもとづいて意思決定を行う必要があります。

3.12　インフレ指標と結びついた賦課金

再生可能エネルギー発電所の一般的な寿命は 20～30 年間ですが（水力を除く），後になるほど効率は下がる可能性があります。優れた FIT 制度では，フルコスト回収と債務返済の期間は，通常，15～20 年間となっています。実際のところ，そのような長期的な投資プロジェクトはインフレの影響に対して非常に敏感です。そのため，賦課金支払いを毎年のインフレと調整する必要があるかもしれません。これは，高いインフレ率をもつ国にとって特に重要であり，数年後に「実際の」報酬率が，FIT 制度で定められた名目の率よりも著しく低くなってしまうからです。インフレ指標は，既存と新規の発電所の両方に影響を与えます。

訳注 9　すなわち年平均設備利用率が 27.4％と想定。
訳注 10　すなわち年平均設備利用率が 25.1％と想定。

インフレ指標を実施する場合，インフレから賦課金を完全に守るのか，部分的に守るのかを決める必要があります。完全なインフレ指標は，アイルランドを含むいくつかの国で実施されています。アイルランドの立法者は，年単位で賦課金レベルと消費者物価指数を完全に調整しています。一方スペインでは，立法者は賦課金とインフレを部分的に調整することを決定しています。2012 年 12 月まで，毎年，賦課金は指標マイナス 25％に調整されます。2013 年以降は，賦課金は国のインフレ指標マイナス 50％に調整されます。これにより，既存の発電所の賦課金低減の影響を小さくすることができます。原材料価格（例えば鉄鋼）や賃金のように，発電コストに影響を与える他の経済パラメータと賦課金を結びつけることも検討したくなるかもしれません。この方式は，フランスの立法者が採用しています。

部分的に賦課金を調整するか，まったく調整しない場合，賦課金の計算にあたっては将来のインフレ影響の見積りを考慮する必要があります（2.3 節参照）。15～20 年後のインフレ影響を予測することは困難であることから，インフレ指標と賦課金を結びつけることを強く推奨します。

3.13　革新的な特性に対する追加的な賦課金支払い

多くの FIT 制度が，多くの技術的イノベーションに対して小さな，追加的な報酬を組み込んでいます。例えば，ドイツの立法者は，バイオマス発電所の有機ランキンサイクルもしくは熱化学ガス化の使用（0.02 ユーロ /kWh（約 2.6 円 /kWh））や，地熱発電所の高度な「hot dry rock」技術の使用（0.04 ユーロ /kWh（約 5.2 円 /kWh））について追加的なボーナス賦課金を付与しています。同様に，フランスの FIT 制度では，メタン発酵のバイオガス発電所に対して 0.02 ユーロ /kWh（約 2.6 円 /kWh）を，バイオマス，バイオガスもしくは地熱発電所に対して 0.03 ユーロ /kWh（約 3.9 円 /kWh）までを追加的な賦課金として提示しています（Klein et al, 2008）。

ボーナス支払いに関しては，以下の項目について，詳細を見ていきましょう。

・風力発電所のリパワリング
・建物統合型太陽光発電モジュール（BIPV）

3.13.1　リパワリング

リパワリングとは，旧型の風車を新しく効率的なものに交換することを意味します。ある国において風力発電を利用できる立地は限られているため，立法者は旧型の風車をできるかぎり早く新しいものへと交換することに追加的なインセンティブを与えたいと考えるかもしれません。リパワリングによって，発電電力量を大幅に増やしながら，風車の基数は減らすことができます。さらに，数MWの風車はよりゆっくりと回転するため，視覚的な影響も小さくなります。風力発電の開発を早期にはじめたドイツ，スペイン，デンマークでは，リパワリングに追加的な支払いをはじめています。これらの国では，最初の風力発電所はすでに新しい風車に交換されています。

ドイツでは，リパワリングに対して追加的に0.005ユーロ/kWh（約0.65円/kWh）が支払われます。交換される風車は，新しい発電所と同じ地域に10年以上立地していなければなりません。新しい発電所は，少なくとも古い発電所の設備容量の2倍でなければなりません。スペインでは，リパワリングに0.007ユーロ/kWh（約0.91円/kWh）の追加ボーナスが支払われます。賦課金支払いは，追加される設備容量の最初の2GWに限定され，2001年以前に設置された風力発電所の交換にのみ適用されます。賦課金支払いは，2017年末まで続きます。

3.13.2　建物統合型太陽光発電

通常，太陽光発電にはモジュールの立地に応じて3つの賦課金の類型があります。地上設置型システム，屋根上設置型モジュール（部分的に建物に統合），建物統合型です。いくつかの国では，視覚的な影響を最小化するため，建物統合型太陽光発電（BIPV）を重視しています。モジュール設置の正確な定義は国によって異なります。

イタリアのFITは，非統合型，部分統合型，建物統合型の太陽光発電システムを区別しています。2007年2月19日の法令，2.1（a）条では次のように記されています。

b1）非統合型太陽光発電システムとは，モジュールが地面に設置されているシステム，もしくはモジュールが［中略］都市や街路に設置されている公共物の要素に設置されているシステムであり，建物もしくは建物構造の機能や用途にかかわらずその外面に設置されている

b2）部分統合型システムとは，モジュールが［中略］都市や街路に設置されている公共物の要素に設置されているシステムであり，建物もしくは建物構造の機能や用途にかかわらずその外面に設置されている

b3）建物統合型太陽光発電は，モジュールが［中略］都市や街路に設置されている公共物の要素に統合されているシステムであり，建物もしくは建物構造の機能や用途にかかわらずその外面に設置されている

太陽光発電モジュールの設置場所に応じて，イタリアのFIT制度はさまざまな賦課金を提示しています。また，賦課金は発電所の規模に応じて異なっています。賦課金のレベルは表3.6にまとめられています。

ドイツでは，標準的なモジュールに対して革新的であることから，薄膜型太陽光発電にもボーナス賦課金の支払いが議論されていました。しかし，技術開発の初期段階での市場介入を避けるため，このひとつの技術領域内で技術中立的であることを立法者は最終的に決定しました。これにより，それぞれの技術的選択肢の将来的なポテンシャルに関する十分な情報なしにひとつ

表3.6　イタリアFIT制度における太陽光発電の賦課金

発電所の規模（導入設備容量）	非統合型（グループb1）	部分統合型（グループb2）	建物統合型（グループb3）
3kW以下	0.40	0.44	0.49
3～20kW	0.38	0.42	0.46
20kW以上	0.36	0.40	0.44

の方向へと技術開発を推し進める「勝者選択」が回避されました。

3.14　エネルギー集約型産業に対する免除

たとえわずかなものであったとしても，電力価格の上昇はいくつかの消費者グループに深刻かつネガティブな影響を与えることがあります。これは，場合によっては総生産コストの80％がエネルギーに由来するようなエネルギー集約型産業に特に当てはまります。これらの企業は国際競争にさらされることが多く，FIT法案の中で一般的な支払い制度からの免除を組み込んでおく必要があるかもしれません。免除によってこれらの電力集約型産業がエネルギー消費を抑制する必要性を減らしてしまうため，環境NGOはこうした免除に対して批判的であることを注記しておきます。さらに，これらの消費者グループは，好条件の電力賦課金から利益を上げることができます。

こうした産業に対する免除は，オーストリア，デンマーク，ドイツ，オランダを含む欧州の多くの国で実施されています。電力集約型産業と企業は，総電力消費量もしくは他のパラメータ（例えば収入，総コストもしくは粗付加価値）に対する年間電力消費コストの割合を測ることで確定することができます。

2004年から，総電力消費量100GWh以上で総電力コストが粗付加価値の20％を超えるドイツの企業は，FITの再生可能エネルギー支援から部分的に免除されました。FIT支払いによる電力価格の上昇は0.0005ユーロ/kWh（約0.065円/kWh）までに制限され，この免除によって利益を得た企業は40件に過ぎませんでした。2006年には，基準が緩められ（電力消費量10GWhで粗付加価値の15％），約400件の企業が免除されました。これらの産業に対する免除によって，他のすべての電力消費者の追加的なコストは2007年に17％上昇しました（Wenzel and Nitsch, 2008）。

参照文献

AEE (2008) *Anuario del Sector: Análisis y Datos*, Asociación Empresarial Eólica, Madrid ASIF

(2008) *La Tarifa Fotovoltaica Flexible Reduciría la Retribución Entre un 2 Per Cent y un 10 Per Cent Cada Año*, comunicado de prensa, Madrid, 13 March

BGB (2008) 'Gesetz zur Neuregelung des Rechts der Erneuerbaren Energien im Strombereich und zur Änderung damit Zusammenhängender Vorschriften', *Bundesgesetzblatt*, vol 1, no 49, p2074

BMU (2009) *Verordnung zu Systemdienstleistungen durch Windenergieanlagen (System- dienstleistungsverordnung SDLWindV)*, Entwurf, BMU – KI III 4, Stand: 2. März 2009

Chabot, B., Kellet, P. and Saulnier, B. (2002) *Defining Advanced Wind Energy Tariffs Systems to Specific Locations and Applications: Lessons from the French Tariff System and Examples*, paper for the Global Wind Power Conference, April 2002, Paris

Couture, T. (2009) *An Analysis of FIT Policy Design Options for Renewable Energy Sources*, Masters Thesis, University of Moncton, available from author

Jacobs (2008) *Analyse des Spanischen Fördermodells für Erneuerbare Energien unter Besonderer Berücksichtigung der Windenergie, Wissenschaft und Praxis*, Studie im Auftrag des Bundesverbands WindEnergie e. V., Berlin

Jacobs, D. and Pfeiffer, C. (2009) 'Combining tariff payment and market growth', *PV Magazine*, May, p220–24

Klein, A., Held, A., Ragwitz, M., Resch, G. and Faber, T. (2008) *Evaluation of Different FIT Design Options*, best practice paper for the International Feed-in Cooperation, www.worldfuturecouncil.org/fileadmin/user_upload/Miguel/ best_practice_paper_final.pdf

Roderick, P., Jacobs, D., Gleason, J. and Bristow, D. (2007) *Policy Action on Climate Toolkit*, www.onlinepact.org/, accessed 23 May 2009

Wenzel, B. and Nitsch, J. (2008) *Ausbau erneuerbarer Energien im Strombereich, EEG-Vergütungen, Differenzkosten und – Umlagen sowie ausgewählte Nutzeneffekte bis 2030*, Teltow/Stuttgart, Dezember 2008

Chapter 4
不適切な FIT 設計

これまでの章で筆者らは基礎的または先進的な固定価格買取制度（FIT）設計の選択肢についての最良の事例を評価してきましたが，同時にFIT法制化の多くの落とし穴についても暗に記述してきました。言い換えればもし前章までに筆者らが推奨してきた制度設計の選択肢に沿って進めるならば，高い系統接続コストや膨らみ続ける最終消費者にとってのコスト，不必要な行政上の障壁といった主要な障害を避けることができるでしょう。

それにもかかわらずいくつかの国でのネガティブな結果も発生しているため，不適切なFIT設計に関する章を加える必要があると感じています。本章では再生可能エネルギーの急速な導入や長期的な産業の持続可能性の点から，特に逆効果を招くことが明らかになっている複数の制度設計上の選択肢について詳述します。本章を読むことでなぜ筆者らが前章までに特定の制度設計の基準を提案してきたのかを，理解しやすくなるでしょう。さらに多くの場合，「不適切なFIT設計」を裏で進めようとしているのは誰なのかについても示していきます。

4.1　低すぎる買取価格水準

低い買取価格はほとんど意味をなさないということを覚えておいてください。最悪なのは普及啓発や政治的な意思決定過程が長く続いた後で，買取価格が低すぎるFIT制度が成立することです。極端に低い買取価格では事業が収益性を持たないため，再生可能エネルギーに投資しようと考える人はいるとしてもごくわずかでしょう。買取価格の支払いが全くなくても投資するような環境保護論者もいるかもしれませんが，国内で再生可能エネルギーが大規模に導入されることはないでしょう。

アルゼンチンでは低い買取価格のために成果を挙げられませんでした。2006年12月に何人かの上院議員による提案が失敗した後に，議会はFIT制度を承認しましたが，政治的な反対のため買取価格は非常に低く設定されました。風力発電は0.37ユーロ/kWh（約48円/kWh）のプレミアム買取価格の支払いが承認されましたが，当時としては真剣な投資に値しない，あまりに低すぎる価格でした。予期された通り，風力発電の設備容量は 2009 年時点までの数年にわたって 30MW で「安定」したままでした。

低い買取価格に賛成するのは誰でしょうか？　おそらくは最初から再生可能エネルギーの支援策と固定価格買取制度に反対していた人々だと考えられます。1990 年代にドイツで風力発電が大幅に導入され始めましたが，最終的には風力発電によって電力市場での独占的地位が脅かされる可能性があると気づいたため，巨大電力会社は買取価格の水準が高すぎると言い始めました。

このような場合には買取価格の決定について最終的な意思決定を行う議会もしくは省庁内に，少数でも熱心な人々が存在していることが極めて重要です。ときには政府は最終消費者にとって高いコストとなることを懸念して，低い買取価格を推進しようとすることもあります。そうした状況では買取価格の水準を計算するための明快で透明性の高い方法論があれば，公正で十分な買取価格となるでしょう（2.3 節を参照）。

万が一そのような誤った地点からグリーン経済への競争が始まってしまったとしても，過度に落ち込む必要はありません。制度開始時に買取価格を低く設定しすぎた国の例はたくさんあります。もし国の支援制度が望ましくない結果しかもたらさないことを政府や政治家，国民に働きかけ，知らせることができるならば，次の改正案で買取価格の水準を改善できる可能性はとても高くなるでしょう。従って最初の FIT 法制化の際に定期的に進捗報告を行う仕組みを確立することは極めて重要です（2.13 節参照）。

4.2　不必要に高い買取価格の水準

買取価格を不必要に高くすると支払い額が必要以上に大きくなるので，支援策の効率性を大幅に低下させることになるでしょう。再度述べますが，明快で透明性の高い買取価格の計算方法（2.3 節参照）を用いたり，FIT を導入している他の国を分析したりすることで，この轍を避けられます。買取価格をあまりに高く設定すると不必要なコストのために政府と国民の支持が失われる恐れがあり，最終的にはその国のFIT制度の安定性全体に影響する可能性があります。

ある国で買取価格を必要以上に高くすると，他の国々での再生可能エネルギー推進策にも好ましくない影響があります。グローバル経済において再生可能エネルギーの設備製造事業者は最良の条件を備えた国に製品を販売しようとします。自国での利益率が他国での利益率より大幅に高ければ，自国の市場が世界市場の製品を必要以上に吸い上げてしまうでしょう。結果的に他の国々が目標を達成するのが困難になる可能性があります。

スペインでは2000年代後半にこうした好ましくない効果が見られました。スペインの太陽光発電の買取価格はドイツの買取価格とほとんど等しいにもかかわらず，スペインの日照強度はドイツより60%ほど高いため[1)]，実質的にはドイツより高額となりました。2008年に買取価格が低下した時でさえ，スペインのFITはドイツのものよりもはるかに魅力的であると推計されていました。太陽光の買取価格が比較的高かった上にスペインの気候条件が非常に良かったため，スペインの太陽光発電市場は2006年に500%以上成長しました（ASIF, 2007)。2007年には新規の太陽光発電が2.5GW以上導入されましたが，それは世界中の設備容量のほぼ半分（！）に相当したのです（EPIA, 2009)。この持続可能でない太陽光発電の急増があったため，2008年に再生可能エネルギー産業協会が導入量の上限設定を取り除こうと国の立法者を説得しようと試みた際に，有効な議論ができませんでした。しかしスペインの設備容量が非常に大きくなった理由は，買取価格を高く設定したことと容量に上限をつけたこと，という2つの「不適切な」選択肢を採用したためであることを述べておく必要があります（4.8節参照)。

非常に高い買取価格に賛成する人はいるでしょうか？　買取価格を高くすること，あるいは必要以上に高額に設定することに再生可能エネルギー産業が賛同するのは，合理的な選択と言えます。買取価格が高いほど利益幅も大きくなるからです。しかしこのような考え方の人々には，短期的な収益を得ると長期の目標が脅かされるかもしれないことを警告しておくべきです。再

1）4.1　年平均日射量はスペインが1825kWh/m^{2}に対しドイツは1095kWh/m^2。

生可能エネルギー産業協会の主な目標は全ての発電部門が転換されるというものであるべきで，持続可能でない内部収益率を得ることではありません。

4.3 均一の買取価格

均一の買取価格は全ての再生可能エネルギーに対して同一の固定価格を定めるものですが，FIT の基本となる考え方に矛盾しています。FIT 制度により再生可能エネルギーを支援しようと決めたなら，発電方式固有の支援が可能となる価格に基づいた支援制度を選ぶべきです。発電方式固有の支援は過剰な利益を減らすことができるので，定量的評価に基づく支援制度という FIT の主な利点のうちの一つとなります。コストを最小限に抑えたいならば技術固有の支援が必要不可欠であることは，支援制度の効果や効率についてのほとんどの研究によって証明されています（Ragworts et al, 2007）。各発電方式の発電コストは完全に違うと分かっていながら，なぜ均一の買取価格の下で多様な再生可能エネルギーの発電方式を支援しようとするのでしょうか？ ただ「再生可能エネルギー」という総称でひとまとめにすることができるからでしょうか？　農作物をすべて「栄養」という区分に分類することができるからという理由だけで農業政策をキロジュール単位での均一価格の支払いにする国はないでしょう。

1978 年の米国公益事業規制政策法は発電方式によらない支援制度でした。同様にエストニアなどのいくつかの欧州諸国でも均一の買取価格で FIT を導入していますが，あまり成功を収めていません。もし FIT 制度を確立しようと取り組むならば異なる発電方式に対して異なる買取価格を設定する，という結論に容易に至るでしょう。買取価格の計算方法を誤って用いていることが原因で買取価格が発電方式固有に設定されない場合があります（2.3 節参照）。例えばハンガリーでは風力発電と太陽光発電において発電コストは全く価格帯が異なりますが，買取価格は同額です。逆に言えば，発電方式固有の発電コストと十分な利益率に基づいた買取価格の計算方法を確立することは必然的に個々の発電方式を支援することにつながるでしょう。

均一の買取価格に賛成している人がいたら，その人が比較的コスト効率の良い再生可能エネルギーの発電技術を製造している事業者ではないかを確認してみてください。その買取価格はおそらく彼らにとっての平均的な発電コストよりも高くなるので，彼らが均一の買取価格に賛成するのは妥当です。一般的に均一の買取価格に賛成する人は，再生可能エネルギーの発電方式の間での競争を掻き立てようとしています。このような主張を聞くと，再生可能エネルギー技術がお互いに競争できる「幼稚園」を作りたいのか，あるいは再生可能エネルギーが従来の発電方式と競争できるように支援したいのか問わなければなりません。前述の比較に戻ると「同程度の補助を与えてバターとパンの生産者の間の競争を作ろうとしているのですか？」と問うこともできます。

将来は再生可能エネルギー技術のポートフォリオ（電源構成）が極めて重要になるでしょう。将来的に全ての発電方式を必要とすると分かっているならば，現時点でもっともコスト効率の高い発電方式だけを支援することはできないでしょう。FITによって政策決定者は技術の進歩度合いが異なる全ての再生可能エネルギーの発電方式を同時に発展させることができます。

4.4　上限買取価格と下限買取価格

下限買取価格を設定すると電力購入契約についての長い交渉を避けることができるという大きな利点があります。これにより取引コストを著しく減らすことができます。ケニアの事例からわかるように買取価格の上限値を設定した場合，送電会社と発電事業者が買取価格の支払いに対して合意しなければならないのでこの利点は失われます。そのため定められた買取価格は下限価格であることを強調することが大切です。これはまた従来の発電方式と同程度の競争力を持ちつつある発電方式にとっても重要なことです。そうでなければ電力の市場価格がその買取価格を上回るとすぐに，これ以上の買取価格の支払いを認めてはならないと主張する人が出てくるかもしれません。

4.5 購入義務の免除

2.8 節で述べたように購入義務は FIT 制度の中でもっとも大切な要素のうちの一つです。固定買取価格の支払いと合わせて，購入義務により非常に高い投資の安定性がもたらされます。このことから購入義務が免除されてしまうと，投資の安定性は大きく損なわれます。例えばエストニアとスロバキアでは系統事業者は送配電損失分までしか再生可能エネルギーを購入する義務がありませんでした。エストニアでは送電事業者の中には電力を販売する許可を得ていない事業者もいるからです。結果として送電網の損失を補填するのに必要なだけの電力しか買うことができません。そして消費量が低い時にはたいてい購入量も少なくなります。このため再生可能エネルギー発電事業者にとって深刻な不安定性をもたらします（Klein et al, 2008）。

ケニアの FIT 制度には「発電所がより良い形で電力システムに連系されるならば，電力生産者と送配電業者は優先購入義務を外すという契約に合意してもよい」という記述があります（Kenyan Ministry of Energy, 2008）。この免除規定による負の影響を避けるためには，ある政党がこの条項の不支持を明言し，該当の条項が効力を持たないようにするしかありません。この条項が施行されてしまえば，系統運用者は常にこの除外条項を使って投資の安定性を弱めることができます。

4.6 不適切な財政的手法

かつて FIT に関する多くの問題が起こったのは，必要な財源が最終消費者の電力料金への上乗せによって全て保証されていなかったときでした（2.7 節参照）。政府は税金や国家予算，国債スキームを通じて FIT 制度に必要な資金を調達しようとしていました。しかしこれら 3 種類の方法は全て，政府の資金を含むため問題を引き起こしやすいことがわかってきました。現に政権交代の際や国の経済の動向が悪化したときに FIT はすぐに政治的討論の対象となります。ただし5.3節で述べるように，発展途上国でのFIT制度においては政府の資金を含むことは必要であると考えられます。

スペインのFIT制度は最終消費者の電力料金への上乗せによって大部分が賄われています。しかしスペインの電力料金には依然として規制があり，需要と供給の状況を十分に反映していないため，追加的なコストのうち一部は一般の国家予算から支払われています。スペインの電力システムの年間の赤字は一般予算によって補填されていて，2000年以降100億ユーロ（約1.3兆円）以上に増加しました（Libertad Digital, 2009）。これはスペイン政府が太陽光発電の導入量に上限を定めることに決めた理由の一つです。

近年では韓国が2012年にFIT制度を廃止し，代わりにRPS制度を導入することを決定しました（9.1節参照）。政府はFIT制度のコストが高すぎると主張しました。ご想像の通り，韓国のFIT制度の資金は納税者によって賄われています（Sollmann, 2009）。

4.7　不適切な買取価格の計算方法

成功をおさめている「発電コスト」に基づく手法（2.3節参照）と対照的に，FITは平均的な電力料金や回避可能コストといった他の指標に基づいて計算されることがあります。これらの代替的な買取価格の計算方法は1990年代初期のFIT制度においてはよく使われていました。しかし現在でもこの考えに基づいてFITを設計している立法者もいます。

これらの買取価格の計算方法はあまり成功しないことが実証されています。その理由は比較的単純です。先述したように，FIT制度を設計する政策決定者は発電事業者の投資の安定性と投資に対する十分な利益との間のバランスを求める一方で，最終消費者の追加的コストを最小限にしようとします。最も簡潔な方法は発電方式固有の発電コストを考慮に入れることです。代替的な買取価格計算方法を採用した場合は，買取価格水準が生産者のコストに見合う価格となるのは偶然でしかないでしょう。しかし，そこには買取価格の水準が低すぎるか高すぎることになるという大きなリスクがあります。買取価格の水準が低すぎる場合にはそれにより投資が引き起こされることはなくFIT制度は効果が乏しいでしょう。買取価格が高すぎる場合には投資は起こりますが，過剰な利益により最終消費者が払うコストは必要以上に高くなるでしょう。そのため筆者らは以下に述べる方法を推奨することはできません。

4.7.1 回避可能コスト

「回避可能コスト」に基づく手法については，2つの異なる方法を区別しなければなりません。まず従来型の発電方式で発生する「回避可能コスト」に言及する政策決定者がいるかもしれないということです。つまり回避可能コストとは，もし再生可能エネルギーが他の天然ガス火力や原子力発電所といった従来型の発電方法で作り出されていた場合に発生したであろうコストのことです。

フランスのFITの計算は長期的な回避可能コストに基づいています。しかし再生可能エネルギー発電事業者は追加的な公共サービスの目標が満たされるとより多くの支払いを受けます。追加的な目標は「エネルギー自給，供給安定性，大気質，温室効果ガス排出，天然資源の最適な管理，将来の発電方式の管理，エネルギーの合理的な利用」と定義されています（Journal Officiel de la République Française, 2000）。この追加分の支払いによってほとんどの発電方式にとって十分な買取価格になります。しかし買取価格の計算方式は必要以上に複雑で，しばしば他の買取価格計算方法を用いる政府関係者との間の対立を引き起こします（2.3.2項参照）。

上記の問題に加えて，この手法では成熟度の低い発電方式に対して高い買取価格を設定することを認めないことが多くなります。風力発電のようなコスト効率の高い発電方式では買取価格は十分に高いか高すぎるほどですが，太陽光発電のような発電方式ではおそらくあまり利益をあげることができないでしょう。

それに加え「回避可能な外部コスト」に言及する国もあります。つまり従来型のエネルギー生産がもたらす環境的，社会的な負の影響のことで，再生可能エネルギーを導入することで回避することができるものです。この方式はポルトガルで部分的に採用されています。より正確に述べると，ポルトガルのFIT制度は資本投資や発電（燃料，操業，保守管理），送電網の損失，環境における回避可能コストを考慮に入れています（IEA, 2008）。

「回避可能コスト」に基づいた価格計算を行う場合，この単語をさまざまに解釈してしまうというリスクもあります。ある市場での従来のエネルギー生産の「回避可能コスト」は比較的客観的に算出することができますが，回避可能な外部コストは大量の仮定に基づいて見積もられています。そのため買取価格の水準は気候変動や環境保護に対する政府の立場の影響を受けやすくなる可能性があります。

4.7.2　電力料金

固定価格の支払い額と電力料金を関連づけることを選んだ国もあります。過去にはこの方法はドイツ（1990年開始）とスペインの両者で採用されていました。この買取価格の支払い額は最終消費者が支払う電力料金に対するパーセントで定義されていました。最初の数年は太陽光発電と風力発電は電力料金の90％の買取価格，水力と下水汚泥，埋立地ガス，バイオマスは最大80％の買取価格でした。風力発電と水力発電のみがこの方法の下で設備容量を大幅に増やすことができました。他の全ての発電方式にとっては買取価格は低すぎました。欧州におけるエネルギー市場の自由化の結果として1990年代末に電力料金が急激に下落したために，ドイツは2000年にこの方法を廃止しました。

スペインではFITは2007年まで平均的な電力料金と関連づけられていました。平均的な電力料金は年間基準で決まり，それは王令において承認されました。2004年には太陽光発電は最大575％，陸上風力，水力，地熱，バイオマス発電は最大90％の買取価格が定められていました。ドイツの場合とは対照的に，スペインの立法者は電力価格が急上昇したためにこの方法を廃止し，代わりに固定価格制度を導入しました。2006年と2007年には世界市場で資源が不足したために電力の平均価格は非常に高くなりました。つまりこの方法を用いる最大の問題は，年ごとに平均的な電力価格が変動することです。従って筆者らはこの価格計算方法を推奨しません。

4.8　設備容量の上限設定

設備容量の上限設定とは新規の設備容量の全体量を制限することであり，その結果大規模市場を創設することを妨げることになります。FITは再生可能エネルギー発電事業者に金融的支援を行うだけでなく，迅速な技術の進歩を促進させる上で最も成功をおさめた制度であることがわかっています。FITが成し遂げた大きな功績の一つは全ての再生可能エネルギーの発電技術において発電コストを下げ，世界の多くの人々や国々が調達できるようにし，さらには従来型の発電方式と競争できるようにしたことです。

こうした発展が進展してきたのはFITが大量生産を引き起こし，それにより規模の経済が生まれたためです。従来のR&D投資や限定的な投資補助金は1970年代と1980年代の主な補助制度でしたが，十分な投資に拍車をかけることはできませんでした。再生可能エネルギーはニッチ市場においてのみしか採用されないという悪評をどうにか乗り越え，工業生産の段階に突入しました。再生可能エネルギー100%というシナリオももはや夢ではありません（Schreyer et al, 2008; Droege, 2009）。

設備容量の上限を定めることは国内市場の発展にも好ましくない効果があります。多くの国の経験により分かっていることですが，上限が近づいてくると全ての発電事業者が系統に接続しようと競争を行い，市場が混乱します。ここ最近のスペインの太陽光市場のように，これは非常に短期間での想定以上の市場の成長を引き起こす可能性があります。しかしいったん設備容量が上限に到達すると，長期間にわたりそれ以上の容量は設置されないので市場は崩壊してしまいます。この「ストップ・アンド・ゴー」サイクルは持続的で予測可能な市場が成長することや，安定的なサプライチェーンを必要とする国内市場を作ることを妨げてしまいます。

全設備容量に上限を設定することは消費者にとっての追加的なコストを抑える最も簡単な方法であると一般的に考えられています。一方で上記のような破壊的効果に関しては，他の政策，特に買取価格の逓減やより柔軟な買取価格の逓減を筆者らは推奨します。エネルギー源や規模別に設定した買取価格を含めて，これらの設計の選択肢を立法者が適切に選ぶことにより市場を成長させ，最終的にはコストを制御することができます。全設備容量の上限設定は財政手段が極めて限られている発展途上国などでの最終手段などだけに導入されるべきです。

設備容量の上限設定に賛成する人々の中には高額の追加的なコストがかかることを恐れる政策決定者の他に，おそらくグリーン電力ではない「グレーな電力」の発電事業者が含まれるでしょう。当然，そのような人々は自らの市場占有率を守るためにグリーン電力の市場占有率を制限したいと思っています。再度になりますが，国の最初のFIT政策が何かしらの制限を含んでいるからといって改善に向けた取り組みを諦めないで下さい。ドイツ，フランス，スペインなど成功を収めたFIT制度の多くは容量上限を設定して導入されました。1990年代と対照的に，今日では世界的な気候変動の観点から見ると大規模な再生可能エネルギーの導入は必要不可欠なので，設備容量の上限に反対の声を上げるのは非常に簡単になっています。

4.9　法的位置付け

最後に，どのような種類のFIT制度に対しても法的位置付けの確保が重要であることを筆者らは強調したいと思います。実践主義者やFITの提唱者はFITが省庁の命令や曖昧に定められた政策だけによって確立されるのではなく，法律によって確立されるよう活動するべきです。そうすることで政治的な意思決定プロセスはたいてい長くなりますが，FIT制度が対立する勢力から攻撃されることを防ぐことにつながります。例えば，スペインのFIT制度において再生可能エネルギー発電事業者はそのFITが特定の法律に定められた法的位置付けを持たないことによって苦い経験をしてきました。2006年にはエネルギー部門の緊急措置を定める法律が可決され，買取価格の水準と電力料金の平均価格との連動を切り離すことで再生エネルギー発電事業者への支払額を下げました（Boletín Oficial del Estado, 2006）。この介入は既存，新規両方の発電所に影響を及ぼし，スペインのFIT制度の安定性や予見性を損なう結果となりました。そのためスペイン再生エネルギー連盟は常にスペイン政府が関連する全ての法律を単一の法律にまとめるよう働きかけています。

参照文献

ASIF (2007) El Sector de la Solar Fotovoltaica Rechaza el Nuevo Decreto sobre esta Energía Renovable, comunicado de prensa, 3 October, Madrid

Boletín Oficial del Estado (2006) Real Decreto-Ley 7/2006, de 23 de Junio, por el que se Adoptan Medidas Urgentes en el Sector Energético, http://vlex.com/vid/adoptan-medidas-urgentes-energetico-20769872

Droege, P. (ed.) (2009) 100 Per Cent Renewable: Energy Autonomy in Action, Earthscan, London

EPIA (2009) 2008: 'An exceptional year for the photovoltaic market', Press Release, 24 March, Brussels

IEA (2008) FITs, Making CHP and DHC Viable – Portugal Case Study, IEA/OECD, www.iea.org/g8/chp/docs/portugal.pdf

Journal Officiel de la République Française (2000) 'Loi no 2000-108 du 10 février 2000 relative à la modernisation et au développement du service public de l'électricité', Journal Officiel de la République Française, vol 35, 11 February, p2143

Kenyan Ministry of Energy (2008) Feed-in-Tariff Policy on Wind, Biomass and Small-Hydro Resource Generated Electricity, Ministry of Energy, Kenya

Klein, A., Held, A., Ragwitz, M., Resch, G., and Faber, T. (2008) Evaluation of Different FIT Design Options, best practice paper for the International Feed-in Cooperation, www.worldfuturecouncil.org/fileadmin/user_upload/Miguel/ best_practice_paper_final.pdf

Libertad Digital (2009) El Gobierno Pone Fin al Déficit Eléctrico y Congela la Tarifa a las Rentas Bajas, 30 April, www.libertaddigital.com/economia/el-gobierno-pone-fin-al-deficit-electrico-y-congela-la-factura-a-las-rentas-bajas-1276357914/

Ragwitz, M., Held, A., Resch, G., Faber T., Haas, R., Huber, C., Coenraads R., Voogt, M., Reece, G., Morthorst, P. E., Jensen, S. G., Konstantinaviciute, I. and Heyder B. (2007) Assessment and Optimisation of Renewable Energy Support Schemes in the European Electricity Market, Final Report, OPTRES, Karlsruhe

Schreyer, M., Mez, L. and Jacobs, D. (2008) ERENE – Eine europäische Gemeinschaft für Erneuerbare Energien, Band 3 der Reihe Europa, Heinrich-Böll-Stiftung, www.greens-efa.org/cms/default/dokbin/239/239844.pdf

Sollmann, D. (2009) 'Ende für Einspeisetarife, Südkoreas "grüne Wachstums-strategie"stre icht die Einspeisetarife und fördert die Atomkraft', Photon, April, pp26–27

Chapter 5
経済新興国の FIT 設計

例えば食料や灯り，快適な生活，通信そして冷えたビールなど，生活に不可欠なエネルギーサービスをあらゆる人が利用できるようにすることは，経済の発展と貧困削減のための主要な原動力の一つです。世界中を見渡すと約24億人が調理や暖房のエネルギー源として伝統的バイオマス燃料を使っています。また約16億人が電力を利用できていません。彼らが必要とするエネルギーは，例えば薪，木炭，農業廃棄物や家畜の排泄物など非常に原始的な資源を利用することによってまかなわれています。このような低次のエネルギー利用は人間の健康に著しく悪い影響を与えています。世界保健機関（WHO）によれば不十分な換気や閉鎖空間の中で燃料を燃やすことによって生じる室内の空気汚染によって，毎年160万人もの人命が奪われています（WHO, 2005）。

電化率の低い地域はほぼ全て，再生可能エネルギーの潜在力が高いということは，驚くべきことかもしれません。このような国や地域でFIT制度は重要な役割を果たすことができます。というのも制度設計が簡潔であらゆる種類の電力市場の枠組みへ適用することが簡単だからです。FIT制度以外の再生可能エネルギー支援制度のほとんどは，電力市場の自由化のための非常に高い水準の規制や適切な段階への進展が必要となるのです。

例えば「取引可能な証書」という制度は，多数の企業が電力売買に参加し認証市場の流動性が確保されているような国では，非常によく機能するでしょう（第9章参照）。独占や寡占状態が残る国では，市場参加者は自身が有する市場支配力を行使して，証書価格を操作しようとする誘惑に駆られてしまいます。FIT制度のうちプレミアムFITのようないくつかの制度では，スポット市場や当日市場が適切に機能することが必要になります（第3.1節参照）。市場の流動性は，価格が不安定化するのを避け，発電事業者に安定的な収入を確約する上で，不可欠なものであるということを再度述べておきたいと思います。

多くの場合，FIT制度は，電力市場における既存の産業構造にうまく入り込んで適応することができます。それは，途上国の電力市場が一般に独占的であったり，あるいはより自由化された市場を構築するための移行過程にあるような状況でも同様です。事実FIT制度は，独占的な市場で総括原価方式[訳注1]に用いられる原価補償の概念に類似したものとして機能します。完全独占市場や寡占市場では，買取義務と固定価格支払いを複合的に適用することにより，既得権益事業者による市場支配力の濫用から，発電事業における新規参入者を効果的に保護することができるようになります。

しかしながら，それでもなお送電網への接続手続きや送電網運用上の障壁によって，独占事業者は引き続きその市場支配力を行使し得るということは忘れないようにしなければなりません（2.9 節および 2.11 項参照）。このような問題は規制機関によってのみ解決されるものです。独占を崩し新規参入者を育成する助けにもなり得るということは，FIT 制度の副次的な効果として重要なものの一つです。送電網接続と電力買取の規制を構築することによって，FIT 制度における独立系発電事業者の市場参入のための法的基盤が整うのです。

経済新興国がこれらの便益を理解する助けとなるよう，本章では，FIT 制度の設計について，とりわけ発展途上国と経済新興国についての議論を展開します。近年，発展途上国や経済新興国のうち，FIT を導入したり，または，導入することを計画してきた国の数は，増加傾向にあります。アルゼンチン，ブラジル，中国，ガーナ，イスラエル，ケニア，ナイジェリア，パキスタンや南アフリカなどです。発展途上国や経済新興国での FIT の運用は，他の国と同じルールに従っています（第 2 章参照）。しかしながら，最終消費者に対してかかる追加的コストを抑制するために，追加的な手法が検討される必要があるかもしれません。これは，FIT 基金のような特別な金融メカニズムや導入上限，あるいは，クリーン開発メカニズム（CDM）との複合的手法によってなし得るものです。加えて，発展途上国や経済新興国では平均的な物価上昇指数が先進国よりも高くなる傾向にあるので，そのような国の FIT は物価上昇スライド制にする必要があるかもしれません（3.12 節参照）。

訳注 1　電気事業に要する費用に適正な利潤を加えた額を適正原価として，それに見合う収入が得られるように電気料金を設定する方式。

5.1　発展途上国のための導入上限

FITは，これまで再生可能エネルギー技術への大規模な投資を促し，再生可能エネルギーを単なるニッチ産業から大規模な産業へと押し上げる助けとなってきました。規模の経済を最大限に享受し技術を発展させるためには，再生可能エネルギーの成長に如何なる制限も設けてはなりません。筆者らは普通は，再生可能エネルギーの普及に制約を設けることはお勧めしませんし，FITに制限をつけることは不適切FIT制度だと考えています（4.8節参照）。

しかしながら，発展途上国には例外があり得ます。というのも，最終消費者に対する電力料金とFITの支援を受けた発電の総量との間には，直接のつながりがあるからです。もし，再生可能エネルギーからの電力量のシェアがFIT制度の下で制約されていたら，最終消費者への追加的コストを容易に抑制することが可能でしょう。発展途上国においては，電力料金の上昇は，概して最終消費者に大きな影響をもたらします。なぜなら，人々はすでに収入のかなりの部分を日々のエネルギー需要をまかなうために費やしているからです。したがって，電力料金の上昇は，政治的に取り扱いに注意を要する案件なのです。

発展途上国は，再生可能エネルギーのシェアを常に上昇させ続けることにより，気候変動に対する国際的な努力に貢献することが可能です。しかしながら，そのような国々では，金融的な制約があるので，技術発展を期待することは適切ではありません。その役割は先進国が果たすべきです。このような考え方は，先進国と途上国の間でのある種の役割分担を容認するものとなります。すなわち，金融的余力のある先進国が再生可能エネルギー技術のコスト削減を主導し，コスト削減から利益を得る発展途上国は，自国の増加するエネルギー需要を持続可能な方式によってまかなうというものです。加えて，発展途上国の電力市場は，独占状態にあることが多かったり，自由化に向けて舵を切ったばかりの状態だったりします。したがって，将来の発電容量の増加は国家計画の影響を受けることが多く，再生可能エネルギーをこれらの概念に適合させていくためには，導入上限は必要になり得るものなのです。

導入上限を実施する場合には注意深くならなければいけません。一般的に，上限は個々の技術に対して設定されます。例えば，風力発電は400MWまで，バイオマスは200MWまで，太陽光発電は100MWまでといった具合です。ひとたび上限に達した後は，新規に設立された電源に対しては，固定価格の支払いはもはや保証されません。効果的にコストを抑制するために，比較的コストが低い技術は，コストが高い技術よりも多くのシェアが約束されるべきでしょう。

このように特定の技術に対して上限を設ける場合には，個別の発電所の容量に対しても制限を設けることが賢明かもしれません。例えば，もし太陽光発電に対して合計で50MWまで固定価格が保障されるとした場合，25MWの大きな発電所を2か所だけ建設するというのは望ましい姿ではないことはおわかりでしょう。FITの目的は，多数の発電事業者や消費者がFIT制度から利益を享受することができるようになることです。したがって，FIT制度の下では，上限の規模に応じて各発電所の最大発電容量を制限することを考えても良いでしょう。このような手法は実際にケニアのFIT制度に取り入れられています。ケニアでは，風力発電に対し最大で150MWまで固定価格による買取が保証されています。それと同時に，一つの風力発電所の容量あるいは一度に導入できる風力発電設備の容量は，最大で50MWまでに制限されています。このような手法によって，少なくとも風力発電では3事業者がケニアの法制度から利益を享受できるのです。

導入上限を取り入れるのであれば，FITの法制度には，導入量が上限に達する前にこの導入上限を変更できるようにするための条文を組み込んでおくべきでしょう。こうすることで，発電設備の生産ラインのストップアンドゴーの繰り返しを未然に防ぐことができるようになります。この条文には，例えば，導入上限あるいは目標値の75%に達したときに，主務官庁あるいは責任ある機関が，FIT制度の定量的評価を行わなければならないということを規定しておくべきです。この定量的評価には，固定価格や導入上限，目標値の見直しが含まれます。この評価に従って，制度設計者は，導入上限や目標値を増加することが適切か否かを比較考量するべきです（これらの案件についてのより詳細な情報は，2.13項を参照のこと）。端的に言えば「導入上限に達するまで待つな」ということです。新規の目標値を設定するための政治的な意思決定プロセスは，ある程度の時間を要するものであり，それを前提としておくべきなのです。

安定した国内再生可能エネルギー経済を作り上げることを考えたとき，一つの技術に対する全体の導入上限を時間の経過とともにいくつかの期間に区分して増加させていけば，設備生産のストップアンドゴーの繰り返しを最小化させることができます。例えば，もしFIT制度において今後3年間で300MWの容量の風力発電の導入を見込んでいる場合，制度設計者は，導入上限を毎年100MWずつ増加させ，先着優先制度で割り当てるという方策をとることもできます。スペインの制度設計者は，このような手法を太陽光発電市場に取り入れ，四半期ベースでの見直しを行いました。しかしながら，この手法は複雑であり，行政コストを高める原因ともなります。というのも，この手法では，発電事業者が事前に固定価格の支払いを申請する必要があり，また，制度設計者が全ての申請を取り扱わなければならないからです。

5.2　申請手続き

導入上限を実施する場合，すべての発電事業者がFIT制度における資格を得られるわけではありません。したがって，公正かつ透明性のある申請手続きを実施することが重要になります。規制当局の責任権限の範囲内で通常に機能する登録制度を構築する必要があります。その国あるいは地域の通信インフラに依存しますが，この登録制度はオンラインで手続き可能なものとするとよいでしょう。不正を避けるため，先着優先方式に従い申請者を検討する必要があります。

5.3　FIT 基金

最終消費者の追加的コストを削減するためのもう一つの方法として，FIT 支払いのための国家基金を創設することが考えられます。基金は，国家予算からの出資や国際的な寄附からの出資，あるいはその双方で構成される場合があります（図 5.1 参照）。国際的な寄附を活用する場合，基金への拠出によって数百もの小規模再生可能エネルギープロジェクトが促進できる可能性があります。これまでは，国際的な寄附を通じた再生可能エネルギープロジェクトの普及促進は，それ自身がもつ性質，例えば小規模プロジェクトでは取引コストが高くなるという性質により，しばしば阻害されていました。

しかしながら，この基金という選択肢はいくつかのリスクをもはらんでいます。多くの国で FIT が成功した主な要因の一つは，固定価格の支払いが国の財政から独立しているという事実でした。そこでは単純に，複数の私企業の間で支払いのルールが決められていました。金融メカニズムは通常あらゆるコストをすべての最終電力消費者に広く配分するというものであるため，政権交代などが発生したときにも制度が比較的安定的なものになります。政府の資金が金融スキームに含まれたとたん，政府にとって再生可能エネルギーへの支援を削減するためのより強固な「インセンティブ」となってしまうでしょう。それは特に経済停滞期に往々にして起こります。

加えて，基金は巨額の積立金を備えておく必要があります。というのも，

図 5.1　発展途上国向けの固定価格買取制度（FIT）基金

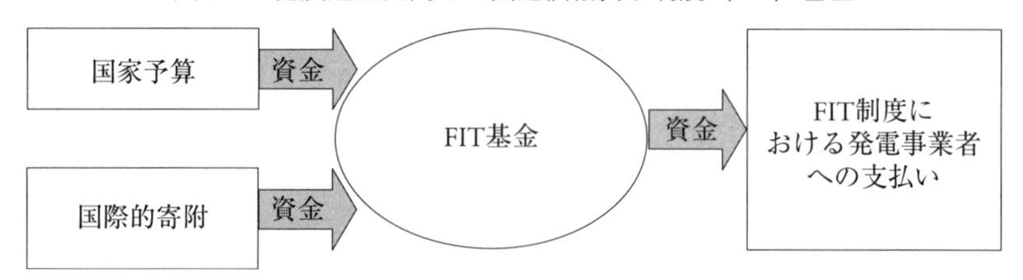

発展途上国向けの固定価格買取制度(FIT)基金

出典：Jacobs, 2009

固定価格の支払いは，最大20年もの長期にわたって担保されなければならないからです。こういった点が起因して，一つの再生可能エネルギープロジェクトにおけるコストの累積額は高く見えがちになり，それがために，公的および政策的支援を低下させる要因となってしまいます。ノルウェーはFIT制度に国家基金として資金を融資する計画でしたが，最終的には，前述のような理由により支援制度を実施しませんでした（Reiche and Jacobs, 2009）。したがって，基金を通じたFITへの資金支出は，選択肢としては最終手段だといえます。

5.4　最終電力消費者間のコスト配分

コスト負担を全ての電力消費者へ割当てるといったFITの通常の金融メカニズムを選択する場合には，先進国における標準的な手続きにみられるいくつかの手法が経済新興国にとっても参考になるでしょう。第一に，コストを個々の最終消費者の電力料金の請求に転嫁し，FIT制度に起因する追加コストの情報開示をすることは，行政手続きの複雑さと取引コストを増加させる可能性があります。これに代わる方法として，独立発電事業者のために作られたシステムの追加的コストを送配電事業者が単純にパススルーして電力消費者の電気料金に上乗せするという選択肢があります。もしこのような選択をするのであれば，従来型エネルギーによる発電の回避可能コストを上回るコストのみ，このパススルーコストに加えられるべきです。そうするためには，回避可能コストは毎年見直されることが必要となります。この方式は，ケニアや南アフリカのFIT制度で採択されました。

5.5　FITとクリーン開発メカニズムの複合

クリーン開発メカニズム（CDM）は，共同実施（JI），国際排出権取引制度と並んで，京都議定書における温室効果ガスを削減するための3つの柔軟性措置[訳注2]の一つです。この制度は，途上国（いわゆる附属書Ⅱ国）でのプロジェクトを通じて，先進国（いわゆる，附属書Ⅰ国）が削減目標を達成するための手段として用いることができます。回避された温室効果ガスは認証され，その認証書は，認証排出削減量（CER）という形式で国際炭素市場で取引されます。発展途上国で実施されるCDMを通じた協調出資による再生可能エネルギープロジェクトは，過去数年間で増加傾向にあります。認証と取引を通じて生じた収入は，全体のプロジェクト費用の一部をまかなうことができます。

しかしながら，2つの大きな障害があることが指摘されてきています。一つには，再生可能エネルギーが，他の典型的なCDMプロジェクトと比較して，エネルギー効率などの観点で規模が小さくコストが高いということです。これは投資の阻害要因となり得ます。投資家は，回避可能な温室効果ガス排出量の総量と想定される処理コストに従って投資するプロジェクトを選定します。したがって，大きな排出量削減の可能性のある大規模プロジェクトは，小規模の再生可能エネルギープロジェクトよりも競争優位性があるのです（Schröder, 2009）。もう一つには「追加性」を要求することがあります。これは，FITのような他の再生可能エネルギーへの支援メカニズムとCDMを組み合わせたとき，問題を引き起こしかねません。

追加性の基準は，CDMにおいては，国際炭素市場での認証取引を通じた追加的な収入抜きには実現し得ないであろうプロジェクトにのみ適用すべきとされています。追加性がなぜ必要かというと「フリーライダー」を避けるためです。京都議定書は，温室効果ガスの排出を削減するために設計されました。もし，ある先進国が自国の排出量を削減するチャンスが発展途上国にある場合には，それはそのプロジェクトがいずれにせよ発展途上国自身ではなしえないであろう場合にのみ可能とするべきです。

当初の善意の意図に反して，追加性基準が道理に反した効果をもたらしてしまった過去がありました（Bode and Michaelowa, 2003）。最悪のケースでは，発展途上国の政策決定者は，CDMにおけるプロジェクトの妥当性を維持す

訳注2　一般に「京都メカニズム」と呼ばれる措置のこと。

るために，再生可能エネルギーを導入する上で効果の高い政策の導入をやめてしまうかもしれません。このような逆効果を考慮して，CDM理事会は，2001年11月以降に実施される国家支援施策をベースラインの算出に加算しないことを明らかにしました（UNFCCC, 2005）。したがって，現在ではリスクなしでCDMとFITを組み合わせることが可能となったのです。

FIT制度での支払い固定価格を算定する上では，立法者は，CDMにおける炭素排出量取引を通じて得られる収入の可能性を考慮に入れるかどうかを決定する必要があります。論理的には，追加的な収入があれば固定価格支払いから控除できるので立法者はより低い固定価格を設定できる，と主張する人もいるかもしれません。しかし，FITとCDMを組み合わせたとき，国際排出量取引市場における認証価格の変動をどちらで吸収するのかという問題が生じます。これまで述べた通り，FITが効果的な政策であることは立証されています。なぜなら，固定価格の支払いにより投資の安全性を保証しているからです。もし再生可能エネルギープロジェクトの収入構造の一つが国際排出量取引市場の需要と供給に起因して不安定となった場合，投資の安全性は減少してしまうでしょう。

したがって，南アフリカの規制機関では，固定価格の算出にCDMからの排出量取引による収入を含めないことが決定されました。この決定には，京都議定書が2012年に失効すること，ポスト京都議定書時代における国際的な気候変動緩和に対する管理体制が大いに不透明であることも影響しています。筆者らは，固定価格の算出において，CDMによる収入の可能性を考慮しないことを推奨します。FIT制度は，「自給自足」であるべきなのです。すなわち，FIT制度は，発電事業者に対して，再生可能エネルギー設備の運用を収益性のあるものにするために十分な収入を保証します。

5.6　小規模電力網（ミニグリッド）におけるFIT

現在，電気を使うことができない人々は数億人にものぼります。そして，そのような人々のほとんどが，電力ネットワークをすぐに設置することができないような地域に住んでいます。地域の貧困下にいる人々に電力を供給するために，オフグリッド[訳注3]という解決策の開発が必要となります。非常に高いコストをかけて全国的な電力システムを孤立した地方につなげる代わりに，ミニグリッドは，各村々に高品質な現地特有の電力を供給することができます。

そもそもFITは，先進国において再生可能エネルギーによる発電設備を電力システムに接続することを促進するために設計されました。通常，そのような国々では，再生可能エネルギー電気のポテンシャルを利用するために，既設の電力システムを活用することが基本となります。しかしながら，系統インフラがあまり発展していない多くの国でも，再生可能エネルギーの賦存量はとても多いのです。そのため，欧州委員会の共同研究センター（JRC）は，ミニグリッドにも適用可能となるように，FITの修正を試みてきました（Moner-Girona, 2008）。

ミニグリッドは，小さく，地方あるいはしばしば孤立した地域の配電システムからなる，相互接続された小規模の電力ネットワーク群であるとされています（図5.2参照）。典型的には，小さな村落または住宅群がそのようなミニグリッドに接続されます。地域のミニグリッドは，のちに隣接する複数の村落レベルのミニグリッドとつながることで，拡大する可能性があります。ミニグリッド内ではさまざまな発電方式により電気が供給されます。ほとんどの場合，風力タービンや太陽光パネルは小さなディーゼル発電機か蓄電池によってバックアップされています。理想的には，バイオマスや小水力が，同様のバックアップ電源を供給することも考えられます。そのようなハイブリッドシステムは，地域レベルで信頼性の高い電力を供給できるのです（これらの便益についてのより詳細な情報は，第7章参照）。

定義上，孤立したミニグリッドで発生したコストをその国のすべての電力消費者に負担させることはできません。そのため，FIT制度の金融的メカニズムは，そのようなシステムに参加する人々のニーズに見合うよう，調整さ

訳注3　全国に張りめぐらされた送配電網（グリッド）から切り離された電力システムのこと。離島や僻地などに多くみられる。

図 5.2　再生可能エネルギー電源を接続したミニグリッド

出典：Solar Technology AG, with permission from Alliance for Rural Electrification (ARE. 2009)

れる必要があります。関係する可能性のある事業者がどのような範囲となるのかを理解するために最初に我々が問うべきは，そのミニグリッドが，電力市場の自由化同様，独立発電事業者を受け入れるのか，それとも一事業者にその土地や地域の発電について独占を許すのか，という問いです。

「自由化方式」の場合，独立発電事業者（IPP）は，発電しその電気を系統に流し込むことが許可されます。法的には，独立系発電は電力買取契約[訳注4]と呼ばれる長期契約に基づいて行われます。これまでに 25 以上の発展途上国が独立発電事業者（IPP）向けの制度を構築してきました。大規模な電力会社との大きな違いは，IPP は電力の送電や配電といった事業には携わらず発電事業にのみ注力するという点です。

IPP を活用して再生可能エネルギー発電を促進するためには，国の規制機関または主務省庁は，まず適切な FIT を構築します（2.3 節参照）。IPP は，地域の配電会社によって管理される地域ミニグリッドに接続できます。IPP の収入の一部は，配電会社から支払われます。配電会社は最終消費者から電

訳注 4　日本の FIT 制度における「特定契約」に相当。

気料金を徴収します。しかしながら多くの場合，地域の配電会社は，最終消費者に対して，そのミニグリッド内での発電にかかる平均コストやFIT価格より低い価格で電気を売ります。したがって，FITとIPPへの支払額との価格差の残りの部分は，例えば政府の電力当局あるいは電力規制機関などの国レベルから補填される必要があるでしょう。もし必要であれば，政府による支払いの一部は，国際的な寄附を通じて支援されることも考えられます。これらの収入源は，合わせて，IPPによる再生可能電気プロジェクトの収益性を保証するのに十分であるべきです（図5.3参照）。

同様に，一般家庭の電力消費者も，家庭用太陽光発電システムのような小規模の再生可能エネルギー設備を使うことで，自身の電力需要の一部をまかなったり私営の再生可能エネルギー発電事業者として発電の余剰分を地域ミニグリッドに供給したりすることができます。地域のネットワーク管理者である配電会社は，FITの固定価格で電力を買い取ります。同時に，発電を行う最終消費者も，そのミニグリッドに接続された他の消費者と全く同じように，配電会社から優先価格で電力を購入できます。配電会社から提示される優先価格と再生可能エネルギー発電事業者に対するFIT支払いの差額は，電力当局あるいは電力規制機関によって，国家レベルで供給されなければなりません（図5.4参照）。

「独占方式」の下では，いわゆる地域エネルギーサービス会社に部分的な独占が認められます。すなわち，そのような会社は，自社の管轄区域においてエネルギーサービスと他の公共サービスを提供する排他的な権利を有します。地域エネルギーサービス会社は，準政府機関であり，独占的電力市場に

図5.3　ミニグリッド（独立電力供給者）向けのFIT

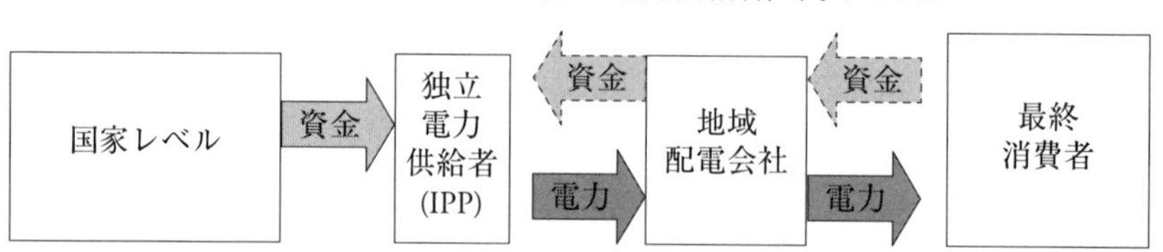

ミニグリッド（独立電力供給者）向けのFIT

出典：Jacobs, 2009

図 5.4　ミニグリッド（発電供給者 / 消費者）向けの FIT

ミニグリッド（発電供給者/消費者）向けのFIT

出典：Jacobs, 2009

おいては国有企業と類似のものとなります。地域エネルギーサービス会社は，通常，運用やメンテナンス，修繕を含めた一連のサービス全般を提供します。政府は，しばしばそのような地域エネルギーサービス会社に対し，最長で 15 年程度の期間，サービス提供を許可します。この許認可は，競争入札制度に基づきます。この認可された期間は，地域エネルギーサービス会社は，全てのエネルギーサービスを供給する独占的な権利を有します。同時に，サービスの提供を希望するすべての人に対して同じサービスを提供する義務も負います。

地域エネルギーサービス会社は，通常，電力を発電コストよりも低い価格で最終消費者に販売します。これは，地域エネルギーサービス会社が再生可能エネルギー発電所をその電源構成に加えた場合でも同じです。発電事業での利益を確保するために，地域エネルギーサービス会社は，FIT 制度のもと，より高次の政府レベル（国家政府や，場合によっては地方政府）から追加の資金を受け取ります（図 5.5 参照）。国レベルからの FIT 支払いと最終消費者から支払われる規制料金は，合わせて十分な利益マージンを確保できるものであるべきです。電力市場の詳細な規制制度の設計内容に依存しますが，責任機関は，地方のエネルギー開発局，規制当局あるいは類似の行政体となります。この行政機関は，FIT 制度の設計を含む再生可能エネルギー発電に関する法的および政策的枠組みの構築についても責任を有します。

図 5.5　ミニグリッド（地域エネルギーサービス会社）向けの FIT

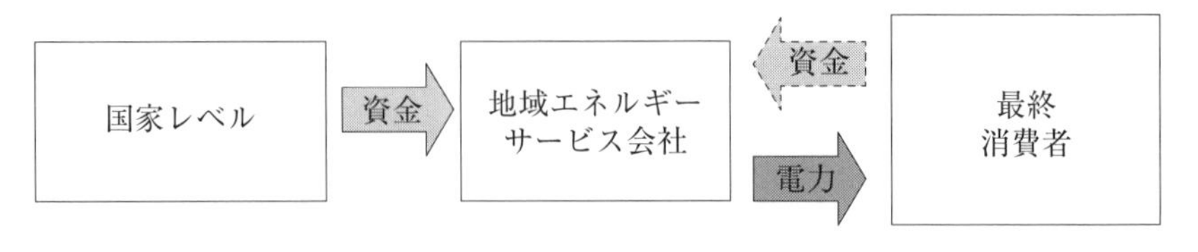

ミニグリッド（地域エネルギーサービス会社）向けのFIT

出典：Jacobs, 2009

もし，国レベルの当該機関が，その処分権が及ぶ範囲内で十分な金融的措置をとることができない場合には，追加的な資金源が国際的な寄附から手配される必要があるかもしれません。この場合，再生可能エネルギープロジェクトの資金繰りに対しては，基金による支援を検討する必要があります（5.3節参照）。

5.7　まとめ

これまで見てきたように，FIT 制度は，経済新興国および発展途上国に特有のニーズや条件にしたがって，ミニグリッドや CDM クレジット，導入上限を自国のエネルギー政策の中に取り入れて適用するというような対応を含め，さまざまに設計することが可能という特長を有しています。多くの経済新興国が市民全体に電力を供給するために大規模プロジェクトに乗り出してきているのと同じように，発展途上国にとって，FIT 制度の導入は経済発展のツールとして特に重要となります。我々は，ほとんどの先進国が犯してしまった基本的な失敗，つまり，自国のエネルギーシステムをほぼ全面的に再生可能エネルギー以外の電源に依存してしまっているというような状況に，発展途上国や経済新興国を同じように陥れてしまうような愚行は，厳に避けなければいけません。この点において，発展途上の世界の中で FIT を通じて再生可能エネルギープロジェクトに資金提供することは，先進国において再生可能エネルギープロジェクトを促進するのと同様に，重要な任務になるのです。

参照文献

ARE (2009) Best Technology Solution for Rural Electrification, Presentation at the Sustainable Energy Week, 12 February, Brussels

Bode S. and Michaelowa A. (2003) 'Avoiding perverse effects of baseline and investment additionality determination in the case of renewable energy projects', Energy Policy, vol 31, no 6, pp505–517

Jacobs, D. (2009) Renewable Energy Toolkit: Promotion Strategies in Africa, World Future Council, May

Moner-Girona, M. (ed.) (2008) A New Scheme for the Promotion of Renewable Energies in Developing Countries: e Renewable Energy Regulated Purchase Tariff, European Commission Joint Research Centre, Luxembourg

Reiche, D. and Jacobs, D. (2009) 'Erneuerbare Energiepolitik in Norwegen – Eine kritische Bestandsaufnahme', Energiewirtschaftliche Tagesfragen

Schröder, M. (2009) 'Utilizing the clean development mechanism for the deployment of renewable energies in China', Applied Energy, vol 86, pp237–242

UNFCCC (2005) Clarifications on the Consideration of National and/or Sectoral Policies and Circumstances in Baseline Scenarios, (version 02), CDM Executive Board, 23–25 November, http://cdm.unfccc.int/EB/022/eb22_repan3.pdf

WHO (2005) Fact Sheet No 292: Indoor Air Pollution and Health, World Health Organization, Geneva, www.who.int/mediacentre/factsheets/fs292/en/index.html

Chapter 6
各国の FIT 制度の発展

固定価格買取制度（FIT）はある意味，米国で「考案」されたと言えます。1978 年にそれまでの 10 年間における石油の供給不足に対応する形で，公益事業規制政策法（PURPA）が制定されました。PURPA は，認定された独立系発電事業者と電気事業者との間で，長期の固定価格契約を締結することを制度化したものであり，電気事業者に対して独立系発電事業者から全ての電力を買い上げることを義務付けるものでした。今日の FIT 制度は通常，発電方式ごとの発電コストに連動して定額の報酬を支払うように設計されています。これに対して，PURPA における支払いは，従来の発電方法の回避可能コストをベースとしており，発電方式により決定されるものではありませんでした。筆者らは，30 年に亘る FIT 制度の経験から得られたベストプラクティスを定量的に評価した結果，本書第 4 章「不適切な FIT 設計」にあるように，適切な事例と不適切な事例の双方の側面に着目することが必要であるという結論に行き着きました。1990 年代は，エネルギー価格の下落により回避可能コストが減少し，そのため，再生可能エネルギープロジェクトに対する報酬も追随して下落することとなりました。1980 年代に新規に導入された再生可能エネルギーの設備容量はおよそ 12GW に達しましたが，1990 年代の増加量は微々たるものでした（Martinot et al, 2006）。PURPA が最初の FIT 制度であるとの見方は可能ではあるものの，現在「ベストプラクティス」として知られる多くの制度設計上の付属的制度は，当時はまだ導入されていませんでした。

1980 年代末，FIT 制度の概念は欧州に到来し，さらなる発展を遂げました。欧州における初期の FIT 制度は，1988 年にポルトガル，1990 年にドイツ，1992 年にデンマーク，そして 1994 年にスペインで導入されました。これらの国で比較的低コストで再生可能エネルギーを普及することに成功したため，他の多くの国の政府もまた，同様の政策メカニズムを導入することを決定するようになりました。この特別な支援ツールの国際的な普及は欧州域内に止まるものではありませんでした。2000 年以降，世界中の国や地域が FIT 制度を採用するようになりました。

表 6.1 は 2009 年時点で確認可能な国，州あるいは地方レベルでの FIT 制度導入状況を概観したものです。2009 年版の『自然エネルギー世界白書』

表 6.1　世界中の固定価格買取制度（2009 年 9 月時点）

アフリカ	米州	アジア	豪州	欧州
アルジェリア	アルゼンチン	中国	オーストラリア*	オーストリア
ケニア	カナダ*	インド*		ブルガリア
モーリシャス	エクアドル	イスラエル		クロアチア
南アフリカ	ニカラグア	モンゴル		キプロス
ウガンダ	アメリカ合衆国*	パキスタン		チェコ共和国
		フィリピン		デンマーク
		韓国		エストニア
		スリランカ		フィンランド
		台湾		フランス
		タイ		ドイツ
		トルコ		ギリシャ
		ウクライナ		ハンガリー
				アイルランド
				イタリア
				ラトビア
				リトアニア
				ルクセンブルグ
				マケドニア
				マルタ
				オランダ
				ポルトガル
				スロバキア共和国
				スロベニア
				スペイン
				スイス

* FIT を導入している州または地域を有する国
出展：Miguel Mendonça and David Jacobs

によれば，45 カ国，18 の州や地方の合計 63 の国・地域が FIT 制度を導入しています（REN21, 2009）[訳注 1]。同時点で FIT 制度の制定を検討している国は相当数に登ります。アフリカ，アジア，アメリカ大陸の多くの国や州，地域の政策に加え，米国や豪州における国レベルの政策も含まれています。

この章では，FIT 制度の発展について，欧州，北米，豪州およびアフリカでの事例をもとに，その概観を簡潔に述べていきます。欧州の事例のうち，

訳注 1　最新版（2018 年版）は以下の URL で入手可能
http://www.ren21.net/status-of-renewables/global-status-report/

スペインとドイツにおける事例では，すでに10年以上も実現されているFIT制度の設計における付属的制度の最新の改革をみることができます。再生可能エネルギーの割合が高まれば高まるほど，電力システムと市場の統合がより重要になってくるのです。英国と北米における議論は，国際的な政策の広がりが，少なくとも地域レベル，州レベルあるいは国レベルでの再生可能エネルギーに対する反対意見を乗り越えるために，どのように影響し得るかを示しています。数年にわたる抵抗の後，英国政府は小規模の発電所にFIT制度を導入することについて基本合意をしました。同時に，北米のいくつもの地域でもFITが広がり始めました。最後に，豪州，アフリカおよびアジアでのFITの導入は，再生可能エネルギーがもはやニッチ市場にはとどまらないものであることを明示しています。

6.1　欧州

前述したとおり，FIT制度は特に欧州で広がりをみせています。2009年時点で，実に欧州27か国中の20か国で，再生可能エネルギーを促進するためにFITが実施されています。このうち，6か国のみが取引可能なグリーン電力証書（TGC）も実施しており，そのうちの1か国であるイタリアは，太陽光発電のためのFIT制度と組み合わせています。英国は，小規模な発電施設に対するFIT制度をこの数年のうちに導入する予定であり，また，フィンランドは，風力発電向けのFIT制度を導入する予定です（図6.1参照）[訳注2]。

このような支援制度の広がりは，一部には，2001年と2009年の再生可能

訳注2　英国は2010年に5MW未満の小規模再生可能エネルギー電源に対してFITを開始している。また，2014年からは，5MW以上の大規模再生可能エネルギー電源に対しても，FITの一種であるCfD（Contract for Difference）の制度を施行している。また，フィンランドでは2010年に風力発電及びバイオマスに対するFITが開始している。その他，各国の最近の政策動向は，下記の国際エネルギー機関（IEA）／国際再生可能エネルギー機関（IRENA）共同のウェブデータベースに詳しい。

・IEA/IRENA: Joint Policies and Measures database
https://www.iea.org/policiesandmeasures/renewableenergy/

図 6.1　EU 諸国における支援メカニズムの普及状況

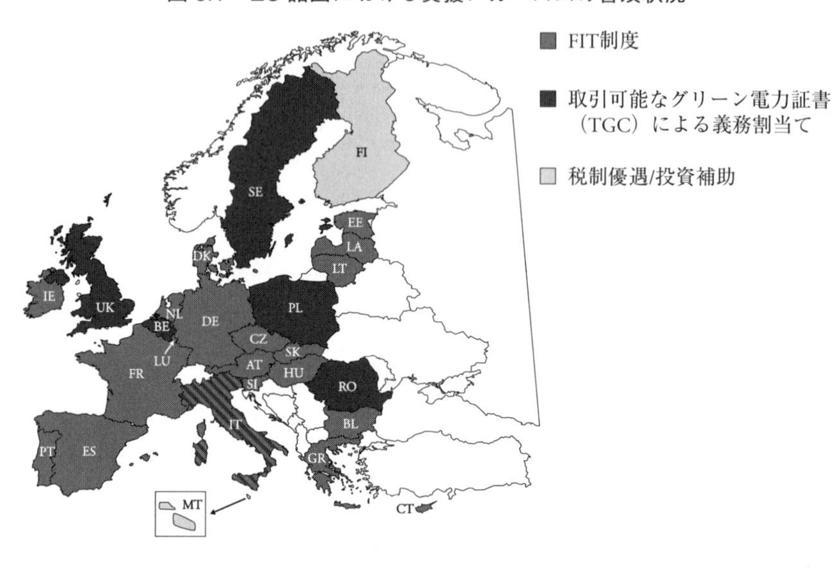

EU諸国における支援メカニズムの普及状況

出典：Held, 2008

エネルギー指令として制定された欧州共通の枠組みによるものです。欧州連合（EU）の加盟国は，欧州全体で調和のとれた支援制度を構築することには賛成しませんでした。それでもなお，各国がそれぞれに設定された温室効果ガス削減の国家目標に従わなければなかったという事実は，適切に設計された FIT 制度といったベストプラクティスの急速な普及につながったのです。特にドイツとスペインは，通常，他の国々にとっての参照事例としてとらえられていますので，本書では以降の項で両国の事例について触れたいと思います。加えて，2010 年に小規模施設向けの FIT 制度を施行した英国における法制定前の FIT に関する議論にも目を向けたいと思います。

6.1.1　ドイツ

ドイツにおける最初の FIT 制度は 1990 年に制定されました。しかしながら，その制定当初は第 4 章で見てきたような多くの欠点を抱えていました。

1980年代から1990年代にかけて制定されたFITのほぼすべてに共通して，固定価格の決定は回避可能コストに基づいており，その支払い額は電力価格に紐づけられ（4.7節参照），かつ，ある地域内における再生可能エネルギー技術の展開も導入上限（4.8節参照）により制限されていました。さらには，太陽光発電と風力発電に同じ固定価格が支払われていたなど発電方式の違いに対する考慮が不十分であり，その結果，より発電コストのかかる発電方式は促進されませんでした。こういった欠点がありながらも，この法律は，風力発電と水力発電の飛躍的な成長の原動力となったのです。1999年には，導入された風力発電設備の総発電容量は4.4GW（440万kW）にも達しました。これらの電源が増えたからこそ，後年，全ての再生可能エネルギー電源を支援するためのより良い法制定が促進されました。

再生可能エネルギーの躍進は，2000年の法律の大改正，再生可能エネルギー法（EEG）によりもたらされました。導入上限は部分的に撤廃され，固定価格はそれぞれの発電方式の発電コストに基づいて計算されるようになりました。その結果，固定価格の差異はより妥当なものとなり，全ての発電方式が十分に高い固定価格を享受できるようになったのです。再生可能エネルギープロジェクトの系統接続は改善され，運用上の障壁は取り除かれました（2.9節から2.11項を参照）。そしてなによりも，国内の全ての最終消費者が同じ賦課金を支払い，また，EUの他の支援ルールに抵触しないように，財政メカニズムが修正されました。

このような試行錯誤から得られた学びの多くは，世界中のFITの制度設計に影響を与えてきました。ドイツの制度は他国や他地域の参照モデルとなったのです。ドイツのFIT制度の成功が語られるとき，必ずと言っていいほど言及されるのは，とても簡素でそれでいて効果的な2000年の再生可能エネルギー法です。同法では，再生可能エネルギーに対する革新的で安定的な支援制度がたったの13条の条文に収められているのです。そのため，ドイツの経験から着想を得て新規にFIT導入を検討しようとするあらゆる国は，まず2000年のドイツ再生可能エネルギー法を読むべきでしょう。同法は最も良く設計された付属的制度が濃縮されているからです。

ドイツのFIT制度は，その後，2004年と2009年に2回の修正が行われました[1),訳注3]。2004年の修正では，立法者は，固定価格の支払いにおいて，発電方式，場所，規模に基づいて，更なる差別化を図ろうとしました。再生可能エネルギーのシェアが劇的に増加したので，政策決定者は，発電事業者の過剰な利益を回避し，最終消費者の負担を抑制するための追加的な施策を打つ必要がありました。2009年改正時も，この制度は継続されました。加えて，全電源構成におけるグリーン電力のより大きなシェアを実現するため，市場統合へ向けた設計基準が導入されました。

FIT制度のおかげで全電源構成の中での再生可能エネルギー電力のシェアは劇的に増加しました。1990年には総消費電力量に占める再生可能エネルギーのシェアは3.4%に過ぎませんでした。これが，2007年には14%を超えるまでになりました[訳注4]。右図（図6.2）のグラフからは，適切な支援条件が整ったことにより，特に2000年以降，成長率がさらに安定的になったことが見て取れます。

この再生可能エネルギー促進における大きな成功は，社会，産業，そして政治において，大きな推進力を引き起こしました。欧州の2010年目標である再生可能エネルギーシェア12.5%は，すでに2007年時点で達成されていました。今日では，ドイツの主要な政党の全てが，FIT制度を支持しています。2020年へ向けた公式の目標は，「最低でも30%」です。ドイツ環境省による委託事業の再生可能エネルギーに関する先駆的研究では，最終電力消費量に占める割合にして，2030年までに50%以上，2040年までに70%以上，そして，2050までに90%以上という，さらに意欲的な長期目標を据えています（Nitsch, 2008）。

表6.2は，2009年時点の再生可能エネルギー法に基づく，FITの適用を受けることができる発電方式，発電所の規模と固定価格レベルの関係を示しています。年間の価格低減率は3.9節に見られる通りです。水力発電の設備更新に対する価格（15年）を除き，固定価格の適用期間は20年間です。

1）加えて，2003年と2006年に小さな改正が行われました。

訳注3　最終の大改正は2014年。

訳注4　2017年の総消費電力量に占める再生可能エネルギーのシェアは31.2%。（ドイツ連邦ネットワーク規制庁：Monitoring Report 2017 – key findings (2017) より）

図 6.2　ドイツの総消費電力量に占める再生可能エネルギーの割合

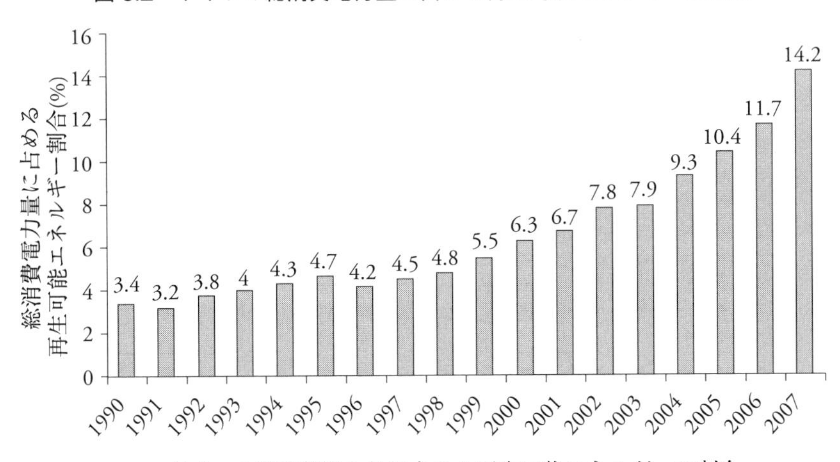

ドイツの総消費電力量に占める再生可能エネルギーの割合

出典：Adapted from BMU, 2008

ドイツの FIT 制度　―費用便益分析―

ドイツの事例研究から得られる数値データもまた，すばらしいものです。あなたの国で FIT 制度に関する議論がどのように展開されたとしても，いずれかの段階で，全体的にコストがどれだけかかっているのかということを知りたくなるでしょう。その時，あなたの国の経済事情をドイツの事例に置き換えて考えれば，FIT 制度を通じて電気料金の 10％を支援することとなった場合に，あなたの国の経済にいったいどのような影響が生じるのか，そして全体的にどんな便益があるのかをおおよそ知ることができます。

費用便益分析は，ドイツ EEG の進捗報告書における重要な項目の一つです。2007 年に公表された進捗報告の内容を分析すると，ドイツ FIT 制度の成功はかなり印象深いものであることがわかります（BMU, 2007）。再生可能エネルギー電力のシェアは，2000 年の 6.3％から，2007 年には 14％以上（年間電力量 71.5TWh）にも成長したのです！

固定価格の支払い総額は，2004 年の 36 億ユーロ（約 4,650 億円）から 2006 年に 58 億ユーロ（約 7,500 億円），2008 年に 89 億ユーロ（約 1.2 兆円）に増加しました（BMU, 2007）[訳注5]。これらの数値は一見すると非常に巨額の

表 6.2　ドイツ固定価格買取制度における報酬

発電方式	Plant size 発電所の規模	固定価格 （ユーロ /kWh）
水力発電（新規）	500kW 未満	0.1267
	500kW 以上 2MW 未満	0.0865
	2MW 以上 5MW 未満	0.0765
水力発電（近代化 / 再稼働）	500kW 未満	0.1167
	500kW 以上 2MW 未満	0.0865
	2MW 以上 5MW 未満	0.0865
水力発電（設備更新）	10MW 未満	0.0632
	10MW 以上 20MW 未満	0.058
	20MW 以上 50MW 未満	0.0434
	50MW 以上	0.035
埋設地ガス	500kW 未満	0.09
	500kW 以上 5MW 未満	0.0616
下水ガス	500kW 未満	0.0711
	500kW 以上 5MW 未満	0.0616
鉱業由来副産ガス	1MW 未満	0.0716
	1MW 以上 5MW 未満	0.0516
	5MW 以上	0.0416
バイオマス	150kW 未満	0.1167
	150kW 以上 500kW 未満	0.0918
	500kW 以上 5MW 未満	0.0825
	5MW 以上 20MW 未満	0.0779
地熱	10MW 未満	0.16
地熱	10MW 以上	0.105
陸上風力	設置地域別価格	0.0502–0.092
洋上風力	設置地域別価格	0.035–0.13
太陽光（屋根設置型）	30kW 未満	0.4301
	30kW 以上 100kW 未満	0.4091
	100kW 以上 1000kW 未満	0.3958
	1000kW 以上	0.33
太陽光（自立型）	全て	0.3194

出典：BGB，2008 から適用

訳注 5　2017 年時点の買取総額は 257 億ユーロ（約 3.3 兆円）。

ように見えますが，最終消費者にとって問題となるのは，従来型発電に必要なコストとの差です。ドイツ環境省は従来型発電とEEG制度下の再生可能エネルギー発電との価格差を試算しています。この価格差ももちろん上昇しましたが，化石燃料の価格の上昇により，非常にゆっくりとしたペースとなりました。価格差は，2004年には25億ユーロ（約3,300億円），2006年に33億ユーロ（約4,300億円），2008年には45億ユーロ（約5,800億円）と算出されます（BMU, 2007; IfnE, 2009）。これらのコストは，2015年に54億ユーロ（約7,000億円）と今後さらに増加することが見込まれていますが，2020年には46億ユーロ（約6,000億円），2030年には6億ユーロ（約775億円）へと減少すると試算されています（Wenzel and Nitsch, 2008）。

2015年以降，再生可能エネルギー発電の追加的コストは減少するでしょう。それは，一部には再生可能エネルギー発電に必要なコストが低下するためですが，従来型発電のコストが上昇するためでもあります。その結果として，今現在の再生可能エネルギーの普及は，将来，電力価格を安定させる効果をもたらすでしょう。

2008年，ドイツの電力取引における平均電力価格は著しく増加しました。その原因の一つは欧州排出権取引制度によるものです。スポット市場価格は，2007年の0.038ユーロ/kWh（約4.9円/kWh）から，2008年には0.066ユーロ/kWh（約8.6円/kWh）に上昇しました。FIT制度下における平均コストは0.12ユーロ/kWh（約16円）です。再生可能エネルギーの発電方式別にみると，水力が0.076ユーロ/kWh（約9.9円/kWh），バイオガスが0.07ユーロ/kWh（約9円kWh），バイオマスが0.14ユーロ/kWh（約18円/kWh），地熱が0.15ユーロ/kWh（約20円/kWh），風力が0.0877ユーロ/kWh（約11円/kWh），そして，太陽光が0.51ユーロ/kWh（約66円/kWh）となります（IfnE, 2009）。2009年時点の試算によると，一般家庭（年間消費電力量はおおよそ3500kWh）が支払う追加的コストは，月3ユーロ（約390円）となります。この額は，2015年には，最大で月4～4.5ユーロ（約520～590円）に増加すると見込まれています[訳注6]。

2006年のドイツFIT制度の総コストは，エネルギー規制に対応するための種々のコスト（1億ユーロ，約130億円）や送電事業者への追加的取引コスト（0.02 億ユーロ，約 2.6 億円）も含め，総額 33 億円ユーロ（約 4,300 億円）でした。同年，FIT 制度は，卸電力価格の低下，発電による外部コストの回避，そして，エネルギー輸入の回避などに関連した大きな便益をもたらしました。以下にみられるように，FIT 制度によりもたらされた便益は，そのコストに比して非常に大きいものでした。

卸電力価格の低下の多くはいわゆるメリットオーダー効果に起因します（Bode, 2006; da Miera et al, 2008; Sensfuß et al, 2008）。例えば電力需要をまかなうための発電をどの発電所で行うかというような給電司令が決定される際，各発電プラントは，その変動費の多寡に従って給電が指示されます。これを，いわゆるメリットオーダーといいます。風力発電のようにコスト効果の高い再生可能エネルギー発電のシェアが大きいと，スポット市場での電力価格は著しく低下します。この理由は，小売事業者は再生可能エネルギー電力を優先して買わなければならず，そのため，残余需要[訳注7]が減少するという事実によるものです。図 6.3 の網掛け部分にみられるように，この需要の減少は電力価格の減少につながりました。電力の市場価格は，需要と供給に見合う範囲で最もコストの高い発電プラントによって決定されます。

このメリットオーダー効果は，ドイツ市場では，電力の平均市場価格にして 7.83 ユーロ /MWh（約 1.0 円 /kWh）の減少をもたらしてきました。これは，2006 年だけでみて，おおよそ 50 億ユーロ（約 6,500 億円）の総コストの節約につながったのです。スペインでも同様の効果がみられ，市場価格が 6 ユーロ /MWh（約 0.78 円 /kWh）減少し，17 億ユーロ（約 2,200 億円）もの電気事業者と消費者の出費の節約をもたらしました。ドイツと同様に，この効果は固定価格の支払い総額よりも大きいものでした。メリットオーダー効果は FIT 制度のみで発生するわけではなく，コスト効果の高い方法で大量の再生可能エネルギー発電の導入を可能とするような他の支援制度においても

訳注 6　実際には，2015 年時点で 6.17 ユーロ /kWh（約 802 円 /kWh）となり，2017 年には 6.88 ユーロ /kWh（約 894 円 /kWh）でピークを迎え，2018 年には 6.79 ユーロ /kWh（約 883 円 /kWh）とやや減少傾向に転じている。（https://energytransition.org/2017/10/german-renewable-energy-surcharge-drops-slightly/）

訳注 7　変動する需要から変動電源（風力および太陽光）の出力を差し引いたもの。

図6.3　メリットオーダー効果

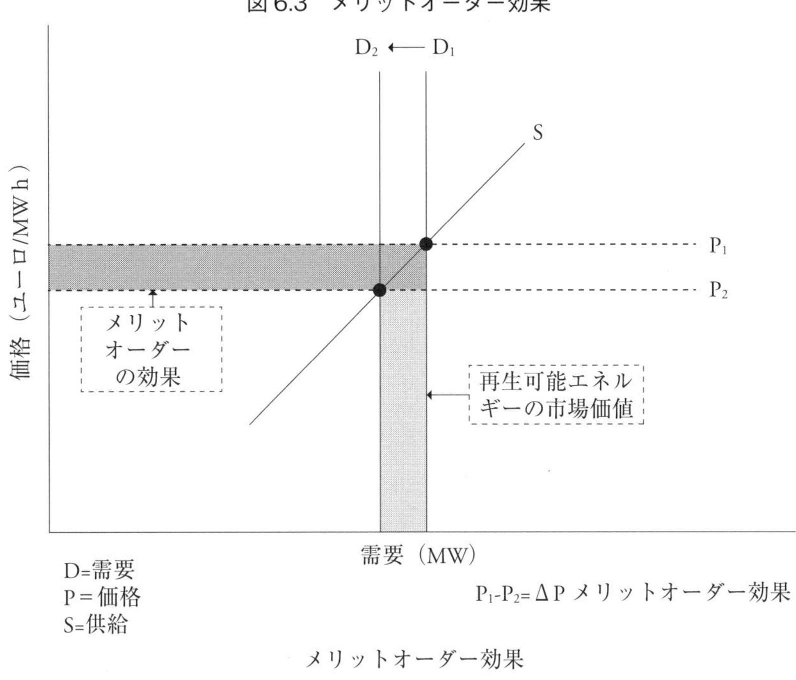

メリットオーダー効果

出典：Sensfuβ et al, 2008

発生する可能性はあります。

この卸価格の低下に加え，再生可能エネルギーは従来型の化石燃料を代替します。それがために，化石燃料をエネルギー源とする発電から生じる外部不経済を回避できます。2006年，ドイツFIT制度により，4500万トンものCO_2排出が回避されました。この制度がなければ，環境に対して大きなダメージを与えることとなっていたでしょう。ある試算によれば，これは，2006年のドイツ経済において34億ユーロ（約4,400億円）の節約につながったとされています。さらには，エネルギーの輸入依存度を著しく低下させ，石炭とガスの輸入に伴う高額なコストを回避することができました。これにより，さらに10億ユーロ（約1,300億円）が節約されました。表6.3には，2006年における上述のドイツFIT制度の全てのコストと便益をまとめています。

表 6.3　ドイツ FIT 制度のコストと便益（10 億ユーロ，2006 年）

コスト		便益	
EEG コスト差額	3.2	卸電力価格の低下（メリットオーダー効果）	5.0
エネルギー規制対応の追加コスト	0.1	発電における外部コストの回避	3.4
手続きコスト	0.002	エネルギー輸入の回避	1.0
総コスト	3.3	総便益	9.4

出典：IfnE/BMU, 2007; Sösemann/BMU, 2007

結果として，FIT 制度の便益は全体的にドイツ経済で発生したコストをはるかに凌ぐものとなりました。さらには，ドイツ FIT 制度は，いくつかの良い社会的・環境的効果をもたらしました。経済と環境と社会の観点から，模範的な「三方よし」の関係を作り出したのです。2008 年の再生可能エネルギー産業での雇用は約 28 万人でしたが，これは，2007 年比で 12%の増加でした。これらの雇用のうち，少なくとも 15 万人はドイツ FIT 制度によるものであると言えます。産業界では，2020 年までに少なくとも 50 万人が再生可能エネルギー産業で働くことになるであろうと見込まれています。ドイツ産業は，2009 年時点で，すでに 300 億ユーロ（約 3.9 兆円）の売上高を記録しています。加えて，2008 年には温室効果ガスの排出量が 1 億 1500 万トン削減されましたが，このうちの 5700 万トンは，ドイツ FIT 制度による直接の効果と見積もることができます。

6.1.2　スペイン

スペインではまず 1994 年に全面的な FIT が導入されました。とはいうものの，再生可能エネルギーに対する支援の基本方針は，1980 年のエネルギー保全法において整備されていたものであり，それは，系統接続の保証，電力買取契約，および，特定の買取価格の保証を含むものでした（Dinica and Bechberger, 2005）。1994 年に制定された王令は，5 年という最低限の期間の買い取りを規定し，発電方式と発電所の規模に応じた固定価格を提供するものでしたが，初期のスペイン FIT 制度には，限定的な効果しかありませんでした。1998 年に，手続き上の障壁と系統接続の問題が改善されはしたのですが，投資に対する安全性の欠如といった大きな問題は残されたままでした。2004年になるまで固定価格の水準は毎年改定される可能性のあるものでしたし，それがために再生可能エネルギー発電プロジェクトに対する資金調達は非常に予測困難なものでした（Jacobs, 2008）。

法制度上の打開策は2004年に打ち出されました。それは，王令436/2004と2007年の改正案です（BOE, 2007）。2003年までに，スペインの規制機関である国家エネルギー委員会（CNE）は，すでに，平均発電コストに基づく透明性の高い固定価格の計算手法を整備していました（2.3節参照）。2004年からは，固定価格の支払いが最低15年間，そして，いくつかの発電方式については発電施設の耐用年数の期間にわたって保証されることとなりました。従来型電源で占められる既存の電力市場に再生可能エネルギー電力がうまく参入することができるよう，10MW（1万kW）以上の発電容量を有する発電所は，供給計画を作成することが義務付けられました（3.5節参照）。2007年，再生可能エネルギーへの支払いは，平均電力価格とは切り離され，kWhに応じた固定価格を基準とすることとなりました。加えて，2010年の中間目標への到達に程遠い多くの発電方式に対して，固定価格が増額されました。それらの発電方式にはバイオマスや太陽熱が含まれます。

スペインFIT制度設計の付属的制度の中でもよく知られているのは，いわゆるフィードインプレミアム（FIP）といわれるものです。発電事業者は，通常の固定価格の支払いを受け取ることに代えて，スポット市場に電力を売り，その市場価格に上乗せして，通常の固定価格より低い固定価格の支払いを受けるという選択肢を選ぶことができます（3.1節）。発電事業者は，1998年法制から，すでにこの2つの選択肢から選ぶことが可能でした。しかしながら，FIPが経済的に魅力的だったのは，2004年法制においてのみでした。期待される投資利益率（ROI）が固定価格支払いの選択肢よりも数%上回っていたからです。FIPは，特に，風力発電事業者にとっては好評でした。2005年初にFIPを利用して売電していた風力発電事業者は，全体の20%にすぎませんでした。これが同年末には，98%もの風力発電事業者がこの選択肢を利用していました。この水準は，2007〜2008年においても比較的安定的に維持されています（Jacobs, 2008）。FIPを利用することによる発電事業者の過剰利益は，2007年のキャップ・アンド・フロアー制度訳注8の制定により抑制されることとなりました（3.1節参照）。

表6.4は，FIT/FIP制度を適用することが可能な発電方式，施設の規模，FITとFIPの双方の固定価格の額をまとめたものです。固定価格での買取期間は，太陽光および水力が25年，地熱，波力，潮力，高温岩体地熱および海流エネルギーが20年，バイオマスとバイオガスは全ての方式で15年となります。これらの適用期間の後も，再生可能エネルギー発電所は，減額された固定価格の支払いを受け続けることができます。しかし，その額は，電力の市場価格の変動幅に収まる程度の水準です。

スペインにおける再生可能エネルギーの導入量は，以前と比べて劇的に増加しました。1997年の風力発電施設の導入量はたったの440MW（44万kW）に過ぎませんでしたが，2007年は15GW（1500万kW）以上にもなりました。しかしながら，エネルギー効率の改善と省エネルギーに対する政策評価が欠如していたため，スペインは再生可能エネルギー導入の国際目標と義務の達成が難しくなっています。2001年の欧州再生可能エネルギー指令に従うと，スペインはグリーン電力のシェアを29.4%にまで高めなければなりません。2009年の新指令では，スペインは，総エネルギー消費に対する再生可能エネルギーのシェアを20%にすることが義務付けられています。スペインの風力エネルギー協会（AEE）の試算によると，これは，スペインの電力市場において45%のシェアに換算されるとのことです。2020年までに，スペインはほぼ半分の電力を再生可能エネルギーでの発電でまかなわなければならないのです！

再生可能エネルギーの普及では成功したものの，スペインFIT制度にはまだ改善の余地があります。なによりもまず，再生可能エネルギーの導入容量が制限されています。その一方で，スペインのFIT制度は施設容量にして50MWまでしか対応していません。この制限は，いわゆる「特別制度」の下での再生可能エネルギーの全体的な枠組みに起因しています。過去，再生可能エネルギー発電所は，その性質上，小規模なものにならざるを得ない

訳注8　利益もしくは報酬の上限（キャップ）および下限（フロアー）を設ける方式。

表6.4　スペインFIT制度における固定価格の支払い

発電方式	発電所の規模	固定価格（ユーロ/kWh）	プレミアム価格（ユーロ/kWh）－キャップ・アンド・フロア含む
陸上風力	50MW未満	0.073	0.029（0.071～0.085）
洋上風力	50MW未満	－	0.084（0.084～0.164）
地熱，波力，潮力，高温岩体地熱，海流	50MW未満	0.069	0.038
バイオマス（エネルギー作物）	2MW未満	0.158	0.115（0.154～0.166）
	2MW以上50MW未満	0.147	0.101（0.143～0.151）
バイオマス（農業廃棄物）	2MW未満	0.126	0.082（0.121～0.133）
	2MW以上50MW未満	0.107	0.062（0.104～0.112）
バイオマス（木材）	2MW未満	0.126	0.082（0.121～0.133）
	2MW以上50MW未満	0.118	0.073（0.114～0.123）
バイオマス（埋設方式）	50MW未満	0.080	0.038（0.074～0.09）
バイオマス（その他）	500kW未満	0.131	0.098（0.124～0.153）
	500kW以上50MW未満	0.097	0.058（0.096～0.11）
バイオマス（液体）	50MW未満	0.053	0.031（0.051～0.083）
水力	10MW未満	0.078	0.025（0.065～0.085）
	10MW以上50MW未満	－	0.021（0.061～0.08）
太陽光（屋根設置型）	20kW未満	0.348	－
	20kW以上	0.328	－
太陽光（自立型）	50MW未満	0.328	－
太陽熱	50MW未満	0.269	0.254（0.344～0.254）

出典：BOE, 2007, 2008より適用

と信じられていました。近年では，風力発電所，太陽熱発電所やその他発電所が，簡単にこの制限を超えてしまうということは明白です。その一方，国家再生可能エネルギー計画に示されている個別の再生可能エネルギー技術に規定された中間目標は，再生可能エネルギーの成長を阻害しかねないものです。というのも，新規導入施設に対する固定価格の支払いが終了するかもしれないからです。この問題は，特に，太陽光発電産業にとっては重大なものです。加えて，スペインFIT制度は，スペインの法制度においては王令レベルであり，例えば省令よりも確かに格は上ではあるのですが，スペインの再生可能エネルギーの事業者団体はFIT法の制定を長く待ち望んでいます。

2008年の総選挙の前，現在の左派政権は，個別の制度の法制化に着手すると約束しました。しかしながら，2009年現在，なにも変化はありません[訳注9]。

6.1.3 英国

英国政府には長年にわたって再生可能エネルギーへの抵抗がありましたが，リーダーシップ，責任省庁，そして恐らくは政治的優先順位といった点で政府が方針変更したため，非常に固い決意で「FIT推進連合」が形成され，その抵抗が取り除かれました。精力的なキャンペーンの後，政府は，2008年のエネルギー法に小規模（5MW未満）の再生可能エネルギー発電向けのFITに関する規定を盛り込みました。英国政府は，電力向けFITを2010年4月に，再生可能熱向けFITを2011年4月に，導入することを確約しました[訳注10]。

この推進連合は『固定価格の青写真』という文書を作成しました[2)]。この文書は，英国の再生可能エネルギー取引団体の中心である再生可能エネルギー協会（REA）によって作成されました。REAは，電力向けFITの多様な構成要素を代表した参加者からなるワーキンググループを取りまとめた団体です。この活動によって，まず，多様なステークホルダーの要求や要望についての理解が促進されました。次いで，固定価格制度の設計および設定に向

訳注9　その後，2011年11月の政権交代の後，2013年7月の王令9/2013において，既存設備も含め固定価格買取制度が廃止された。その結果，再生可能エネルギーへの投資が急激に落ち込み，2013年に23.0GWに達した風力発電は2018年23.4GWとわずかしか増えていない結果となった。しかし2018年6月に再び政権交代があり，風力発電の導入目標は2030年に50GWと再び引き上げられた（スペインの再エネ政策に関してはIEA/IRENA: Joint Policies and measures databaseを，導入容量に関してはIREA: Insights on Renewablesを参照のこと）。

訳注10　原著執筆時（2009年）の記述通り，英国では2010年および2011年に再生可能電気および再生可能熱のFITが施行されている。

2)　再生可能エネルギー電気固定価格（「小規模発電向けFIT」）—再生可能熱固定価格（「再生可能熱インセンティブ」）：それらの再生可能エネルギーからの実施に関する予備的勧告—ワーキンググループからのアウトプットおよび再生可能エネルギー協会（REA）との調和による産業へのインプット（2009年3月26日）www.r-e-a.net/document-library/policy/policy-briefings/RET_Report1-1.pdf

けた作業が開始されました。そして，3つ目に，再生可能エネルギーに興味を持たないことで悪名の高い政府の気を引き締めさせるためのベンチマークが設定されました。

英国の事例を観測していて興味深いのは，これらの活動がエネルギー貧困層に寄り添う形で行われているということです。再生可能エネルギーの普及に起因した電力のコスト上昇が電力価格に転嫁され，社会の最貧困層に影響を与えるというようなことはないと保証しているのです。このような流れは，英国のようなエネルギー小売価格が欧州諸国の中でも最も高いグループに属する国では，特に的を射たものです。

エネルギーに関する政府の考え方は，2009年の夏当時の政府見解で確認することができます。原子力に関する大いに不愉快な見解の詳細はさておき，その内容は一見して，結論ありきの一方的な紙面的対応であるという当時の評価をさらに強めたに過ぎないものであったと総括することができるでしょう（不愉快な内容の詳細はGirardet and Mendonça, 2009を参照するか，あるいはイギリスのグリーンピースにお聞きください）。

FIT推進連合が議論の主導権を握ることは，エネルギー・気候変動省（DECC）[訳注11]がその「親」官庁である当時の貿易産業省（DTI）時代の妨害的な取り組みに追従することのないようにするうえで，とても良い機会になっています。もし，英国政府の実績に対するこのような筆者らの見解について，いくぶん偏見があるように見えるとしたら，それは，無数のメディアによる報告，ビジネス界，非政府組織（NGO），学術界，報道および政治家など多数の人々との対話，そして，個人の経験から生じたものでしょう。

このような状況ではありますが，DECCが設立され，エド・ミリバンド氏がエネルギー・気候変動大臣に就任したことは，FITに対する乗り越え難い「NO」から，条件付き「YES」への急速な方針転換だと捉えることができます。主な懸念として残っているのは，大規模再生可能エネルギー向けの再生可能エネルギー義務割当（RO制度）が他の国家支援制度の設立によって影

訳注11　2016年7月にビジネス・イノベーション・技能省と統合して，ビジネス・エネルギー・産業戦略省に統廃合された。

響を受けずに残り続けるべきであるという主張でしょう[訳注12]。このような考え方が，FITの適用を5MW以下に抑制するという提案につながり，また，RO制度が20MW以下のプロジェクトにとっては限定的な価値しかないと言われる一因となっているのです。

RO制度は，「ビッグ6」と呼ばれる英国のエネルギー市場を独占してきた大企業により，頑なに守られてきました（そのうちの数社は，ドイツFIT制度に長年抵抗してきたドイツ企業の資本下にあります）。RO制度はコストがかかり過ぎるわりに発電が少な過ぎるという点で，猛烈な批判も浴び続けてきました。RO制度では，それにかかる価格を追加するだけで既存のエネルギー発電事業者が市場を手中に収め続けることができます。このことを考えれば，なぜRO制度が堅守されたのかは明らかです（この点は第10章でさらに議論したいと思います）。

FIT制度の設計と実施は，DECC内に設置された再生可能エネルギー普及室（ORED）が担当しています。OREDは，2009年7月に公表された英国政府の「再生可能エネルギー戦略」実現へ向けた責務を負っています。その業務範囲には，支援制度の開発，非財務的障壁の克服（例えば計画の策定など），持続的なバイオエネルギー，波力，潮力発電の促進，サプライチェーンの妨害の処理，そして英国における再生可能エネルギー分野のビジネス機会の発展などが含まれます。

2009年9月時点の政府案は，促進性のあるものであり，比較的簡素で明確なもののように見えます。そのFITの提案内容は，車輪を一から作り直したようなものではなく，他国におけるベストプラクティスに基づいた賢明なものでした。提案された制度は，kWhあたりの固定額支払いを特徴としていました。しかし，その支払いは，系統に送電される余剰発電分に対してkWhあたりで支払われるというものでした。つまり，オンサイトで自家消費するインセンティブが残されたのです。25年間保証される太陽光発電を除き，FITの適用が可能な発電方式は全て20年間の固定価格買い取りが保

訳注12　英国ではその後，5MW以上の大型再生可能エネルギー電源に対しても，FITと同様の固定価格買取制度の一種であるCfD（Contract for Difference）制度が2014年から施行されている。

証されます。

新規導入に対しては，固定価格の逓減制度が適用されます。逓減レートは，個々の発電方式によって異なり，最大で太陽光発電の7%となっています。初期レートと逓減レートのバランスに関して，自然発生的にいくつかの議論が行われました。英国の再生可能エネルギーはその賦存量と比べて市場がいまだにとても小さいという状況でもあり，こう言った議論の事例は興味深いものです。同様の逓減レート方式は，より成熟した市場において機能するという点に立脚すると，英国においては，それぞれの発電方式に対して，高めの初期レートを設定することが，再生可能エネルギーの進展を促すうえで有益であるかもしれません。ひとたび市場が拡大をはじめ，都市部と郊外の展望が明白となれば，逓減レートはコストを抑制するうえでさらに役に立ちます。製造業はまだ定着が必要な段階であり，単独で規模の経済の効果を生み出そうとしたとしても，英国のような小規模の発電施設を普及させることは，近い将来の大幅なコスト削減につながるものではありません。初期においては，成熟した市場から技術を輸入することとなるでしょう。

英国のFIT制度は，風力，太陽光，水力，嫌気性汚水分解，バイオマス，バイオマス・コジェネ（熱電併給型バイオマス）そして，非再生可能エネルギー小型コジェネといった，多岐にわたる発電方式を含みます。興味深いことに，英国FIT制度は，小型風力発電システムに対して特別な固定価格を提示した最初の支援制度の一つなのです。太陽光の場合，このFIT制度は，明確に屋根置きの太陽光施設の導入に焦点をあてており，自立型システムに対しては非常に低い額の固定価格を提示しています。英国政府は，後のステージでより多くの発電方式が適用を受けることとなることを示唆してきました。固定価格は，それぞれの発電方式の発電コストに基づいて算出されており，発電事業者に対して5～8%の投資収益率（ROI）を提供しています。

しかしながら，ステークホルダー，特に中小事業者からはさまざまな懸念が表明されています。それらの事業者は，いくつかの発電方式に対するレートと投資収益率の改善を要求しています。また，併せて，既存施設への遡及適用も要求しています。政府は，iPodの価格が下落する前日にiPodを購入したからといってアップル社からの払い戻しを期待する購入者はいないと主張します。その説明には「無料のランチはない」という言葉が使われました。レートに関しては，政府は筆者らが主張するのと同じ主張を展開しています。「投資への自信と公共の支援の間のバランスをとることが好ましい」と。

REA報告は，固定価格の設定は，最初から完璧である必要はなく「おおよそ正しい」状態を目指すべきであること，また，より多くを学ぶために高めに設定する方が好ましいということを指摘しています。もし，固定価格を低く設定して導入が進まなかったら，高い価格設定で多く導入されたときと比較して，何が最も効果的に機能したのかを示す証拠はあまり得られなくなってしまいます。ある研究は，適正なインセンティブを与えることで，英国は2012年までに年間数百MWの太陽光発電の導入を見込むことができると指摘しています（Martin, 2009）。固定価格の水準，導入率そしてコストのような基本的な論点に取り組むべく，この制度は導入の1年後に最初の固定価格の見直しを行い，必要に応じて額を修正することとしています。また，その後は，3年に一度の改定が行われる予定です[訳注13]。

過去において，英国政府は国内の再生可能エネルギー産業を育てることはせず，そして，EUの目標設定を行き詰まらせようと，あるいは，現に大規模の新規発電施設を建設するために自国の温室効果ガス排出量削減の約束を低下させようと努力しているとさえ考えられてきました（Seager and Gow, 2007）。しかしながら，今や，EU目標は設定され，英国はそれを達成することが義務付けられています。FIT制度は，必要な進展を生み出す上で，役に立つものとなるでしょう。

6.2　北米

カナダと米国の一部ではFITが導入されていますが，それは，国レベルのものではありません。例えば，カナダのオンタリオ州では，北米大陸で最も適切に発展したFITが導入されています。また，米国に関しては，フロ

訳注13　英国で2010年にスタートしたFIT制度は2015年に改正されている。

リダ州のゲインズビル市およびバーモント州にて，2009年初頭に，最初の本格的なFITが導入されました。そして，北米大陸のその他の地域で形成されている政策は，FITのさらなる導入を加速させることになるでしょう。

6.2.1　カナダ

カナダでは国レベルのFITは導入されていません。また，カナダの特徴的な政治史に鑑みると，国レベルのFITは導入されない可能性が高いでしょう。エネルギー，特に電力関連の政策決定権限は州にあります。複数の州でFITの導入が試みられましたが，成功事例は多くありません。しかしながら，2009年中盤には，オンタリオ州が北米における最初の本格的な発電技術や発電規模に応じて区分化されたFIT制度を導入しました。この政策は制定に5年の歳月が費やされ，その間つまずきがなかったわけではありませんが，2009年の改正では，大幅な改善が図られています。

2006年11月にオンタリオ州で導入された当初の再生可能エネルギー基準提案制度（RESOP）は，基本的なFIT制度でした。当該制度では，水力，バイオマスおよび風力には，固定価格0.11カナダドル/kWh（約9.3円/kWh），10MW以下の規模の太陽光には固定価格0.42カナダドル/kWh（約35円/kWh）が適用されました。20年契約の下にこれらの価格が設定され，系統への接続が与えられました。この制度が導入されて以降の最初の15ヶ月間は全て良好に機能しました。1,300MW（130万kW）以上の再生可能エネルギーの契約が結ばれ，オンタリオ州は再生可能エネルギー導入における地域の先駆者となる道を歩んでいました。

しかし，好況は続かず，同州のFITを管理するオンタリオ電力規制局（OPA）が，系統に接続できる再生可能エネルギーの量を制限し始めました。その代わりに，OPAは今後20年で同州が化石燃料依存から脱却するため，同州に14GW（1400万kW）規模の原子力発電を導入することとし，老朽化した発電施設を刷新することとしました。OPAは2008年にFITの見直しを行い，オンタリオ州の大部分で10kW以上の再生可能エネルギーに関する新しい契約を一時停止する措置や，一か所の変電所に対して接続できる発電所を10MW規模のプロジェクトひとつに制限する措置を講じました（Sovacool,

2008）。

ありがたいことに，2008年中頃にジョージ・スミザーマン氏が新大臣に就任したことにより，この状況が変化しました。同氏は，2014年までにオンタリオ州に残存している石炭発電所を閉鎖するという計画を遂行するため，再生可能エネルギーの支援制度を復活させるという命を帯びていました。同氏は，エネルギー大臣であると同時にオンタリオ州副知事でもありました。副知事は同州政府における2番目に高い地位ですので，この就任はオンタリオ州知事の再生可能エネルギー推進に対する真剣さを表すものでした。

オンタリオ州キングストンで開催された世界風力エネルギー協会2008年大会に同大臣が参加して以降，事態は急速に進展し始めます。同大臣は，続けて，デンマーク，ドイツおよびスペインに，再生可能エネルギープロジェクトを視察するための出張に出かけました。帰国後，同大臣は，欧州の成功をオンタリオ州に持ち込み，同州を北米地域における再生可能エネルギー開発の先駆者にするために，全く新しいプログラムを打ち出しました。

その結果として作成されたグリーンエネルギーおよびグリーン経済法（GEA）が2009年5月14日に法制化されました。同法の規定は広範にわたっており，エネルギー保全に向けた新しい制度が要求され，また，エネルギー大臣にはFIT制度を通じた再生可能エネルギーの新たな資源を要求する権限が与えられました。同大臣によるOPAへの指示は，以前から課されていたいくつもの制約を取り除き，区別化された固定価格に必要なすべての制度を導入することを意図したものでした（表6.5参照）。OPAのFIT制度の強化だけでなく，GEAには他にも，住宅を販売する前に住宅の消費エネルギーに関する監査を受けるための自主取組みへの要求，再生可能エネルギープロジェクトに対する許認可と用地決定の簡素化，そして，再生可能エネルギープロジェクトによる公衆安全への影響を調査・研究するための学術的調査センターの設置などが規定されていました。

OPAによると，改正された固定価格スケジュールは，供給能力にして総計15,128MWにもおよぶ，計381のプロジェクトを実施する150以上もの開発者の反応を引き出しました（Ontario Power Authority, 2009）。これらのプロ

表6.5　オンタリオ電力規制局の修正FIT（2009年5月時点）

		適用年数	1.586ユーロ/kWh	カナダドル/kWh	0.860米ドル/kWh
風力	陸上*	20	0.0851	0.135	0.116
	洋上	20	0.1198	0.190	0.163
太陽光	屋根設置または地上設置（10kW未満）	20	0.5055	0.802	0.690
	屋根設置（10kW以上250kW未満）	20	0.4494	0.713	0.613
	屋根設置（250kW以上500kW未満）	20	0.4003	0.635	0.546
	屋根設置（500kW以上）	20	0.3398	0.539	0.464
	地上設置（10MW未満）*	20	0.2792	0.442	0.381
水力	10MW未満*	40	0.0826	0.131	0.113
	10MW以上50MW未満*	40	0.0769	0.122	0.105
埋設由来ガス	10MW未満*	20	0.0700	0.111	0.095
	10MW以上*	20	0.0649	0.103	0.089
バイオガス	500kW未満*	20	0.1009	0.160	0.138
	500kW以上10MW未満*	20	0.0927	0.147	0.126
	10MW以上*	20	0.0656	0.104	0.089
バイオマス	10MW未満*	20	0.0870	0.138	0.119
	10MW以上*	20	0.0819	0.130	0.112

注釈：*現地あるいは地域コミュニティへの配当金の適用が可能
　　　インフレ調整：建設中の3年間は100%。契約の継続期間は20%。
出典：www.powerauthority.on.ca/fit/Storage.asp?StorageID=10143

ジェクトの多くは，中小規模であり，様々な発電方式が適用されていました。具体的には，これらのプロジェクトのうち，266プロジェクトは発電容量が10k～10MWのレンジで合計1,657MW，115プロジェクトが発電容量10.1～600MWのレンジで合計1,657MWでした（表6.6参照)。オンタリオFIT制度により長期見込が確約できたおかげで，エバーブライト・ソーラー社は2009年，同社がオンタリオ州キングストンに150MWの製造能力を有する薄膜工場を建設する予定であることを公表しました。これは，再生可能エネルギー市場が，明らかに急速な成長を遂げているという証です（Farrell, 2009)。このFIT制度は，一般市民にも好評でした。2009年の世論調査では，回答者の87%が，FITへの支持，および，再生可能エネルギーが普及・

表 6.6　オンタリオ電力規制局の FIT に対する申請

エネルギー源の種別	プロジェクト数	合計出力（MW）
風力	164	13,382
水力	58	374
太陽光	121	1213
バイオマス	38	159
合計	381	15,128

拡大することへの支持を表明しました（Green Energy Act Alliance, 2009）。この結果は，別の報告からも裏付けられます。その報告内容は，エネルギー効率化，再生可能エネルギーおよび送電・配電分野の業務で，年間 9 万人の新規雇用が GEA により創出されたと試算するものでした（Green Energy Act Alliance, 2009）。

このようにして，GEA と OPA によって促進された FIT 制度は，オンタリオ州を北米地域における再生可能エネルギー政策の最先端に押し上げました。オンタリオ州の方法は，北米大陸全域が見習うべきモデルとなるでしょう。オンタリオ・プログラムを，今後 20 年以上の間で北米地域の最も先進的な再生可能エネルギー政策だと銘打つ識者もいます。1987 年に米国議会を通過した公共事業規制政策法（PURPA）以来，オンタリオ州のグリーンエネルギー法のように，ある一つの政策がエネルギー政策に広範囲な影響を与える可能性をもつものはありませんでした。

6.2.2　米国

米国での状況は，カナダよりも複雑です。再生可能エネルギー向けの固定価格によるインセンティブは，現在の FIT 制度と似ているとはいえないまでも，1970 年代あたりから存在していました。再生可能エネルギー関連政策の変遷の歴史の中で，共通して最もよく言及されるものが，1978 年に制定された公共事業規制政策法（PURPA）とカリフォルニア州での標準買取契約（SOC）の 2 つです。

PURPA は，第 39 代大統領ジミー・カーター氏の国家エネルギー計画に示された 5 本柱のうちの一つであり，海外石油への依存とそれにより生じる供給障害に対する脆弱性を低減させ，再生可能エネルギーと石油に代わるエネルギー源の代替手段を開発するためにまとめられたものです[3]。PURPAの可決後は，電力供給事業者は，もはや発電事業で独占を保つことはできませんでした。PURPAによって小規模発電事業者あるいは「認定設備」のような新規参入者が発電事業を営むことが可能となり，また，既存の電気事業者に対しては，その電力を「回避可能コスト」に基づき算出した妥当性のある固定価格で買い取ることが強制されました。PURPAは，結局のところ，設定された「回避可能コスト」がたかだか0.02〜0.05米ドル/kWh（約2.2〜5.5円/kWh）の範囲内という低すぎる水準であったため，再生可能エネルギーの広範な利用の起爆剤にはなりませんでした。とはいえ，電気事業者以外の発電事業者に入口を開いたという意味では，画期的なものでした。さまざまな制約はあったものの，PURPAはおそらく，小規模な再生可能エネルギー発電事業者に固定価格での支払いを提供した主要な法制度の最初のものであり，1980年からPURPA以降の電力関連の主要法案が通過する直前である1992年までにかけて，おおよそ40,000MWもの非従来型電気事業者系の発電設備が，系統に接続されました（Edison Electric Institute, 1996）。例えば，カリフォルニア州では，標準買取契約（SOC）を通じてPURPAが実施され，1984年から1994年にかけて，1200MWの風力発電設備の導入につながりました（Gipe, 1995）。

米国内の他の州政府と電気事業者は，再生可能エネルギー電気を促進するため，「実績ベースのインセンティブ支払い」の実験を行いました。ミネソタ州は2005年に「地域社会に根ざしたエネルギー開発に向けた提案」を可決し，電気事業者が行う風力発電プロジェクトに対して0.055米ドル/kWh

---

3）PURPAに関するまとめとして優れているものには，以下の文献がある。

・Paul J. Joskow (1979) 'Public Utilities Regulatory Policy Act of 1978: Electric utility rate reform', Natural Resources Journal, vol 19 (1979), pp787–810

・Richard F. Hirsh (1989) Technology and Transformation in the American Electric Utility Industry, Cambridge University Press, Cambridge

・Richard F. Hirsh (1999) Power Loss: The Origins of Deregulation and Restructuring in the American Electric Utility System, MIT Press, Cambridge, MA.

（約 61 円 /kWh）までの範囲内で支払いを行うこととしました。また，ワシントン州は，太陽光発電に対して最大 0.54 米ドル /kWh（約 60 円 /kWh）まで支払う太陽光発電プログラムの法制化に署名しました。カリフォルニア州は，2005 年に，同州のネットワーク利用料を財源として，0.5 米ドル /kWh（約 56 円 /kWh）という控えめな太陽光発電向けの固定価格を通過させ，また，ウィスコンシン州，バーモント州，およびテネシー川流域開発公社は，それぞれのグリーン電力制度の一環として，事業用設備に対して多様な固定価格を提供しました（Gipe, 2006; Rickerson and Grace, 2007; Grace et al, 2008, 2009; Cory et al, 2009; Couture, 2009）。

しかしながら，これらの州レベルの政策には，他の FIT 制度が成功する上で肝となった構成要素は含まれていません。これらの多くは，再生可能エネルギー発電のコストに基づくものではありませんし，提示された価格も，再生可能エネルギー発電事業に対する投資の収益性を確保する上で，十分なものとは言えません。そのほとんどが，プロジェクトに規模あるいはコスト面で上限を設けています。また大多数が，プロジェクトの規模や適用される発電方式の種類に応じて区別化された固定価格を導入していません。それらは，通常，自主取り組みの範囲内であり，系統への接続は保証されてはいませんでした。そして，決定的なことには，固定価格のコストを全消費者で広く薄く負担する形ではなく，代わりに，プレミアムを支払う意思のある人にのみ負担させる形にしています。例えば，ミネソタ州の風力エネルギーに対する固定価格は，初期には，上限 100MW，1 プロジェクトあたり 2MW に制限されていました。また，連系線利用権や系統への優先接続権も保証していませんでしたし，電気事業者に対してもそうすることを義務付けていませんでした。

いくつかの個別の州には，これまでのものよりも欧州や他の地域に導入されているものに類似した FIT 制度を採用しようとする動きが見られます。2009 年 5 月時点では，少なくとも 18 州で，包括的な FIT プログラムを法制化ないしは規制レベルにしようとする議論が行われています。具体的に州名を挙げると，アーカンソー州，カリフォルニア州，フロリダ州，ハワイ州，イリノイ州，インディアナ州，アイオワ州，メーン州，ミシガン州，ミネソタ州，ニュージャージー州，ニューメキシコ州，ニューヨーク州，オレゴン州，ロードアイランド州，バーモント州，バージニア州，ワシントン州です（図6.4参照）。

2009年5月までに，アメリカ合衆国で筆者らの考える基準に適合したFITを正式に導入していたのは，フロリダ州の州都ゲインズビル市とバーモント州だけでした。フロリダ州の事例では，同地域の電気事業者の取締役会およびゲインズビル市議会は，2009年2月に，全会一致で「太陽光エネルギー購入協定」を承認しました。ゲインズビル市のFITは，小規模（25kW以下）の太陽光プロジェクトに対して系統へ送電した電力を0.32米ドル/kWh（約35円/kWh）で買い取ることを，またより大きな地上設置型のプロジェクト（25kW以上）については，0.26米ドル/kWh（約29円/kWh）で買い取ることを約束しています。また，これらの価格は，20年間保証されます。このプログラムにより，ゲインズビル地域電力公社は，前述のシステム

図6.4　米国でFIT法制および規制取組みを実施している地域（2009年5月時点）

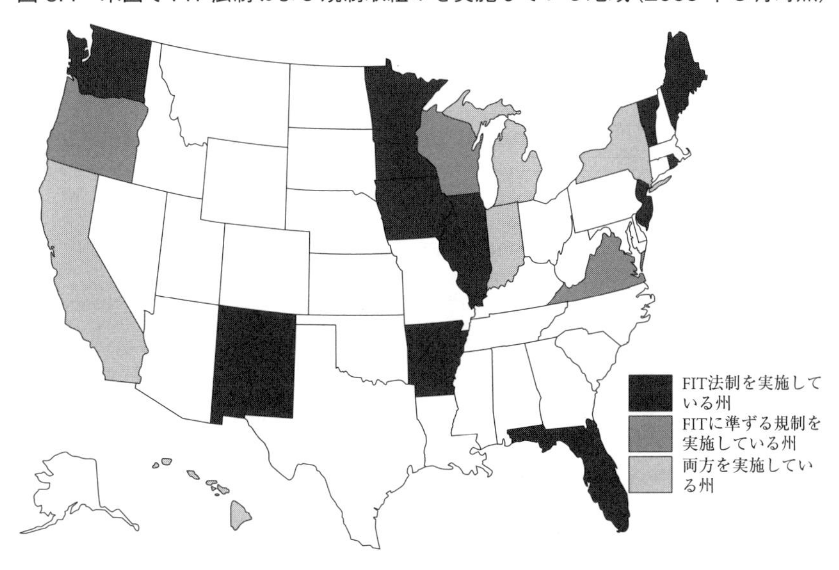

米国でFIT法制および規制取組みを実施している地域（2009年5月時点）
出典：Wilson Rickerson

で発電された電力を全て買い取り，住民や商用の消費者に0.12米ドル/kWh（約13円/kWh）で売却することになります。0.32米ドル/kWhという固定価格は，太陽光エネルギーの投資家に，大規模プロジェクトよりも5%上乗せした投資収益率を提供するために設定されました。2つの固定価格の間の差は，ゲインズビル地域電力公社の全需要家によって負担されますが，それは，月額にして4〜5米ドル（約440〜550円）を超えない程度であり，スターバックスのグランデサイズのコーヒーの価格よりも安価になると見積もられています（Gainesville Regional Utilities official, pers comm May 2009）。唯一の懸念は，ゲインズビル市のFIT制度は年間の導入容量に4MWの上限を設けており，そして当該事業者が9万人の需要家にしかサービス提供していないにも関わらず，当該FIT制度が既に申し込みで一杯になっているという点です（Morris, 2009; Rickerson, pers comm May 2009）。ゲインズビル地域電力公社の職員によると，2009年4月までに，同社は，40MWを超える供給地域内での太陽光発電プロジェクトの申請を受け取っており，2012年まで予約で埋まることとなってしまったとのことです（Couture, pers comm May 2009）。

バーモント州は全ての基準を満たすFITを導入した最初の州であり，2009年5月末に同州の持続的な価格によるエネルギー企業開発プログラム（SPEED）を改正する法制度（H.446）を可決しました。SPEEDの改正はFIT制度の法的根拠を提供し，バーモント州の電力料金納付者全体にプログラムの実施コストを薄く負担してもらうことで，発電コストおよび発電事業者の適切な利潤を確保することを意図したものでした。バーモント州のFIT制度は，20年間の長期契約と15kW以下の小規模風車に特定の固定価格を提供するものです（表6.7参照）。固定価格は発電方式と規模に応じて差別化されており，この制度は定期的に見直される予定となっています。FIT法制には，制度の効率性を維持するために，バーモント公共事業委員会によって2年に一度固定価格の見直しおよび再設定がなされることが規定されています。FIT制度制定へ向けたキャンペーンを行っていたグループの一つであるリニューアブル・エナジー・バーモントの事務局長は，「この法律によって，バーモント州が再生可能エネルギー政策における主導的立場となり，我々の地域の再生可能エネルギー産業に力強い成長と発展をもたらすでしょ

表 6.7　バーモント州で制定された FIT 制度

政策の導入上限	50MW
プロジェクト規模の上限	2.2MW
契約期間	20 年
利益率	バーモントの電気事業者と同等の利益率
政策の評価	2 年ごと
固定価格の詳細	
風力（15kW 未満）	0.2 米ドル /kWh
風力（15kW 以上）	0.14 米ドル /kWh
埋設ガスおよびバイオガス	0.12 米ドル /kWh
太陽光	0.3 米ドル /kWh

出典：Gipe, 2009

う」と主張しました（Gipe, 2009）。

連邦レベルでの FIT 制度制定へ向けた米国議会の真剣な関与は，これまでのところ，州や市の動きと釣り合うものとはなっていません。2008 年 3 月にワシントン州選出の下院議員ジェイ・インスレー氏[訳注 14]は，「クリーンエネルギー買戻法」と名付けられた法制度下で，国家レベルの FIT を実施する提案を提出しました。この法案は，同年 6 月に「再生可能エネルギー職業保障法」（HR6401）と改名されました。インスレー氏の提案は，70 以上の再生可能エネルギー企業および組織から支持されましたが，米国下院議会での委員会を通過することはありませんでした。もう一つ別の連邦法案が 2009 年に提出されましたが，それは，発電回避可能コストよりもさらに不適切な固定価格制度を制定しようとするものでした。これは，到底，筆者らが考える基準に適合する FIT と言えるものではありません。幸いなことに，米国では，より多くの市，州がそれぞれで独自の FIT 制度を制定しており，その動きは変化の兆しとなるものと思われます。

訳注 14　当時。2012 年よりワシントン州知事。

6.3　オーストラリア

オーストラリアとニュージーランドは，状況が正反対ながらも，双方ともに，再生可能エネルギーの促進に向けて努力しています。オーストラリアは，政策の実行の観点から歩みを進めており，州レベルで多くのFIT制度が実施されています。しかしながら，本当に国家レベルの政策が実施可能かどうかという点については疑義があります。というのも，同国の制度は，「ネット」あるいは「グロス」のいずれかの方式のFITを選択して利用するものであるからです。ニュージーランドは，FITキャンペーンを展開しており，発展段階にありますが，本書執筆時の2009年時点において，政府も一部所有権を有している主要なエネルギー供給事業者の独占状態から発生する抵抗に直面しています。

6.3.1　オーストラリア

オーストラリアは，世界でも数少ない，国家全域で一貫したFIT制度を持たない国の一つです。それは，主として，オーストラリアの電力システムの性質上の問題と，州政府の責任管轄範囲という事情によります。さまざまな州や領域で実施されたり現在計画されているFIT政策は，支払い価格，適用可能な再生可能エネルギー資源，配電事業者や小売事業者への要求などの点で，個々に異なります。

オーストラリアは，2020年までに再生可能エネルギーによる発電電力量のシェアを20％以上にすると約束しています。したがって，再生可能エネルギー産業の成長を促進し，そのための支援を提供するため，州レベルのFITを含め，種々のインセンティブ政策が，連邦政府およびそれぞれの州政府により実施されてきました。いくつもの州，準州や領域が，州ベースのFIT制度を実施してきています。また，FIT未実施の州でも，FIT制度を導入する方針を公約してきました。その目的は，小規模再生可能エネルギーへの理解を促進することです。しかし，本書執筆時の2009年時点でその対象として想定されていたのは，30kW未満の太陽光発電システムのみでした。

多くの人は風力やバイオエネルギー，大規模太陽光のような大規模の発電施設を含め，より多くの発電方式が支援されることを期待しています。しかしながら，いくつか課題もあります。例えば，集積させれば相当の発電ポテンシャルを有する小規模バイオエネルギーは追加的支援がない限りは経済的に自立できるものではないということを認識して制度設計をする必要があります。一般に，オーストラリアの地域社会および地方企業では，小規模太陽光以外の再生可能エネルギーも，FITを通じて奨励されることにより数多くの将来性が開ける可能性を有しています。

・現在実施されている州ベースのFIT，あるいは，将来導入することが宣言されているFITのほとんどが，「ネット」制度をとっています。これらの制度では，発電した電力量の総量「グロス」に対してではなく，発電した電力量から自家消費分を差し引き系統に送電した余剰電力分である「ネット」に対してのみ支払いが行われます。この違いは，企業が受け取るインセンティブや，その結果再生可能エネルギーシステムへの投資回収期間に著しい影響を与えうるものです。
・FIT制度がネットであるべきかグロスであるべきかについては，相当な議論が積み重ねられてきました。これらの支持や反対の声は，様々な州で抗議集会やインターネットの陳情書などの形で表明されています。また，発電事業者からも，接続手続きがコスト効果的ではない場合に，その制度を別の方式に切り替えられるようにFITの体制を整えるよう，要請が出されています。オーストラリア首都特別地域は，現在，グロスFITを積極的に提案している唯一の州です。また，西オーストラリア州政府は，近々同様の制度を制定することになりそうであるということを示唆しています。

2008年6月，オーストラリア上院議会は，2008年再生可能エネルギー（電気）修正（FIT）法案を審議し，国家規模のFIT制度の構築に関するアンケート調査を実施するために上院環境・情報通信・芸術委員会（当時）を召集しました。アンケートへの回答を要請した結果，129の組織から回答が提出されました。

2008年11月，オーストラリア政府間評議会（COAG）は，FIT法制の統一化に関する調査を行うことに合意しました。COAG は，続けて，「固定価格買取制度に関する国家原則」を決定しました。これらの原則は，グロス FIT の実施を支持するようには見えませんが，州ベースの FIT を国家規模で一致するように最新式にすることを模索しています。このような取り組みが進展するかどうかは，2010 年以降の公式発表にかかっています。「クリーンエネルギー協会のアクセスエコノミー（シェアリングエコノミー）」による報告書では，グロス FIT とその対照となるネット FIT では，太陽光発電産業への支援において，顕著な違いが生じうることが論証されています。短期的には，ネット FIT を採用する州からグロス FIT を採用する州への州を跨いだ大規模な移転が起こりうる可能性はほとんどありませんが，長期的にはこの状況が変化するかもしれません。

6.3.2　オーストラリアにおける各州の政策

オーストラリア首都特別地域

オーストラリア首都特別地域の FIT 制度は，2008 年の電力供給（再生可能エネルギープレミアム）法により法制化され，2009 年 3 月に効力を生じました（表 6.8 参照）。同法は，プレミアムレートを改定する際に，少なくとも 5 年に一度，制度を見直すことを義務付けています。オーストラリア首都特別地域は，2009 年時点でオーストラリアで最も利益率の高い FIT を提示しています。それは，0.5005 豪ドル /kWh（約 40 円 /kWh）といった市場価格の 3.88 倍ものプレミアムを 20 年間支払うというものです。また，グロス FIT を積極的に提案している唯一の州でもあります。

ニューサウスウェールズ州

2008 年 11 月，ニューサウスウェールズ州では，FIT 制度について検討し提案するためのタスクフォースを設立することが公式発表されました。州政府が COAG により提案された国家ガイドラインに合致した制度，つまりは，他の州または特別地域で現在運用されている制度と調和した FIT を実施することが期待されています（表 6.9 参照）。2009 年 3 月，州政府は 2009 年中頃までに FIT 制度の導入を目指すことを公式に発表しました[訳注 15]。

表6.8　オーストラリア首都特別地域のFIT制度の詳細

施行日		2009年3月1日
適用可能な再生可能エネルギーの種類		太陽光，風力およびその他の大臣により決定されたエネルギー源
適用可能部門		地域内かつ商業用
買取義務	10kW未満	0.5005豪ドル/kWh
	30kW未満	0.4004豪ドル/kWh
制度のタイプ		グロス
発電電力量の上限		適用なし
設備容量の上限		30kW
適用期間		20年間
計算手法		電力価格

表6.9　ニューサウスウェールズ州のFITの詳細

施行年	未決定
適用可能な再生可能エネルギーの種類	未決定
適用可能部門	未決定
買取義務	予定概算価格：0.6豪ドル/kWh
制度のタイプ	未決定
発電電力量の上限	未決定
設備容量の上限	未決定
適用期間	未決定
計算手法	未決定

北部準州

北部準州は，現在，領域内にわたって一貫したFITを有していません。同地域でのFIT実施における複雑さの一つは，同地域に広がるマイクログリッドネットワークの性質に起因しています。北部準州は，アリススプリングス市でのソーラーシティプロジェクトにおいて，グロスFIT制度を用いて，225の屋根設置型太陽光発電システムを運用するプログラムを実施して

訳注15　ニューサウスウェールズ州では，2010年～2016年まで「太陽光発電ボーナス制度」という名でFIT制度が導入され，現在も別制度としてFIT制度が継続されている。（www.energysaver.nsw.gov.au/households/solar-and-battery-power）

います（表 6.10 参照）。北部準州のアリススプリングス市は，連邦政府のソーラーシティプロジェクトの一環として，エネルギー効率化手法を展開するために太陽光発電を重点化する 4 つの地区の 1 つに選ばれました。FIT 価格は，2009 年時点で，小売価格の倍以上に設定されました。家庭発電向けで 0.4576 豪ドル /kWh（約 37 円 /kWh），商業発電向けで 0.32 豪ドル /kWh（約 26 円 /kWh）であり，一日の上限額は 5 豪ドル（約 400 円）です。

クイーンズランド州

クイーンズランド州政府による「太陽光発電ボーナス制度」は，新規および既存の住民用および小規模発電事業用の発電に向けてネット FIT を提供するものとして，2008 年 7 月に開始されました（表 6.11 参照）。この法制度は，小売事業者に，系統に送電された余剰電力を当時の電力小売価格のおおよそ 3 倍に当たる 0.44 豪ドル /kWh（約 35 円 /kWh）で買い取ることを要求しています。この FIT 制度は 2028 年まで提供され，実施開始から 10 年後，あるいは，導入された容量が 8MW に達した時の，どちらか早いタイミングで見直しが行われることとなっています。

南オーストラリア州

南オーストラリア州は，オーストラリアで FIT 制度を実施した最初の州

表 6.10　北部準州の FIT の詳細（2009 年時点）

施行年	2007 年
適用可能な再生可能エネルギーの種類	太陽光
適用可能部門	未決定
買取義務	0.4576 豪ドル /kWh
制度のタイプ	ネット
発電電力量の上限	個人向け：1 日当たり 5 豪ドル その後 0.2311 豪ドル /kWh で従量制
設備容量の上限	未決定
適用期間	未決定
計算手法	未決定

です。当該制度は，2008 年 7 月に施行された 2008 年の「電力（FIT 制度－太陽光システム）修正法」によって法制化されました（表 6.12 参照）。この制度はネット FIT であり，電力小売価格の倍に設定された価格である 0.44 豪ドル /kWh（約 35 円 /kWh）が支払われました。このシステムでは，接続方式に応じて異なる導入上限が設けられています。例えば単相接続は 10kW まで，三相接続は 30kW までとなります。

タスマニア州

2008 年 3 月，タスマニア州政府は，義務的な FIT 制度の導入を検討して

表 6.11　クイーンズランド州の FIT の詳細（2009 年時点）

施行日	2008 年 7 月 1 日
適用可能な再生可能エネルギーの種類	太陽光
適用可能部門	州内かつ小規模の事業者
買取義務	0.44 豪ドル /kWh
制度のタイプ	ネット
発電電力量の上限	一年当たり 100MWh
設備容量の上限	10kW －単相接続 30kW －三相接続
適用期間	20 年間
計算手法	未決定

表 6.12　南オーストラリア州の FIT の詳細（2009 年時点）

施行日		2008 年 7 月
適用可能な再生可能エネルギーの種類		太陽光
適用可能部門		住居者，小規模事業者およびその他の設備
買取義務		0.44 豪ドル /kWh
制度のタイプ		ネット
発電電力量の上限		年間 160MWh
設備容量の上限	単相式接続	10kW
	三相式接続	30kW
適用期間		20 年間
計算手法		未決定

いることを公表しました（表6.13参照）。ネットFITに関連した政策を発展させるための情報を得るため，2008年11月まで，意見提案が受け付けられていました。このFITは，家庭と小規模事業者によって発電された太陽光および他の再生可能エネルギー発電の電気に適用されます。2009年時点では，FITの実施に関するさらなる公表を待っている最中ですが，主要小売事業者の1社は，当時，太陽光発電に対して，0.2豪ドル/kWh（約16円/kWh）の価格を提示していました[訳注16]。

ヴィクトリア州

ヴィクトリア州政府は，エネルギー法2007年改正法によって，ネットFITを提案しました。同改正法は，2009年に施行される予定です（原著執筆時点）。ヴィクトリア州は，規模の異なる再生可能エネルギーに対して，プレミアムとスタンダードの2種類のFITを適用することを計画しています（表6.14および表6.15参照）[訳注17]。2008年5月，家庭向けプレミアムFITとして，太陽光発電システムから系統に送電された余剰電力に対して，0.6豪ドル/kWh（約48円/kWh）を支払うことが公表されました。バイオマス，水力，太陽光および風力向けのスタンダードFITは，2008年1月に開始しました。このFITは，FIT価格における「公正で妥当な」基準に基づいて算出されます。これは，発電事業者が，小売事業者から，「公正な価格」が提示されることを保証するものです。通常，この買取価格は，電力小売価格と同等の額に加えて，再生可能エネルギーに発生することが見込まれる追加的コストを計算に入れることになっています。

訳注16　タスマニア州では，2012年12月にFIT制度導入が発表され，2013年8月から開始された。（www.economicregulator.tas.gov.au/electricity/pricing/feed-in-tariffs/background-feed-in-tariffs）

訳注17　ヴィクトリア州では，プレミアムおよびスタンダードFITは2011～2012年に受付終了し，現在では最小単一価格FITおよび時間変動型FITが導入されている。（www.energy.vic.gov.au/renewable-energy/victorian-feed-in-tariff）

表6.13　タスマニア州のFITの詳細（2009年時点）

施行年	小売部門の提案が整い次第
適用可能な再生可能エネルギーの種類	太陽光
適用可能部門	未決定
買取義務	0.2豪ドル/kWh
制度のタイプ	ネット
発電電力量の上限	未決定
設備容量の上限	未決定
適用期間	未決定
計算手法	未決定
特徴	未決定

6.14　ヴィクトリア州のプレミアムFITの詳細（2009年時点）

施行年	発表されたものの未立法
適用可能な再生可能エネルギーの種類	太陽光
適用可能部門	州内
買取義務	0.6豪ドル/kWh
制度のタイプ	ネット
発電電力量の上限	未決定
設備容量の上限	3.2kW
適用期間	15年間
計算手法	未決定
特徴	未決定

表6.15　ヴィクトリア州のスタンダードFITの詳細（2009年時点）

施行日	2008年1月
適用可能な再生可能エネルギーの種類	バイオマス，水力，太陽光および風力
適用可能部門	未決定
買取義務	電力価格と同等
制度のタイプ	ネット
発電電力量の上限	未決定
設備容量の上限	100kW
適用期間	適用なし
計算手法	小売価格

表6.16　西オーストラリア州のFITの詳細（2009年時点）

施行年	未決定
適用可能な再生可能エネルギーの種類	太陽光
適用可能部門	州内
買取義務	0.6豪ドル/kWh
制度のタイプ	グロス
発電電力量の上限	未決定
設備容量の上限	10kW
適用期間	20年間
計算手法	未決定
特徴	未決定

西オーストラリア州

西オーストラリア州政府は，すべての発電に対して，オーストラリア首都特別地域の価格よりもさらに高い0.6豪ドル/kWh（約48円/kWh）の価格を支払うグロスFIT制度の導入を約束してきました（表6.16参照）。また，同州エネルギー庁内のこの制度を開発している持続的エネルギー開発室によると，このFITでは初期導入費用への補助金や奨励金，払戻しなども考慮して，システムコストがカバーされる範囲まで支払われると言明されています。この制度終了後，発電事業者は，再生可能エネルギー買戻制度に戻ります。本書執筆時点で，制度開始日や適用可能システムの範囲など，制度設計に必要ないくつかの要素について，未決定の段階にあります[訳注18]。

6.4　アフリカ

第5章で見てきたとおり，FITは，発展途上国や新たな発電方式の状況に合わせた特別な枠組みに適合できる柔軟性を有しています。さらには，アル

訳注18　西オーストラリア州では，現在，再生可能エネルギー買戻制度（REBS: Renewable Energy Buyback Scheme）という名でFIT制度が適用されている。（www.synergy.net.au/-/media/Files/PDF-Library/REBS_Terms_and_Conditions.pdf）

ジェリア，ブラジル，中国，イスラエル，パキスタンやその他のいくつかのアフリカ諸国のように，FITの実施に興味を有する国は増加傾向にあります。その呼び水となったのは，モーリシャスで何年も運営されてきたFITの成功でした。これは，砂糖産業の副産物であるバガスを用いたコジェネレーション（熱電併給）を奨励するためのものでした。しかしながら，いくつもの再生可能エネルギー発電方式をカバーした全面的なFIT制度を導入した最初の国は，ケニアおよび南アフリカとなります。以下では，この2か国のアプローチを紹介したいと思います。また，本書執筆時点（2009年）で，良いFIT制度を構築するために熱心に作業を続けている国には，ナイジェリアやガーナを含めて数か国あります[訳注19]。

6.4.1　ケニア

ケニアは，政策転換と国際的なベストプラクティスに基づいたFIT制度を導入した，アフリカで最初の国です。伝統的に，ケニアは，他の多くのアフリカ諸国と同様，その発電を第一に大規模の水力発電プロジェクトに依存していました。最大で，約60%もの電力需要が水力によりまかなわれていました。しかしながら，電力需要の増加と気候変動に起因した降水量の減少により，国家政府もエネルギー供給源を多様化せざるを得ない状況となりました。ケニアの地理的条件は理想的なもので，政府は水力以外の再生可能エネルギー源にも期待することができます。シリアから中央モザンビークにかけた大地溝帯（グレート・リフト・バレー）は，地熱発電所に最適な条件です。この再生可能エネルギー発電方式は，すでにケニアの発電の10%を構成しており，いまだ30%のシェアが残る化石燃料発電を含め，すべての発電方式の中でも，最も安いものです。平均して，電力需要は，年間8%で成長しています。

大規模水力発電所と地熱発電所は支援なしでも既に競争力があるので，ケ

訳注19　2015年時点でFIT（FIPも含む）を導入しているアフリカ諸国は，アルフェリア，ガーナ，ケニア，モーリシャス，ルワンダ，タンザニア，ウガンダが挙げられる（その他，南アフリカも2009～2011年の一時期FITを導入し，現在は入札制度に移行している）。（IRENA: AFIRCA2030: Roadmap for a Renewable Energy Future (2015)）。

ニア政府はその他の再生可能エネルギー発電方式からも同様に利益を得られるように，FIT 制度を実施することを決定しました。2008 年 3 月に施行された法律に従えば，バイオマス，小規模水力および風力エネルギーがこの FIT 制度の適用を受ける発電方式となります（Kenyan Ministry of Energy, 2008）。個々の発電方式に対し，それぞれの発電コストを反映して，それぞれの固定価格が設定されました。さらには，その固定価格は，バイオマスと水力の場合は，「確定型」と「非確定型」の方式で異なります。「確定型」は確かな予測に従って電力を安定的に供給するものを指し，「非確定型」は出力を変動させることができるものを指します。風力発電はその発電出力を制御する術を持たないので，この区別は風力発電には適用されません。他方，水力発電の固定価格は，発電所の規模に応じて，0.06～0.12 米ドル /kWh（約 6.7～13.3 円 /kWh）の間でさまざまに設定されています。固定価格での支払期間は，15 年間とされています。ケニア FIT のコストは，全電力消費者が負担する形となっています。法律では，送電事業者は必要なコストとして 0.026 米ドル /kWh（約 2.9 円 /kWh）以上を託送料金として追加することが定められています。

ケニアの FIT 制度は，最終消費者への負担を抑制し，再生可能エネルギーを国家計画に組み込むために，導入発電容量の総量の上限と，個々の発電所の設備容量の上限の両方を設定しています（容量上限に関しては，4.8 および 5.1 節を参照）。固定価格の支払いは，風力発電所では総発電容量にして最大 150MW まで，バイオマスでは最大 200MW，水力では最大 500MW まで保証されます。同時に，ケニアの制度では，個々の発電所の発電容量は，風力が最大 50MW，バイオマスが 40MW，小規模水力が 10MW までに制限されています（表 6.17 参照）。

再生可能エネルギーの化石燃料に対する経済的競争力を明らかにするため，ケニアエネルギー省は，ディーゼル発電機を用いた場合の発電コストの一覧を公表しました（表 6.18 参照）。国際市場における原油価格にもよりますが，FIT 制度で促進された今日の再生可能エネルギーは，既に火力発電と同等かそれより安価になっているということがこの表からみてとれます[4)]。さらには，国際原油価格が 1 バレル当たり 70 米ドル（約 7,700 円）を上回る

表6.17　ケニアFIT制度における固定価格の支払い（2009年時点）

発電方式	固定価格	発電所のサイズ
風力	0.09米ドル/kWh	50MW未満
バイオマス（確定型）	0.07米ドル/kWh	40MW未満
バイオマス（非確定型）	0.045米ドル/kWh	40MW未満
水力（確定型）	0.08～0.12米ドル/kWh	500kW～10MW
水力（非確定型）	0.06～0.1米ドル/kWh	500kW～10MW

出典：Jacobs, 2009

表6.18　モンバサとナイロビにおける中速型ディーゼル発電機を用いた発電コスト（2007年8月時点）

国際原油価格（米ドル/bbl）	燃料料金（米ドル/kWh）	
	モンバサ	ナイロビまたは内陸部
50	0.067	0.079
60	0.078	0.09
70	0.089	0.101

出典：Kenyan Ministry of Energy, 2008

という状況にある中でも，ケニアFIT制度下における再生可能エネルギーの価格は安定的であり，さらには下降傾向すら示しています。

ケニアFIT制度の施行開始から1年経過して，産業界は同制度に満足していると主務官庁は受け止めているようです。いくつかの発電事業者は，ケニアで再生可能エネルギープロジェクトを実施することへの興味を表明しています。また，発電事業者6企業はすでに風力発電プロジェクトへ向けて立地地点を特定した実現可能性調査に入っています。全プロジェクト合計して発電容量500MWの開発が計画されています（Ondari, 2009）。しかし，この法律は，買取義務からの適用除外を許していること，および，固定価格を最小化させるよりも最大化させるように設計されているとの批判を受けています（第4章「不適切なFIT設計」参照）。

4）ナイロビとモンバサでのディーゼル発電機による発電コストの違いは，輸送コストが追加的にかかることによるものです（モンバサは海岸線に位置します）。

6.4.2 南アフリカ

南アフリカの事例研究は，FIT 制度が原子力発電に関する長期にわたる議論の末に承認されたという点で，興味深いものです。同国は，おおよそ90%の電力需要を石炭の国家備蓄でまかなっていますが，最低限 2 基の原子力発電施設を建設することで，国のエネルギーミックスの多様化を図ろうとしました。深刻なエネルギー危機と頻繁に発生する停電により，政府は発電容量を増加させることが急務となっていました。

2008 年 12 月，南アフリカ政府は，原子力発電の建設計画を断念しました。同国は，2025 年までに合計 20GW の原子力発電を展開しようとしていました。このプロジェクトの総コストは，120 億米ドル（約 1.3 兆円）を見込んでいました。この入札には，2 基の 1,650MW 規模の反応炉の建設を提案していたフランス企業アレバと，3 基の 1,140MW 規模の反応炉を計画していたアメリカ企業ウエスティングハウスの 2 社が招致されました（Derby and Lourens, 2008）。この意欲的な原子力エネルギー計画の廃止が決定した最大の要因は，その巨額コストです。国際金融と経済危機の進展により，このような大規模投資に対する資本コストがさらに引き上げられてしまったのです。

現在，南アフリカは，再生可能エネルギーの比率を大胆に増加させることによって，将来のエネルギー需要をまかなおうとしています。政府が原子力計画を廃止した同月，南アフリカ国家エネルギー規制機関（NERSA）は，野心的な FIT 制度へ向けた諮問書を提出しました（NERSA, 2008）。同国の再生可能エネルギーの計画によると，2013 年までに，年間約 10GWh をグリーン電力で発電することとしています。加えて，エネルギーの効率化によって，2012 年までに 3GWh，2025 年までにさらに 5GWh を節約することを見込んでいます（EIA, 2008）。

2008 年 12 月に作成された FIT 提案は，重要な諮問プロセスを経て，2009 年 3 月に法案が最終化されました（NERSA, 2009）。このプロセスでは，2009 年 2 月にパブリックコメントも実施されました。このプロセスの過程で，当該法案には重要な変更が加えられました。表 6.19 にまとめたように，NERSA による固定価格の算出が古い情報に基づいていたため，再計算によ

表6.19　南アフリカFIT制度における固定価格の支払い（2009年時点）

発電方式	2008年の提案当初の固定価格 単位：ユーロ	2009年に承認された固定価格 単位：ユーロ
埋立方式ガス	0.33ユーロ/kWh	0.075ユーロ/kWh
小規模水力発電（10MW未満）	0.057ユーロ/kWh	0.078ユーロ/kWh（0.94）
風力発電	0.051ユーロ/kWh	0.104ユーロ/kWh
集光型太陽熱発電（CSP）	0.047ユーロ/kWh	0.175ユーロ/kWh

出典：Jacobs, 2009

り全ての発電方式の固定価格が大きく引き上げられることとなりました。風力発電の場合ですと，初期の固定価格は0.75ランド/kWh（約5.7円/kWh）でしたが，最終的には1.25ランド/kWh（約9.5円/kWh）が確約されることとなりました。興味深いことに，南アフリカは，集光型太陽熱発電も促進しています。つまり，もっぱらコストが最低水準の再生可能エネルギーに特化しているというわけではないのです。さらには，埋設方式ガスや小規模水力（1万kWh以下）も，支援メカニズムの下で適用可能になる予定です。パルプ方式バイオマス，紙，バガスは，すでに他のプログラムで支援されているため，南アフリカのFIT制度からは除外されました。同法では，近い将来にさらに他の再生可能エネルギー発電方式を取り込むため，門戸は開かれたままとなっています。

南アフリカのFIT制度は，20年間の固定価格での支払いを確約しています。その後，発電事業者は，送電事業者と個別に電力買取契約を交渉することが可能となります。国際的なベストプラクティスに従って，南アフリカの固定価格は，それぞれの方式の発電コストに基づいています。南アフリカFITにおける価格算出の手法は，2.3.3項に詳述したとおりです。

支払い固定価格を毎年自動的に減少させるという初期に検討されていた制度（3.9節参照）は，諮問プロセスの間に廃止されました。というのも，ほとんどのステークホルダーが，この種の規定は運用の初年度には必要がないと主張したからです。新規の導入に対しては，固定価格は，毎年，物価上昇に合わせてスライドされることになっています（3.12節参照）。FIT制度には，支援メカニズムの定期的な見直しも含まれています。運用開始から5年目までは，毎年 FIT の見直しが行われ，その後は3年に一度行われる予定です（2.13 項参照）。

6.5 アジア

アジアの FIT は，玉石混交です。インドの制度に関しては同制度に関する研究を通じて，それが「本物の」FIT かどうか，さまざまな意見を呼び起こしました。中国は，バイオマスについては，FIT に似た別の制度を適用させています。風力に対しては，現在，FIT を実施しており，また，2009 年末までには，既存電気事業者と同等規模の太陽光発電所に対しても FIT が施行されることが期待されています。日本は，独占的エネルギー事業者からの反対に対抗して再生可能エネルギーを推進しようとする努力が見られます。2009 年時点の再生可能エネルギー電力の普及目標は，到底，目を見張るものとは言えないもので，2014 年までに 1.63%とされています（比較として，EU の目標は 2020 年までに 20%とされています）。日本では，最初に太陽光向け FIT が施行されるでしょう。東京首都圏は，FIT 制度の実施へ向けて作業中です[訳注20]。韓国は，FIT 制度を導入しています。2009 年の経済刺激策パッケージの大部分は，再生可能エネルギーの促進（第1章参照）および再生可能エネルギー産業を主要製造業にさせようとする願望に割かれています。マレーシア，シンガポール，台湾は，FIT の導入を模索している段階です。

訳注 20　日本は 2012 年7月に「電気事業者による再生可能エネルギー電気の調達に関する特別措置法」が施行され，FIT 制度がスタートした。2015 年に公表された「長期エネルギー需給見通し」では再生可能エネルギーの目標は 2030 年に 21～24%とされているが，そのうち太陽光は約 7%，風力は 1.7%である。2018 年に公表された「第5次エネルギー基本計画」においてもこの値は据え置かれている。

6.5.1　インド

インドは，米国，中国に次いで，3番目に風力発電の成長が速い国家となりました。2008年，インドは，大規模水力を含めて1.8GWの再生可能エネルギーを導入し，総発電容量で世界5位に躍り出ました（REN21, 2009, p11）[訳注21]。インドは，新たに太陽光発電施設製造業を育成することを目的とした国レベルおよび州レベルの政策を実施しようとしています。初期投資に対する20%の補助金は肝となるインセンティブであり，促進税制優遇施策や系統に接続された太陽光発電向けの国レベルのFIT制度の設立と同等の位置づけとされています（REN21, 2009, p15）。このプログラムは，2009年を通じて，初期には50MWを上限としていましたが，第二期には1GWに引き上げられるでしょう。固定価格は，12インドルピー/kWh（約19円/kWh）を支払い上限としています（詳細は下記参照）（REN21, 2009, p31）。

エネルギー部門の改革を目的とする誘導施策には，他にもいくつかありました。例えば，電力大臣によって法制化された2003年の電力法です。この法律は，再生可能エネルギーの促進に関する規定を盛り込んだものです。第86条（1）（e）および第61条（h）は，再生可能エネルギーに関連した明確な発展的条項で，再生可能エネルギー買取義務（RPO）と呼ばれています。第61条（h）はプロジェクトの透明度を向上させる観点で重要ですし，また第86条（1）（e）は再生可能エネルギープロジェクト向けの市場を発展させる助けとなっています。同条は，配電事業者が購入しなければならない再生可能エネルギーの最低限の比率を設定する権限を規制機関に与えています。しかし，これらの条項は，十分なものではありません。というのも，それらは単にそうすることを可能としているだけに過ぎず，義務とはされていないからです。

2003年の電力法はインドの全ての州に上記のような買取義務の実施を義

訳注21　インドの風力発電導入量は2017末現在，35GWで，世界4位（IRENA: Insights on REnewablesより）。

務付けていますが，2009年5月までで，インドの28州のうちたったの14州の州電力規制委員会（SERC）がRPOに基づく命令あるいは規制を制定したに過ぎません。これらの州の詳細を見ると，配電事業のライセンスには，配電事業者全体の買取電力の構成における再生可能エネルギー電力の詳細な買取量を明示することが要求されています。これらの義務は，10年から20年の期間で，0.5%から開始して，10%に至るまで，年々増加していきます。期間の長さは，それぞれの州の決定にゆだねられています。

インドにおいては，持続可能なエネルギー基盤に移行するため，再生可能エネルギーの役割の重要性は1970年代にはすでに認識されていました。政府レベルにおいて，再生可能エネルギーへの政策関与は，1982年の非従来型エネルギー資源部の設立の形で表れました。同部は，その後，1992年に非従来型エネルギー資源省に格上げとなり，2006年10月に新エネルギー・再生可能エネルギー省（MNRE）へと名称変更されました[5)]。

インドは，2020年までの国家目標である再生可能エネルギー比率20%を達成するために，再生可能エネルギー法の制定に取り掛かっています。2009年現在，そのシェアは9%です。中央政府は，再生可能エネルギー部門を大きく後押しすることを狙って，当該法律を準備するためにハイレベルの委員会を設置しました。おそらく，政策手法の一つとして，FITが含まれることでしょう。また，購入協定の厳格な実施を目的とした方法およびその協定に違反した際の罰則が含まれることになるでしょう。いくつかの州電力規制委員会は，すでに，再生可能エネルギー購入に関する命令を通過させています。しかし，これらの手法は，全ての州が政策を採択することを確実にするために，国全体に広げる必要があります。同様にして，同法は，購入協定の違反に対する罰金を規定すべきです。2009年現在でいくつかの州規制委員会は，この観点での命令を制定しています。

インドの風力発電導入量は，早い成長を見せており，9,650MWを超えています（REN21, 2009, p23）。MNREは，2008年7月，系統に接続された風力発電プロジェクトに対して発電ベースのインセンティブ制度を制定しまし

5） www.mnre.gov.in

た。同制度では，認定された発電事業者は，0.50インドルピー/kWh（約0.78円/kWh）の支払いを受けることができます。承認を受けたプロジェクトは，これを10年間受け取ることになります。タミル・ナードゥ州，カルナータカ州，グジャラート州そしてマハーラーシュトラ州は，インドにおける風力エネルギーの主導的な州であり，これら全ての州で買取義務が制定されています。

インドで系統に接続された太陽光発電は，2009年時点ではたったの2.12MWしかありませんでした[訳注22]。系統に接続された太陽光発電プロジェクトの技術的な能力を発展させ，さらに，引き出すという観点で，MNREは2008年1月に最初の系統接続太陽光発電プロジェクト向け発電ベースインセンティブのガイドラインを作成しました。名目上の買取価格の上限は，太陽光発電向けで15インドルピー/kWh（約24円/kWh）に，また，太陽熱の系統接続プロジェクト向けで13インドルピー/kWh（約20円/kWh）に設定されました。ガイドラインによると，電気事業者は他の発電源からの電力取引における最も高い価格で発電された電力を購入することになっています。MNREは太陽光発電向けで最大12インドルピー/kWh（約19円/kWh），太陽熱向けで最大10インドルピー/kWh（約16円/kWh）の損失を埋めるための基金を用意しています。この価格は，2009年12月までに認定されたプロジェクトに対して有効となります。それ以降は，額が年率5%で減少します。発電ベースのインセンティブは，認定を受けた日から起算して，10年間有効となります。

西ベンガル州は，太陽光向けの固定価格を用意したインドで最初の州でした。他には，インド西部のラージャスターン州とグジャラート州，インド北部のパンジャーブ州は，太陽光FITにおける先駆的な州です。これらの全ての州は，その特異な地理的条件により，太陽光発電を利用できる巨大な潜在力があります。そして，それらの州では，太陽エネルギー発電を促進させるための巨額の投資が確保されたのです。

訳注22　インドの太陽光発電導入量は2018年末現在，27GW（IRENA: Insight on Renwablesより）。

発電源としての再生可能エネルギーの比率を増加させる観点において，さまざまな政党が共通して環境問題に政策公約の紙面を割いていたため，気候変動問題は2009年の国会選挙では，ほとんど政策論争のテーマとはなりませんでした。環境NGOは，次の政府がどのような連立となろうとも，強力で効果的な法律が制定されるであろうことを期待しています。

参照文献

BGB (2008) 'Gesetz zur Neuregelung des Rechts der erneuerbaren Energien im Strombereich und zur Änderung damit zusammenhängender Vorschriften', Bundesgesetzblat, vol 1, no 49, p2074

BMU (2007) Background Information on the EEG Progress Report 2007, BMU, Berlin, www.bmu.de/files/pdfs/allgemein/application/pdf/eeg_kosten_nutzen_hintergrund_en.pdf

BMU (2008) Entwicklung der Erneuerbaren Energien in Deutschland, Stand: 12 Daten des Bundesministeriums zur Entwicklung der Erneuerbaren Energien in Deutschland im Jahr 2007 (vorläufige Zahlen) auf der Grundlage der Angaben der Arbeitsgruppe Erneuerbare Energien-Statistik, AGEE-Stat, Berlin

Bode, S. (2006) On the Impact of Renewable Energy Support Schemes on Power Prices, Research Paper, Hamburg Institute of International Economics (HWWI), Hamburg

BOE (2007) 'Real Decreto 661/2007, de 25 de mayo, por el que se regula la actividad de producción de energía eléctrica en régimen especial', Boletín Oficial del Estado, no 126, 26 May, p22846, www.boe.es/boe/dias/2007/05/26/pdfs/A22846-22886.pdf

BOE (2008) 'Real Decreto 1578/2008, de 26 de septiembre, de retribución de la actividad de producción de energía eléctrica mediante tecnología solar fotovoltaica para instalaciones posteriores a la fecha límite de mantenimiento de la retribución del Real Decreto 661/2007, de 25 de mayo, para dicha tecnología', Boletín Oficial del Estado, no 234 of 27 November, p39117, www.boe.es/boe/dias/2008/09/27/pdfs/ A39117-39125.pdf

Cory, K., Couture, T. and Kreycik, C. (2009) Feed-In Tariff Policy: Design, Implementation, and RPS Policy Interactions, National Renewable Energy Laboratory, NREL/TP-6A2-45549, Golden, CO

Couture, T. (2009) State Clean Energy Policy Energy Policy Analysis: Renewable Energy Feed-in Tariffs, National Renewable Energy Laboratory, Golden, CO

de Miera, S., del Río, G. and Vizcaíno, I. (2008) 'Analysing the impact of renewable electricity support schemes on power prices: e case of wind electricity in Spain', Energy Policy, vol 36, no 9, pp3345–3359

Derby, R. and Lourens, C. (2008) 'South Africa scraps plan to build nuclear power plant', www.bloomberg.com/apps/news?pid=20601085&sid=a2kESlbhYYHE&refer=europe

Dinica, V. and Bechberger, M. (2005) 'Spain – Country Report', in Danyel Reiche (ed.) Handbook of Renewable Energies in the European Union, Peter Lang, Berlin, pp263–279

Edison Electric Institute (1996) Statistical Yearbook of the Electric Utility Industry, EEI, Washington, DC

EIA (2008) South Africa, Country Analysis Briefs, Energy Information Administration, October 2008, www.eia.doe.gov/cabs/South_Africa/pdf.pdf

Farrell, J. (2009) 'Feed-in tariffs in America: Driving the economy with renewable energy policy that works', New Rules Project, www.newrules.org/energy/publications/feedin-tariffs-america-driving-economy-renewable-energy-policy-works

Gipe, P. (1995) Wind Energy Comes of Age, John Wiley & Sons, New York, NY

Gipe, P. (2006) Renewable Energy Policy Mechanisms, Wind Works Organization, Tehachapi, CA, www.wind-works.org/FeedLaws/RenewableEnergyPolicyMechanismsbyPaulGipe.pdf

Gipe, P. (2009) Vermont FITs Become Law: e Mouse that Roared, First North American Jurisdiction with Small Wind Tariff, May 28, 2009, www.wind-works.org/FeedLaws/USA/VermontFITsBecomeLaw eMouse atRoared.html

Girardet, H. and Mendonça, M. (2009) A Renewable World: Policies, Practices and Technologies, Green Books, Totnes

Grace, R., Rickerson, W., Porter, K., DeCesaro, J., Corfee, K., Wingate, M. and Lesser, J. (2008) Exploring Feed-In Tariffs for California: Feed-In Tariff Design and Implementation Issues and Options, CEC-300-2008-003-D, California Energy Commission and Kema Consulting, Sacramento, CA

Grace, R., Rickerson, W., Corfee, K., Porter, K. and Cleijne H. (2009) California Feed-In Tariff Design and Policy Options, CEC-300-2008-009F, California Energy Commission, Oakland, CA

Green Energy Act Alliance (2009) Ontario Gives Green Energy Act the Green Light: A first for North America – Ontario's Green Energy and Economy Act Becomes Law, 14 May, www.greenenergyact.ca/Page.asp?PageID=&ContentID=1259

Held, A. (2008) RES-e Support in Europe – Status Quo, Presentation at the Futures-e final conference, Brussels, 25 November, www.futures-e.org/Final_Conference/RES-E_Overview_futures-e_Brussels_(Held, %2025112008).pdf

IfnE (2009) Beschaffungsmehrkosten der Stromlieferanten durch das Erneuerbare-Energien-Gesetz 2008 (Differenzkosten nach § 15 EEG), Ingenieurbüro für Neue Energie (IfnE), Gutachten im Auftrag des Bundesministeriums für Umwelt, Naturschutz und Reaktorsicherheit, Teltow, March

IfnE/BMU (2007) Ökonomische Wirkung des Erneuerbare-Energien-Gesetzes, Zusammenstellung der Kosten-und Nutzenwirkung, Ingenieurbüro für Neue Energie (IfnE), Untersuchung im Auftrag des Bundesministeriums für Umwelt, Naturschutz und Reaktorsicherheit, 30. November

Jacobs, D. (2008) Analyse des spanischen Fördermodells für Regenerativstrom unter besonderer Berücksichtigung der Windenergie, BWE Research Paper, September 2008.

Jacobs, D. (2009) Renewable Energy Toolkit – Promotion Strategies in Africa, World Future Council, April

Kenyan Ministry of Energy (2008) Feed-In Tariff Policy on Wind, Biomass, and Small-Hydro Resource Generated Electricity, March, www.investmentkenya.com/index.php?option=com_docman&Itemid=&task=doc_download&gid=20

Lean, G. (2009) 'We are one step closer to clean coal', The Independent, 26 April, www.independent.co.uk/opinion/commentators/geoffrey-lean-we-are-one-step-closer-to-clean-coal-1674258.html

Martin, T. (2009) Solar Photovoltaic Installation Potential under a UK Feed-in Tariff, University of Bristol School of Chemistry, available from author

Martinot, E., Wiser, R. and Harmin, J. (2006) Renewable energy policies and markets in the United States, Center for Resource Solutions www.resource-solutions.org/lib/ librarypdfs/IntPolicy-RE.policies.markets.US.pdf, accessed 20 August 2008

Morris, C. (2009) 'FITs in the USA', PV Magazine, March, pp20–25

NERSA (2008) NERSA Consultation Paper – Renewable Energy Feed-in Tariff, National Energy Regulator of South Africa, December 2008

NERSA (2009) South African Renewable Energy Feed-in Tariff (REFIT), Regulatory Guidelines, National Energy Regulator of South Africa, 26 March

Nitsch, J. (2008) Lead Study 2008, Further Development of the 'Strategy to Increase the Use of Renewable Energies' Within the Context of the Current Climate Protection Goals of Germany and Europe, German Federal Ministry for the Environment, Nature Conservation and Nuclear Safety (BMU), October, Stuttgart

Ondari, J. (2009) Renewable energy policy spurs investor interest', Daily Nation, 16 March, www.nation.co.ke/business/news/-/1006/538268/-/view/ printVersion/-/13tgqkf/-/index.html

Ontario Power Authority (2009) Renewable Energy Supply Survey Results, February REN21 (2009) Renewables Global Status Report: 2009 Update, REN21 Secretariat, Paris, www.ren21.net/pdf/RE_GSR_2009_update.pdf

Rickerson, W. and Grace, R. C. (2007) The Debate over Fixed Price Incentives for Renewable Electricity in Europe and the United States: Fallout and Future Directions, Heinrich Boll Foundation, Washington, DC

Seager, A. and Gow, G. (2007) 'Britain accused of scuppering EU's renewable energy plan', The Guardian, 13 October, www.guardian.co.uk/business/2007/oct/13/europeanunion.renewableenergy

Sensfuß, F., Ragwitz, M. and Genoese, M. (2008) 'The merit-order effect: A detailed analysis of the price effect of renewable electricity generation on spot market prices in Germany', Energy Policy, vol 36, no 8, pp3076–3084

Sösemann, F./BMU (2007) EEG: e Renewable Energy Sources Act: e Success Story of Sustainable Policies for Germany, Federal Ministry for the Environment, Nature Conservation and Nuclear Safety, Berlin, Germany

Sovacool, B. K. (2008) The Dirty Energy Dilemma: What's Blocking Clean Power in the United States, Praeger, Greenport, CT, p233–234

Wenzel, B. and Nitsch, J. (2008) Ausbau Erneuerbarer Energien im Strombereich, EEG-Vergütungen, Differenzkosten und – Umlagen Sowie Ausgewählte Nutzeneffekte bis 2030, Teltow, Stuttgart, December

Chapter 7
技術的神話の解体

多くのエネルギー供給会社，電力会社，政治家は，再生可能エネルギーによる発電は風，水，太陽光といった変動する資源によって電気を作り出しているため，信頼できる電力を供給することできないと信じこんでいます。一般市民でさえもそうかもしれません。化石燃料や原子力といった従来型電源と同じくらい信頼性の高い再生可能エネルギー運用や，変動性を克服できる再生可能エネルギーの開発を求めることは，「豚に空を飛べと言うようなもの」だと米国の著名な研究機関のトップに言われたこともありました。「そんなことはうまくいかないし，豚を不幸にするだけさ」というわけです[1]。FITは本質的に豚に羽を与えて飛ばす試みと同じくらい馬鹿げていると見ている人もいるのです。

何千もの分散型発電設備が存在することは一握りの集中型設備しか存在しないのと比較して電力システムのマネジメントを複雑にすると考えられています。小規模分散型の再生可能エネルギーが相互につながることはより大きな問題であり，その問題は恐らく克服できないだろうと見られています。こうした見方をしている人々は，1980年代に「インターネット」のような奇抜なものは絶対機能しないと考えていた人たちや，20世紀初頭に人類が空を飛ぶなんてありえないと思っていた人たちとどうやら似ています。

変動する再生可能エネルギーを利用するためには石炭やガス火力発電によるバックアップが必要となるので，FITは再エネ発電設備とバックアップ電源の両者に対して課せられ，電力消費者に二重負担を要求すると考える人もいます。風車を導入するために必要なバックアップ電源は，ある地域の石炭発電に比べ6倍のコストがかかる，と主張した米国の電力会社の副社長もいます[2]。他方で，電力システムへの接続は技術的には可能だが，送電や連系にかかるコストが大きすぎるとも言われます。そのため，再生可能エネルギー発電設備は制御不可能で，常に電力を供給できる「ベースロード」供給能力のない電源でありそれゆえ劣っている，と多くの電力会社や発電事業者

1）2005年8月3日，オークリッジ先端学習センター（テネシー州・オークリッジ）Paul Gilmann氏へのインタビュー。

2）エクセロン社（イリノイ州・シカゴ）Ralph Loomis氏へのインタビュー（2005年10月6日）。

は考えています。

この章では，こうした従来の考え方が完全に誤りであることを示します。実質的には全ての再生可能エネルギーシステムの運用はすでに従来型電源より信頼性が高いのです。地熱，バイオマス，太陽熱，水力といった再生可能エネルギー資源はすでに四六時中とぎれることなく需要に応じて信頼性の高い電力を作り出しています。風力や太陽光といった電源の変動性も，的確な運用計画やエネルギー貯蔵技術，上述のバックアップ技術によって平滑化することができます。太陽光はピーク時に需要を置き換え，電力需要を緩和するのに適しています。現実の経験に基づいた何十もの学術研究では，系統連系や系統増強のコストは無視できるほど小さいことが示されています。この章では再生可能エネルギーの間欠性，連系線や送電に関する技術的課題の大部分は技術者や系統運用者によって既に解決されており，もはや克服不可能な技術的障壁ではないことを示します。残された重要な課題は，これらの解決方法の知見を広め，我々の考え方をリセットすることです。

7.1　従来型電源に信頼性はあるか？

変動性や間欠性を理由に再生可能エネルギーを不利に取り扱うことは，変動性をどの程度緩和できるかを無視しているだけでなく，従来の火力発電や原子力発電に内在する同程度の変動性を覆い隠してしまいます。全ての電力システムは，常に変化し続ける需要と供給の複雑な相互作用に対応しなければなりません。それらは予期せぬ故障や停電にさらされ，計画による変更や計画外の多くの事象の影響を受けています。電気をつけたり，朝起きて暖房を入れたり，朝食前にシャワーを浴びたり，夕食を作って皿洗いをしたり，夜間に電気自動車の充電をしたりといった日々の日常的な活動によって一日の負荷は変動し，日中から夜への時間の変化による影響も増えつつあります。

一週間単位で見ても週末はエネルギーの利用状況が変わりますし，気温も天気も変わるので季節によっても変化します。確かに従来型電源の出力はかなり正確に計測できることは事実ですが，実際には「資源の運用計画作成と実施における他の個別要因は，不確実性とのパズルである」と国立ローレンス・バークレー研究所と米国エネルギー効率経済委員会の研究者は述べています（Vine et al, 2007）。

最も共通している不確実性には4つのタイプがあります。予期せぬ停電，工事コストの食い違い，需要予測の不一致，送配電系統の脆弱性です。そして，恐らく多くの読者は驚くと思いますが，再生可能エネルギー電源はこれらの不確実な変化に対して，従来型電源よりも優れているのです。

1. まずは従来型電源の計画外の供給支障の議論から始めましょう。現在市場で取引している平均的な石炭発電所では，全時間の10〜15％は停止しています（Sovacool, 2009）。北米電力信頼度協議会（NERC）が米国の2000〜2004年の従来型電源の稼働状況を概観したところ，年間の総時間数の6.5％は計画的保守点検作業のために停止しており，さらに計画外の保守点検作業や緊急の供給支障により稼働していない時間が6％あることが明らかになりました。米国内の従来型電源の確実な稼働時間は平均で年間の87.5％のみであり，その幅は79〜92％だったと，この調査は報告しています（NERC, 2005）。従来型電源の変動に耐えるために送電機関は追加容量として15％の予備力マージンを確保しなければならず，その多くが突発的な利用のために常に燃料を準備して待機しておく必要があります。

   原子力発電もさほど良好なわけではありません。米国，フランス，ベルギー，ドイツ，スウェーデン，スイスの原子力発電の稼働状況の調査では，連続稼働日の中央値は35〜85日でした（Perin, 1998）。つまり，平均的な原子炉では1〜3ヶ月おきに計画外の停止を余儀なくされており，原因の半分は機器の不具合だったのです。米国では本来253ヶ所の原子力発電所の建設が計画されていましたが，建設されたのは52％のみでした。建設された全ての原子力発電所132ヶ所のうち，ほぼ4分の1（21％）は信頼性かコストの問題によって計画よりも早い段階で閉鎖されており，さらに27ヶ所が最低でも1度は1年以上停止しています

(Lovins et al, 2008)。信頼できる原子力発電所でも17ヶ月ごとに燃料の補充と定期メンテナンスのために39日間停止しなければなりません。また，停電時にも停止させなければならず，再稼働にはとても長い時間がかかります。米国で2003年8月に起こった停電時には，完璧な運用ができていた原子炉9基も停止せざるをえず，再稼働までに12日かかりました。最も必要とされた最初の3日間，原子力発電所の出力は3%を下回りました（Lovins et al, 2008)。干ばつや安全性の問題が起きたときには多くの原子炉を同時に停止させることもありえるので，原子力発電所に強く依存している地域のリスクはより大きいのです。

2. 従来型電源は，さらに予算超過や故障に苛まれる傾向があります。従来型発電所の新設では1,000MW級といった「重厚」な施設が建設されるため，「重鈍」なシステムとも言えます。これらの設備はリードタイムが長いために，プロジェクトの遅延，予期せぬ事象，予算超過やプロジェクト自体のキャンセルといったリスクに対して脆弱です。カナダ，米国，フィンランドの原子力発電所はこの典型です。カナダでは，原子力発電所の遅延と予算超過により，Ontario Hydro社の抱えた「座礁負債」が150億カナダドル（約1.3兆円）に上りました（Winfield et al, 2006)。米国では現在建設中の原子力発電所75ヶ所の建設コストは891億米ドル（約9.9兆円）と見積もられていましたが，工事の遅延と作業ミスによって実際の建設コストは3倍以上の2,838億米ドル（約31.5兆円）に膨れ上がっています（US Congressional Budget Office, 2008)。フィンランドのオルキルオト原子力発電所は30億ユーロ（約3900億円）と見積もられていましたが，現在までに少なくとも45億ユーロ（約5800億円）まで上昇しており，2009年までには完成しているはずでしたが2012年半ばまでは給電開始はできないでしょう[訳注1]。

訳注1 オルキルオト原子力発電所3号機は，その後2013年時点で「運転開始は2016年以降」とされ，事業者のTVO社と工事を請け負った仏アレバ社，独ジーメンス社との間で工事の遅延に伴う超過コストおよび損害賠償金として4.5億ユーロ（約580億円）をTVO社に支払うという包括的な和解契約を締結した（日本原子力産業協会ニュース http://www.jaif.or.jp/180313-a より)。2019年4月になってようやく，フィンランド政府か

3.　巨大な従来電源は，建設に長い時間がかかるため，長期にわたる電力需要の予期せぬ変化に付随するリスクがより大きくなります。投資の意思決定に際して，我々には気候の挙動や選挙の結果を予測する十分な時間的余裕は与えられていません。今から5年，10年，さらには20年後に全セクターの電力需要がどうなっているか予測することがいかに難しいか考えてみてください。1970年代や80年代には電力需要の成長を必要以上に高く見積もったために発電所を作りすぎてしまい，多くの州で巨大な電力システムのコスト超過が続いています。ワシントン州は悪い代表例でしょう。ワシントン公共電力供給会社は50億ドル（約5,500億円）をかけて原子力発電所を途中まで建設しましたが，電力需要が落ち込んだために計画を撤回しました。1972年から1984年の間に，世界中で115ヶ所の原子力発電所建設に2000億ドル（約22兆円）以上が支出されてきましたが，その後必要なくなったために出資者が建設を中止しています（Cavanagh, 1986）。
4.　化石燃料と原子力の巨大な発電所は，落雷，嵐，小動物，テロ等によって簡単に供給支障となる脆い送電線に頼っています。ブラックアウトや供給支障の98％以上の原因が送配電システムであることを考えれば，こうした集中型のシステムは電力の信頼度について大きなリスクがあります（Lovins et al, 2008）。

皮肉なことに，FITの支援を受ける再生可能エネルギー電源は，これらの問題に対してより上手く対処できます。最新の風車や太陽光パネルの技術的な信頼性は97％以上です。個々の風車や太陽光パネルには高い信頼性が備わっており，電力システム内にある何百，何千基という大量の風車や太陽光パネルが同時に停止することはないでしょう。個々の設備が極稀に停止したとしても，その影響は小さなものです。風車と太陽光パネルの高い信頼性は，計画外の供給支障の確率を下げ，運用に必要な予備力[訳注2]の数や容量も

ら運転認可が発給された（電気事業連合会　トピックス情報 https://www.fepc.or.jp/library/kaigai/kaigai_topics/1259213_4115.html より）。
訳注2　万一の供給支障の際に直ちに応動する電源もしくはその他の電力設備のこと。

小さくなります（Jacobson and Masters, 2001）。

従来型電源の緊急停止時間が総時間の10〜15%を占める一方で風車の緊急の供給支障は3%に満たないため，化石燃料の電源を再生可能エネルギー電源に置き換えれば，システムの信頼性は7〜12%向上します（同量を置き換えれば必要なバックアップ容量も低減できます）。新しいインバータ技術は太陽光パネルの一部に影ができてもシステムを機能させられるので，太陽光パネルの信頼性をさらに向上させるポテンシャルがあります。

拡張性，建設コストの超過，電力需要の急激な変化を考えれば，再生可能エネルギーによる小規模な発電設備の短いリードタイムは，負荷の増進や減退に対してより的確な対応を可能にします。ウィンドファーム，地熱発電所，バイオマス発電所の建設は通常1，2年で，在庫さえあれば太陽光パネルは数ヶ月以内で設置することができます。小規模な太陽光パネルや小型風車はほぼどんな負荷にも合わせることができ，中規模から商業規模の風車やバイオマス，地熱発電設備は，1.5〜20MWまで少しずつ容量を増やすことができます。発電所には，最初の1kWhを発電する10年かそれよりも以前に何百万ドル（何億円）の融資を受けなければならない金融リスクがあります。こうした拡張性はこれらの金融リスクを最小化します。つまり，電力需要の要求に正確に応えることができるのです。

最後に，送配電システムの脆弱性ですが，FITの支援を受ける小規模分散型の再生可能エネルギー電源は電力システムの信頼度を高めることができます。高額の系統インフラ整備の必要性を軽減し，系統混雑を緩和し，重要なアンシラリーサービス[訳注3]を提供し，設置場所の多様化によりエネルギー安定供給を向上させることができます。分散型の太陽光，バイオマス，小型風力は，送配電システム，変電設備，ローカル変圧器タップ，フィーダ，開閉機器の新設の効果的な代替策となります。これは特に系統が混雑しているエリア，新しい電力網の建設許可が難しい地域で有効です。

カリフォルニア州最大の投資家所有の電力会社，PG&E社は，1993年に500kWの分散型の太陽光発電所の系統への便益を試験するために発電所を

訳注3　第3章 訳注6（p.97）を参照。

まるまる建設しました。そこでは，分散型太陽光発電所は電圧調整能力を向上させ，電力損失を最小化し，系統上の変電設備の稼働時の温度を下げ，系統の送電容量を拡大することが確認されました。小規模発電設備による便益は想定よりも2倍大きく，評価された便益は0.14～0.2ドル/kWh（約16～22円/kWh）でした（Wenger et al, 1994）。最近になって米国電気電子学会（IEEE）が「分散配置された風力のような再生可能エネルギーは電力網を損ねることなく系統に接続・統合して管理できるだけでなく，電力網の性能向上にも資することができる」と結論づけた背景には，こうした発見があります（Smith et al, 2007）。

7.2　水力，地熱，太陽熱，バイオマスの信頼性

水力，地熱，バイオマス，バイオガス発電所は米国を含む世界中のいたるところで信頼できる24時間のベースロード電力を供給しており，米国では国全体の電力需要の7%を占めています。ノルウェーのような他の国では，完全にこれらの技術に頼っている国もあります。溶融塩やその他のエネルギー貯蔵設備と組み合わせて運営されている最新鋭の太陽熱発電所でも，同じく既に信頼のおける電力の供給が可能になっています。

これらの発電施設は，バックアップ電源を必要とせず，信頼できる電力を供給しています。これらのシステムの多くは悲惨なほど投資が不足していますが，水力と地熱の技術的ポテンシャルが完全に利用されれば世界全体の電力需要を賄うことができます。2007年の世界の電力消費量は17,000TWh（17兆kWh）でしたが，国際エネルギー機関（IEA）と他の機関が行った包括的な調査では，水力の未利用ポテンシャルは14,370TWh（14.37兆kWh）と結論づけています（International Hydropower Association, 2000）。同様に，国際地熱学会（IGA）はさまざまな研究結果を精査した結果，22,400TWh（22.4兆kWh）の地熱発電のポテンシャルが存在すると結論づけています（Bertani, 2002）。

FITが支援する技術について話をする時にはいつも，風力や太陽光パネル

といった間欠性の資源だけではないということを念頭に置いておくと良いでしょう。そこには，大小の水力発電ダムや太陽熱，地熱，バイオマス発電所（資源を燃焼させるものとゴミ埋立場のメタンガスを回収するものがあります）のように，石炭，石油，天然ガス，原子力発電と同じような運用が可能であることを何十年もかけて実証してきた電源も含まれています。

7.3　電力システムに連系された風力と太陽光の信頼度

風力と太陽光システムは，水力，地熱，太陽熱，バイオマスに比べて変動しますが，分散型の風力と太陽光電源を連系させることでその信頼度は大幅に向上します。電力システムが大きいほど必要な予備力の容量は少なくなるという原則は，電気や電力システムのエンジニアによって長い間支持されてきています。各需要家の電力需要の変化は，まさにこのような考えに基づいて電力システムを連系させることで緩和されていますが，これは現代の通信技術の賜物です。ある電力需要家が，本来電力システムが割り当てたよりも多くの電力を消費し始めた場合でも，全く同じように電力システムから電力を受け取っている他の多くの需要家がその差を埋め合わせようと消費量を減らすため，電力システムへの影響は軽微になります（International Energy Agency, 2005）。

この「平均化」は系統の供給側でも同様に機能します。個別の風車と太陽光パネルは電力供給においてお互いを平均化します。あるウィンドファームで風が吹かなかったとしても，または，ある家庭に太陽光が降り注がなかったとしても，近くの別の場所では強い風が吹き，太陽がさんさんと照っているはずです。だからこそ国同士，地域同士の連系容量を増強させることは，再生可能エネルギー電源にとって特に重要になるのです。さらに，最新の大規模な風力発電施設ではしばしば需要に応じて電力の出力を上げたり下げたりできるように，送電会社によって遠隔操作されています（3.5 節参照）。

以上のことは，多くの風に関する気象学的な調査によって強く支持されています。北欧諸国の 2000〜2002 年の 3 年間のデータを分析した研究では，弱風の最大継続時間はデンマークで 58 時間，フィンランドとスウェーデンで 19 時間，ノルウェーでは 9 時間でした。しかも，この四つの稀な出来事が同時に起きることはなく，この 4 カ国を全て合わせると完全な凪の時間は全くありませんでした（Gul and Stenzel, 2006, p173）。別々に行われたデンマークとドイツの調査では，分散して設置されたウィンドファームの 1 時間当たりの風速の最大変化率が 20％を超えることはほとんどなく，1 時間あたりの変化率の標準偏差は 3％でした。この調査では，2400MW の大型のウィンドファームにおける 1 分ごとの出力の変化の最大実測値は 6MW 以下，言い換えれば設備容量の 0.25％以下でした（Gul and Stenzel, 2006, p171）。

同様に，英国内の 66ヶ所の 23 年間の 1 時間ごとの風速のデータからは，全国の半分以上で風が弱くなることは非常に稀なことが分かっています。全ての観測地で風が秒速 4m 以下になる時間は全体の 10％以下であり，過去 23 年間で国全体で風が弱くなることは一度もありませんでした（Olz et al, 2007, p30）。これらの学術調査の結論は全て，米国，ドイツ，カナダ，EU の現実世界での運用実績から得られたものです。

米国ミネソタ，カリフォルニア，ウィスコンシン，ニューヨーク，オレゴン，ワイオミング，コロラドの各州に広がるウィンドファームの実用性の調査では，風力発電設備の普及拡大は電力系統内の異なる場所で発生する大規模停電や系統混雑への送電会社の対応を緩和することが明らかになりました（DeMeo et al, 2005）。米国中部の 19ヶ所のウィンドファームを対象とした別の調査では，連系する風力発電所の数が増えると，風速と風力のアレイ平均の標準偏差，信頼性，電力貯蔵と予備力容量の必要性等，ほぼすべての指標が改善されることが明らかになりました（Archer and Jacobson, 2007）。

3 つ目に紹介する GE 社がニューヨーク独立送電系統運用機関（NYISO）のために実施した調査では，ニューヨーク州の電力需要の 10％が風力になるシナリオ，つまり 33,000MW のピーク負荷の電力システムに 3,300MW の風車が接続されるシナリオが検討されました。風車を 30ヶ所に設置すると仮定した場合，重大な電源喪失につながるような事態が「確実に起こりうる事象」は 1 つも確認できませんでした。ニューヨーク州の電力システムは既に従来型電源の非信頼性に備えて 1,200MW の電源喪失に耐えられるように設計されていたため，風車の導入も可能な十分なレジリエンス（耐久力）を備えていたのです（Piwko et al, 2005）。米国内には25,000MWと世界一の風力の発電容量があるにも関わらず，バックアップ電源として設置された従来電源は1つもない背景にはこうした事情があります。

ドイツでも，数十万の分散型の太陽光発電設備が送配電会社を圧迫したり，これらが非常に高度な系統を必要とすることもありません。米国と同様の送配電網に，ドイツでは35万基以上の太陽光パネルが接続され，そのピーク容量は3.5GWになります。この資源の高い偏在と分散の特性によって，ある場所で太陽が照っているにもかかわらず，しばしば曇りの他の地域がそれを相殺してしまうような場合でも，その管理は容易になります。ドイツ太陽光産業連盟は，太陽光は現在の10倍の35GWまでは，特に固有の技術的課題もなく導入できると考えています[3]。さらに，送配電会社は電力網の安定性を向上させるために必要とあれば，電力システムのさまざまな電圧レベルのためのグリッドコードを発行するだけでよいことを立証してきました。

カナダでは，オンタリオ州の電力システムの20%が風車となった場合の影響が調査されました。この調査では，風力と電力需要の季節間の変動，風力と電力需要の一日の変化，ピーク負荷時に電力を供給するための容量価値[訳注4]の変化，地理的な多様性が検討されました。この調査では，一年間の風車と負荷データを用いて電力システム内により多くの風車があり，地理的に分散しているほど変動性は低減し，時には70%も低減することを明らかにしました（AWS TrueWind, 2005）。

最後に，EUの全ての主要な発電事業者の風力発電のポートフォリオ（電源構成比）を調べた別の調査では，大規模な風車の導入は技術的にも経済的にも可能であることが明らかになっています。この調査では，より多くのウィンドファームが連系するほど風車のパフォーマンスが向上することが明

3）ドイツ太陽産業協会（BSW-Solar）Thomas Chrometzka氏へのインタビュー（2008年7月28日）。

訳注4　系統における需給バランスを調整するために発電設備の持つ出力の調整能力である容量の価値を金銭化したもの。

らかになっています。また，電力コストも下がります。さらに，既存の送配電システムの安定度を損なうことなく，風車のシェアを非常に大きくすることも可能なことが分かりました（European Wind Energy Association, 2005）。

2008年と2009年に実施された数千の新たなシミュレーションによる追跡調査では，EU全土に連系したウィンドファームから供給される電力を国際的に連系させても信頼度に悪影響は与えないだろうと結論づけました。全ての，またはほとんどの国のウィンドファームに同時に影響を与えるような天候の変化や事故は1つも起きず，さらに，この調査を通じて，複数の国にまたがるウィンドファームの電力を集合化すると，これらの連系した風車の設備利用率は倍以上になることが明らかになりました（Trade Wind, 2009）。

言い換えれば，これらの一連の調査の結論は，FITが広範に利用されたとしても，「多すぎる」再生可能エネルギー電源の接続を促し，電力システムの安定度を損なう事態にはならないことを示しています。FITが風力と太陽光の導入を促すほど，電力システムは不安定になるどころか，より安定するのです。

7.4　ハイブリッドシステム

同じタイプの間欠性の再生可能エネルギーを接続するのとは別に，さまざまな再生可能エネルギー（またはエネルギー効率向上手法や技術）を同時に連系することで，非常に信頼性の高いハイブリッドな電力システムを作り上げることができます。地熱発電所では冷却塔の設置場所を決めるための風況データが既に存在し，発電所も適した空き地を確保する設計になっていることから，風車を導入することで効果的なベースロードシステムを作ることができます。こうした発電所では，バックアップ電源や風車の予期せぬ発電不足時に，地熱発電設備に頼ることが可能です（Harvey, 2008）。同じようにウィンドファームは，その間欠性を完全に補完するために，農業廃棄物や残渣，埋立地からのメタンガス，エネルギー作物，廃棄物を燃料とするバイオマス発電所と組み合わせることも可能です（Denholm, 2006）。

「コンバインド発電所」や「再生可能エネルギーコンバインドサイクル発電所」と呼ばれるような，より拡張したハイブリッドシステムには，ドイツの「コンビクラフトヴェルク（Kombikraftwerk）」のようなものがあります。Schmack Biogas社，SolarWorld社とEnercon社が運営するこのコンバインド発電所は，ドイツ中に設置された36ヶ所の風力，太陽光，バイオマス，水力の統合ネットワークです。風力と太陽光は発電できる時に発電し，バイオマス，バイオガス発電，揚水発電施設のプールによって，これらの電源が発電できない時の埋め合わせができます。いずれか1つの電源が供給支障を起こしても電力システムは直ちに他の電源による供給に対応できます。2009年初頭，23.2MWのコンバインド発電所は，3つの別々のウィンドファームに設置された11基の風車，4基のバイオガスコジェネレーションシステム，23基の分散型の太陽光システム，1つの揚水発電所が，中央制御システムを通じてつながっていました（図7.1参照）。2008年には，この設備は一度も供給を停止することなく，Schwäbisch Hall市の1万2000世帯分の電力に相当する41.1GWhの電力を供給しました。このプロジェクトは，さまざまな再生可能エネルギー技術を組み合わせることで，ドイツの電力需要のすべてを賄うポテンシャルがあることを明確に示しています。プロジェクトの規模はドイツの電力需要の1/10000のスケールになるように選ばれました。コンバインド発電所はまた，温室効果ガスを排出することなく，石油や天然ガスに対する地域の依存度を低減します。異なる再生可能エネルギー技術の組み合わせに対しては，それに向けたFITオプションを設計することでインセンティブを与えることもできます（3.4節参照）。

同様のハイブリッドシステムはドイツのザクセン・アンハルト州のHarz地方近くにも存在します。そこでは，6MWの風車が，80MWの揚水発電設備とつながっています。揚水発電は風車の電力供給のバックアップのために，風が吹いている時にはポンプで水を汲み上げ，風が吹かない時には重力を利用して40MWのタービン2基を動かし，電力システムを調整しています。Dardesheim村では，分散型の太陽光発電，6基のバイオガス発電，リサイクル植物油を燃料とする5MWの大型コジェネレーション発電に風車・水力システムを統合するプロジェクトが進行中です。風力・水力・太陽光・バ

図7.1　ドイツのSchwäbisch Hallに電力を供給する23.2MWの風力・太陽光・バイオガス・水力のハイブリッド発電所

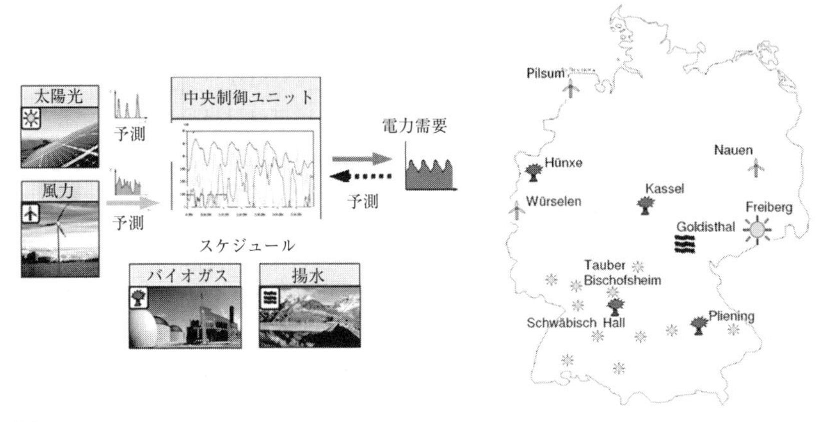

出典：Topfer, 2006

イオガス・植物油発電設備はデジタル制御ステーション上で統合され，近郊に年間5億kWhの電力を供給する予定です。この地域の電力需要は8億kWhだけなので，電力需要の3分の2に相当します（Federal Ministry of Economics and Technology, 2008）。

このような統合された信頼できる再生可能エネルギー電力システムはドイツや欧州に限ったものではありません。ザンビアでは，太陽光，バイオマス，小型水力が連系するネットワークが周辺の村々にベースロード電源を供給しています。このコンバインドシステムでは，バイオマス発電が1基，小型水力発電が1基，分散型の太陽光パネルが合わせて2.4MW接続されており2010年に稼働開始の予定です（United Nations Industrial Development Organization, 2009）。キューバではハイブリッドバイオマスガス化発電設備1基，分散型のバイオガス発電設備4基，ウィンドファームが1ヶ所の合計11MWの容量のプールを構築し，2011年よりフベントゥ（Juventud）島でベースロード電源の供給を開始します（United Nations Industrial Development Organization, 2009）。メキシコのスカラク（Xcalak）村では，234枚の太陽光パネルが36台の蓄電池と共に，6基の風車，40kWの直流交流インバータ，洗練された制御システムと接続されています。このシステムによって，320万ユーロ（約

4.1億円）かかるとされた電力システムの拡張工事が必要なくなり，ディーゼル発電設備が1基だけ緊急の際のバックアップ電源として残されました。この設備は稼働初年度から，撤去された従来のディーゼル発電施設よりも信頼できることを示しています（US Department of Energy, 2006）。

その他に，個人宅やオフィス向けの規模のハイブリッドシステムもあります。コロラド州キャノン・シティ（Canon City）市では，風力と太陽光の連係システムが個人住宅の電力需要のほとんどをまかなっています。このシステムには，24基の120Wの太陽光モジュール，20基の蓄電池，2基の小型風車，2基の可倒式風車タワー，1基の空冷型蓄電池が含まれます（US Department of Energy, 2006）。

米国ロッキーマウンテン研究所の事業本部でも，太陽熱と太陽光パネルがエネルギー効率向上技術と組み合わされることで，建物のエネルギー需要の99%を再生可能エネルギーでまかなっています。パッシブハウスデザインに則り，高性能な窓ガラス，最新の断熱と換気，太陽熱温水器，屋外に設置された2基の追尾式太陽光パネル，屋根上に設置された固定式の太陽光パネルを用いたこの建物では，従来の暖房システムは必要ありません（図7.2参照）。この建物の高い効率性については，オーナーの一人が暖房を入れようとするとジョーク交じりに「犬一匹いると50Wの暖房になりますが，ボールを投げると100Wまで調整可能です」と言うほどです[訳注5]。

同じように，カリフォルニア州の刑務所では，12m^{2}の太陽光パネルとネットメータリング，エネルギー効率性手法，蓄電システムを統合することで，この施設のエネルギー需要を満たすだけではなく，系統に電力を輸出もしています。このシステム全体は，朝と夜に電力を作り，蓄え，節約し，電力の価値が最も高くなるピーク需要時に系統に売電するよう設計されています。このシステムへの投資は初年度で回収することができ，その後はさらに毎年10万ドル（約1,100万円）を節約できています（Sovacool, 2008）。

明らかなことは，このようなハイブリッド再生可能エネルギーシステム

訳注5　パッシブハウス等の断熱性能が高い建物では，必要とされる暖房機器の性能の算出のために，人間等の建物内で活動する生物の発熱も熱源として計算に入れる。ここでは犬が運動して発熱量が増えることを暖房に例えている。

図 7.2　コロラド州 Snowmass のロッキーマウンテン研究所の超高効率建築

出典：Sovacool, 2008

は，事実上あらゆる場所でほぼあらゆる規模で設置することが可能だということです。

将来に目を向ければ，蓄電池は性能が向上しコストも下がっていることから，蓄電池が太陽光と風車の電力の大規模なバックアップになることが可能でしょう。同様に，プラグインハイブリッド自動車や V2G（Vehicle to Grid）技術のイノベーションによって自動車を風車と太陽光の電力の蓄電池として活用し，必要とあらば電気を系統に戻すことも可能になります。これらの活用によって間欠性の再生可能エネルギーの競争力を強化することができるでしょう（Michel, 2007）。再生可能エネルギーの電力を蓄えるために自動車に搭載された蓄電池を利用するこの仕組みのポテンシャルは驚異的です。現在米国内の路上を走っている 1 億 9100 万台の自動車全てにわずか 15kW の蓄電池を取り付けると，2,865GW の発電容量に相当します。全ての自動車が同時に電力を電力システムに供給しようとすれば，現在の電力業界の総発電容量が 1,000GW 強ですから，その 2 倍以上の容量になります（Sovacool and Hirsh, 2009）。

7.5 バックアップのための電力貯蔵技術

風力と太陽光が系統連系したり，ハイブリッドシステムを構築することが実用的でなかったり不可能な場合，間欠性の再生可能エネルギーシステムはエネルギー貯蔵技術と組み合わせることでその間欠性を埋め合わせることができます。蓄電池は現在の市場で最も一般に普及している商用化された電力貯蔵技術ですが，蓄電池は最も高額であり，少量のエネルギーしか貯蔵できない傾向があります。その他三つの電力貯蔵技術（揚水発電，圧縮空気，溶融塩）はより安価な代替案であり，より大きな容量が設置できます。これら3つの選択肢はそれぞれ再生可能エネルギー発電の均等化発電原価（LCOE）に0.006～0.051ドル/kWh（0.7～5.7円/kWh）の追加コストで設置できるようです。

最もコスト効率的で幅広く活用されており，風力と太陽光の間欠性を平滑化できる電力貯蔵技術は揚水発電システムです。この電力貯蔵技術は，高度差のある貯水池や貯水塔の二つの水源の間で水の流れを反転させることによって発電します。揚水発電は昼間は（またはいつでも）水を組み上げて貯めるために風力と太陽光の電力を使い，夜間には（またはいつでも）水を放水し，タービンを回して発電します（図7.3参照）。

太平洋北西岸の大規模な公共電力会社であるBonneville電力公社は，所有している7,000MWの流れ込み式水力発電と揚水発電の電力貯蔵ネットワークをこれに利用しています。Bonneville社は，2005年に間欠性再生可能エネルギーの出力をいかなる量であっても「吸収」する新しいサービス事業を開始しました。吸収された電力は水力発電設備による常時有効電力として翌週の売電に回されます。場所にもよりますが，このような電力貯蔵技術は1,000MWを超える容量も設置可能であり，反応時間が早いうえに比較的運営コストも低いのです。例えばカリフォルニア州Fresnoの近くにあるHelms揚水発電所は，3基合計1,200MWの発電容量があります。2007年では世界中で90GW以上の揚水発電所が稼働しています（California Independent System Operator, 2008）。

図 7.3　一般的な揚水発電所の仕組み

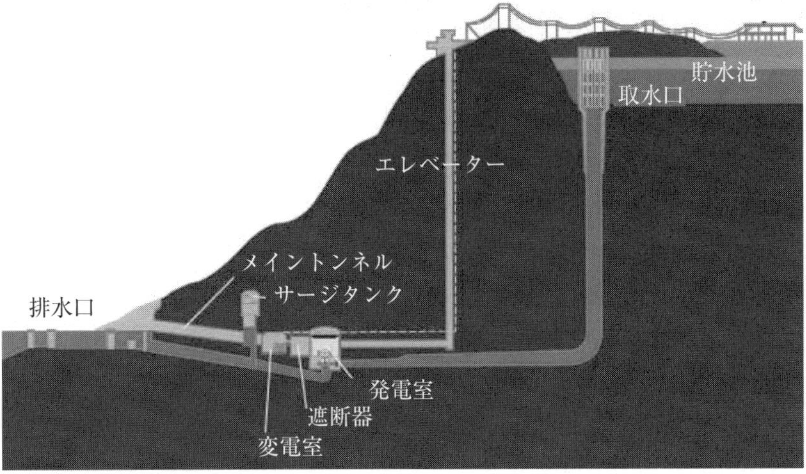

出典：US Tennessee Valley Authority, 2005

圧縮空気エネルギー貯蔵技術（CAES）も，経済的な大容量の蓄電技術です。再生可能エネルギー・CAES システムは，変動する再生可能エネルギーを使って空気を圧縮し，例えば地下空洞，閉鎖した坑道，帯水層，枯渇した天然ガス田のような地下の構造物に貯蔵します。圧縮された空気は需要に応じて発電用タービンに送り込まれます（図 7.4 参照）。再生可能エネルギーと CAES を組み合わせたシステムに適した土地はたくさんあり，必要な専門技術は広く普及したものです。米国の 75％の場所には利用に十分な CAES 資源が存在しており，運営者には 80 年以上にわたって圧縮した天然ガスを地下に貯蔵してきた歴史があります（Fthenakis et al, 2009）。既存の CAES 発電施設では圧縮空気を熱するために少量の天然ガスを用いますが，シングルサイクルの天然ガスタービンに比べると消費量は 60％少なくなります。改良型断熱 CAES を用いる最新の設計では天然ガスの燃焼は完全に不要になるとされており，これは 2015 年初頭の実用化が期待されています[訳注 6]。例えば，米

訳注 6　2017 年現在，このプロジェクトは経済的・商業的実現可能性の問題から中断されている。（参考：G. M. Crawley. Energy Storage. World Scientific, Publishing Company (2017), p.83）

図 7.4　一般的な圧縮空気エネルギー貯蔵の仕組み

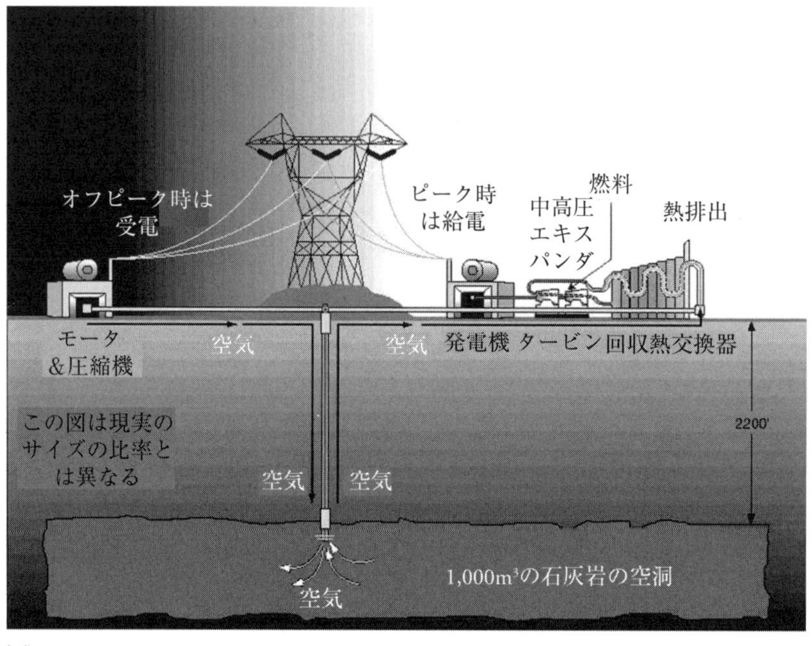

出典：Sandia National Laboratory, 2001

国の国立再生可能エネルギー研究所（NREL）の Paul Denholm 氏と彼の研究チームは，CAES 技術と風車を組み合わせることで設備利用率を 70％以上に引き上げることができ，従来型のベースロード電源と「機能性で肩を並べることができる」と述べています（Denholm et al, 2005）。

溶融塩による電力貯蔵技術も，地熱，バイオマス，集熱型や一般の太陽熱システムのような大量の熱を生産する再生可能エネルギー技術とうまくかみ合います。溶融塩エネルギー貯蔵技術は熱水流体（地熱発電），農作物や廃棄物の燃焼（バイオマス），日光から取り出された熱（太陽熱）から発生する熱の余剰を溶融塩に満たされた大きな断熱タンクに蓄えます（図 7.5 参照）。このタンクは蓄熱効率がとても高く，蓄えられた熱は後に発電に使われます。典型的なタンクは 100MW のタービンで 2〜12 時間発電できる容量があります。多くのタンクを組み合わせれば，蓄えられたエネルギーでタービン

図 7.5　一般的な溶融塩エネルギー貯蔵の仕組み

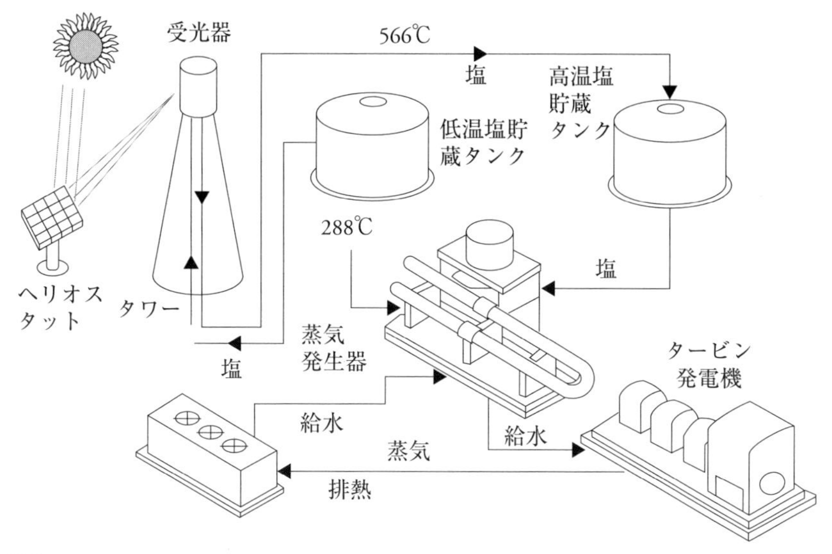

出典：Sena-Henderson, 2006

を一週間以上稼働させることができ，効率損失は1％以下です（Sena-Henderson, 2006）。例えば，Arizona Public Service 社はアリゾナ州 Gila Bend の Fenix 近郊にある 280MW の Solana 発電所で溶融塩電力貯蔵を利用しています。3平方マイルに敷き詰められたパラボラトラフから溶融塩蓄熱タンクに熱が送られ，その熱を 140MW の蒸気タービンで利用することで，完全なベースロード太陽光発電所となっています（Lockwood, 2008）。同じような太陽光溶融塩によるベースロードシステムはスペイン南部アンダソル（Andasol）でも 2008 年から問題なく稼働しています。

7.6　系統連系と送電の限界コスト

再生可能エネルギーや FIT に反対の立場の人によって時折指摘されるのが，分散型の再生可能エネルギー資源は需要家から遠くに散在しているのでこれらを系統に連系し，そのために送配電系統を構築することは許容できないほどコストがかかるということです。これらの批判では，多くの小規模な再生可能エネルギー電源が分散型で建物や最終需要家の近くに設置されてゆくことが無視されているだけでなく，米国や世界の最新のエビデンスが示す再生可能エネルギーの優位性も無視されてしまっています。

系統連系の実際のコストを考えてみましょう。ある米国の送電機関は，中西部に1ヶ所40MWのウィンドファームを152ヶ所建設するとして，その運用にかかる追加コストを調査し，5分単位の運用状況を3年分シミュレーションして計算しました。調査の結果は，システム全体を管理するための予備力の追加コストは約0.001ドル/kWh（約0.11円/kWh）で，ウィンドファームは電力システムの安定度を向上させるというものでした（EnerNex Corporation and Midwest Independent System Operator, 2006）。スタンフォード大学の研究者は，コストはもっと低いこともありうると考えています。彼らの研究では，分散して設置された風車の間欠性を調整するためにかかる電力会社のアンシラリーサービスの出費は0.00005〜0.0003ドル/kWh（約0.006〜0.033円/kWh）であり，風力発電にかかるコストの1%にも満たないと評価されています（Jacobson and Masters, 2001）。

別の調査では，風車の導入率が総容量の10〜29%を占める5つの異なる電力会社を精査した結果，追加の運用コストはわずか0.004セント/kWh（0.44円/kWh）であることが確認されました。この調査では，電力システムのピーク需要の20%まで風車を導入しても，電力システムの運営コストは0.005ドル/kWh（約0.55円/kWh）も上昇することはなく，電力システムの運用コストの10%を超えることは決してないとも結論づけられました（Smith et al, 2007, pp900–908）。興味深いことに，この調査ではまた，バックアップ電源と送電を含むこれらウィンドファームの総運用コスト0.019〜0.0497ドル/kWh（約2.1〜5.5円/kWh）であり，事実上市場で取引される他のどの電源よりも安いことが明らかになりました（Smith et al, 2007, p904）。

フィンランド，デンマーク，ドイツ，アイルランド，ノルウェー，ポルトガル，スペイン，スウェーデン，英国，米国の，風車が10〜25%導入された場合の需給調整コストと運用コストに関する15の国際調査を比較した場合，連系コストは0.003～0.005ドル/kWh（0.33～0.55円/kWh）の間に収まることが明らかになりました（Holttinen et al, 2007）。明らかなことは，分散型で遠隔管理される再生可能エネルギー資源の系統連系にかかる追加コストは全体から見ればわずかに過ぎず，米国や欧州の多くの場所で既に稼働している既存のプロジェクトの経済競争力を損ねることはなかったのです。

次に，送電コストを考えてみましょう。最近の米国の送電コストに関する研究の文献調査では，2001～2008年に行われた全米に広がるウィンドファームを遠隔管理するための送配電網の建設コストの評価40件分が精査されました。この調査の結果，最も遠くに設置された発電所までの送電線敷設を含む送電コストの中間値はわずか0.015ドル/kWh（約1.7円/kWh）程度でした（Mills et al, 2009）。実際のコストはもっと低い見込みもあります。新しい送電線はゼロから建設する必要はなく，既存の鉄塔に新たに架けることができ，ルートと立地の権利にかかる懸念を最小化するよう，現在架けられている低容量の送電線を増強することもできます。最も近い長距離電力網までのローカルの配電網は新設する必要がありますが，実際には稀です。再び米国を例にすると，国土面積は欧州各国よりはるかに大きいので，既存の230kVまたは低圧の配電網から8km以内だけでも風力のポテンシャルは175GWあり，既存の高圧送電系統から20km以内の場所ではポテンシャルは840GWになります（Jacobson and Masters, 2001）。もし米国のこうした遠隔地の風力が全て開発されたとすれば，架線にかかるコストは1kmあたり約31万ドル（約3,400万円）であり，これは遠隔地に必要な新線1万kmの総額にすると31億ドル（約3,400億円）程度になると考えられます。これは，電力システムに接続できる新たな風車22万5千基の建設コストの1%以下です（Jacobson and Masters, 2001）。他にも，遠隔の風車を接続するために新しい高圧送電系統を2000km敷設する際の，新規風力発電開発プロジェクトの均等化発電原価に上乗せされる追加コストは0.007ドル/kWh（0.77円/kWh）に過ぎません（Jacobson and Masters, 2001）。

7.7 まとめ

まとめると，大規模，小規模にかかわらず再生可能エネルギーの急速な拡大はできないだろうとする技術的な理由は，不十分であるか，もしくは運用経験に基づいていないものです。従来型の化石燃料の火力発電所や原子力発電所は，計画外停電，長期に渡る建設リードタイム，電力需要の予期せぬ変化，集中型発電所から分散する需要家までの長距離系統に関連する多くの信頼度の問題にさらされています。FITが推進する再生可能エネルギー電源はこれらの課題に効果的に対応できます。再生可能エネルギーの技術的信頼性はより高く，建設リードタイムは短いため，モジュラー形式にすることで，どのような電力需要の規模にも対応しながらすばやく設置でき，小規模なシステムは最終需要家の近くに設置，利用できます。

さらに，FITが推進する再生可能エネルギーがすべて変動性，間欠性というわけでもありません。バイオマス，バイオガス，地熱，太陽熱，水力発電設備は従来型電源と同様に計画通りに運用することができます。変動型の再生可能エネルギー資源も資源と立地を多様化し，集約することで信頼度が増し，さらにはその他の再生可能エネルギー技術と統合するか，蓄電池，揚水発電，圧縮空気，溶融塩のような電力貯蔵技術と接続することで，さらに信頼性を高めることができます。系統連系や新しい送配電システムの建設のコストは，必要な場合でもプロジェクト全体のコストに比べると非常に小さなものです。米国では，系統連系のために必要な風車と送電線建設に均等化発電原価に上乗せされるコストは通常0.01ドル/kWh（約1.1円/kWh）以下で，これは遠隔地の風力発電開発プロジェクトの総コストの1%以下になります。国際エネルギー機関（IEA）はこれまで再生可能エネルギーにあまり支持していませんでしたが，最近になって「変動性は再生可能エネルギー開発の増加の障害ではなくなっていくだろう」と述べています（Olz et al, 2007, p5）。恐らく，このような発言は以下のように言い換える必要があります。「変動性が再生可能エネルギー成長の妨げになるとすれば，それは人々がそうだと誤解するからでしょう」

参照文献

Archer, C. L. and Jacobson, M. Z. (2007) 'Supplying baseload power and reducing transmission requirements by interconnecting wind farms', Journal of Applied Meteorology and Climatology, vol 46, pp1701–1717

AWS TrueWind (2005) 'An analysis of the impacts of large-scale wind generation on the Ontario electricity system', Canadian Independent Electricity System Operator, 26 April, www.uwig.org/IESO_Study_final_document1.pdf

Bertani, R. (2002) 'What is geothermal potential?', IGA News, vol 53, pp1–3

California Independent System Operator (2008) 'Integration of energy storage technology in power systems', Northwest Wind Integration Forum Pumped Hydro Storage Workshop, p2, www.nwcouncil.org/energy/wind/meetings/2008/10/DavidHawkins.pdf

Cavanagh, R. (1986) 'Least-cost planning imperatives for electric utilities and their regulators', Harvard Environmental Law Review, vol 10, pp299–344

DeMeo, E. A., Grant, W., Milligan, M. R. and Schuerger, M. J. (2005) 'Wind plant integration: Cost, status, and issues', *IEEE Power and Energy Magazine*, vol 3, no 6, pp39–46

Denholm, P. (2006) 'Improving the technical, environmental and social performance of wind energy systems using biomass-based energy storage', *Renewable Energy*, vol 31, p1356

Denholm, P., Kulcinski, G. L. and Holloway, T. (2005) 'Emissions and energy efficiency assessment of baseload wind energy systems', *Environmental Science and Technology*, vol 39, pp1903–1911

EnerNex Corporation and the Midwest Independent System Operator (2006) *Final Report: 2006 Minnesota Wind Integration Study*, EnerNex Corporation, Knoxville, TN European Wind Energy Association (2005) *Large Scale Integration of Wind Energy in the European Power Supply: Analysis, Issues and Recommendations*, EWEA, Paris, p13 Federal Ministry of Economics and Technology (2008) *E-Energy: ICT-Based Energy Systems of the Future*, BWMi, Berlin

Fthenakis, V., Mason, J. E. and Zweibel, K. (2009) 'The technical, geographical, and economic feasibility for solar energy to supply the energy needs of the US', *Energy Policy*, vol 37, pp387–399 Gul, T. and Stenzel, T. (2006) 'Intermittency of wind: e wider picture', *International Journal of Global Energy Issues*, vol 25, p173 Harvey, W. (2008) quoted in 'Renewable energy: Price and policy are key', *Environmental Research Web*, 30 July

Holttinen, H., Lemström, B., Meibom, P., Bindner, H., Orths, A., Van Hulle, F., Ensslin, C., Tiedemann, A., Hofmann, L., Winter, W., Tuohy, A., O'Malley, M., Smith, P., Pierik, J., Tande, J. O., Estanqueiro, A., Gomez, E, Söder, L., Strbac, G., Shakoor, A., Smith, J. C., Parsons, P., Milligan, M. and Wan, Y. (2007) 'Design and operation of power systems with large amounts of wind power, State-of-the-art report', VTT Working Papers 82, VTT, Espoo, Finland. Presented at the European Wind Energy Conference and Exhibition (7–10 May), Milan, Italy, www.vtt.fi/inf/pdf/workingpapers/2007/W82.pdf

International Hydropower Association, International Commission on Large Dams, Implementing Agreement on Hydropower Technologies and Programmes/International Energy Agency, Canadian Hydropower Association (2000) 'Hydropower and the World's Energy Future', www.ieahydro.org/reports/Hydrofut.pdf

International Energy Agency (2005) *Variability of Wind Power and Other Renewables: Management Options and Strategies*, International Energy Agency, Paris, p20

Jacobson, M. Z. and Masters, G. M. (2001) 'Letters and responses: e real cost of wind energy', *Science*, vol 294, no 5544, pp1000–1003

Lockwood, B. D. (2008) *Blowing in theWind: Renewable Energy as the Answer to an Economy Adrift*, Testimony before the House Select Committee on Energy Independence and Global Warming, 6 March, US Government Printing Office, Washington, DC

Lovins, A. B., Sheikh, I. and Markevich, A. (2008) 'Forget nuclear', *Rocky Mountain Institute Solutions*, vol 24, no 1, pp23–27

Michel, J. H. (2007) 'The case for renewable FITs', *Journal of EUEC*, vol 1, pp2–19 Mills, A., Wiser, R. and Porter, K. (2009) *e Cost of Transmission for Wind Energy: A Review of Transmission Planning Studies*, LBNL-1471E, Lawrence Berkeley National Laboratory, Berkeley, CA

NERC (2005) 2000–2004 Generating Availability Report, www.nerc.com/_gads/

Olz, S., Sims, R. and Kirchner, N. (2007) Contributions of Renewables to Energy Security: International Energy Agency Information Paper, OECD, Paris

Perin, C. (1998) 'Operating as experimenting: Synthesizing engineering and scientific values in nuclear power production', Science, Technology, and Human Values, vol 23, no 1, pp98–128

Piwko, R., Osborn, D., Gramlich, R., Jordan, G., Hawkins, D. and Porter, K. (2005) 'Wind energy delivery issues: Transmission planning and competitive electricity market operation', IEEE Power and Energy Magazine, vol 3, no 6, pp47–56

Sandia National Laboratory (2001) 'Sandia assists with mine assessment', www.sandia.gov/media/NewsRel/NR2001/images/jpg/minebw.jpg

Sena-Henderson, L. (2006) Advantages of Using Molten Salt, Sandia National Laboratory, Albuquerque, NM

Smith, J., Milligan, M., DeMeo, E. A. and Parsons, B. (2007) 'Utility wind integration and operating impact state of the art', IEEE Transactions on Power Systems, vol 22, no 3, pp900–908

Sovacool, B. K. (2008) The Dirty Energy Dilemma: What's Blocking Clean Power in the United States, Praeger, Westport, CO, p85

Sovacool, B. K. (2009) 'The intermittency of wind, solar, and renewable electricity generators: Technical barrier or rhetorical excuse?', Utilities Policy, vol 17, no 3, September pp288–296

Sovacool, B. K. and Hirsh, R. F. (2009) 'Beyond batteries: An examination of the benefits and barriers to plug-in hybrid electric vehicles (PHEVs) and a vehicle-to-grid (V2G) transition', Energy Policy, vol 37, no 3, p1096

Topfer, K. (2006) Background Paper: The Combined Power Plant, Erneurbare Energien, www.kombikraftwerk.de

Trade Wind (2009) Integrating Wind: Developing Europe's Power Market for the Large-Scale Integration of Wind Power, European Renewable Energy Council, Brussels

US Department of Energy (2006) PV in Hybrid Power Systems, Office of Energy Efficiency and Renewable Energy, Washington, DC, p1

United Nations Industrial Development Organization (2009) UNIDO and Renewable Energy: Greening the Industrial Agenda, UNIDO, Vienna, pp20–21

US Congressional Budget Office (2008) Nuclear Power's Role in Generating Electricity, DBO, Washington, DC, p17

US Tennessee Valley Authority (2005) 'Pumped storage plant', www.tva.gov/power/images/pumpstor.jpg, accessed April 2009

Vine, E. D., Kushler, M. and York, D. (2007) 'Energy myth ten: Energy efficiency measures are unreliable, unpredictable, and unenforceable', in: B. K. Sovacool and M. A. Brown (eds) Energy and American Society – irteen Myths, Springer, New York, NY

Wenger, H. J., Hoff, T. E. and Farmer, B. K. (1994) 'Measuring the value of distributed photovoltaic generation: Final results of the Kerman grid-support project' presentation at the First World Conference on Photovoltaic Energy Conversion Conference, Waikaloa, Hawaii, December 1994, IEEE, Washington, DC, pp792–796

Winfield, M. S., Cretney, A., Czajkowski, P. and Wong, R. (2006) 'Nuclear power in Canada: An examination of risks, impacts, and sustainability', Pembina Institute, http://ontario.pembina.org/pub/1346, p4

Chapter 8
再生可能エネルギー導入の障壁

「もし再生可能エネルギー技術がそこまで大きな便益をもたらすのなら，なぜ推進に固定価格買取制度（FIT）が必要なのか？　なぜ再生可能エネルギーは自動的に市場で支持され，電力会社に採用され，ビジネスに受け入れられ，家庭が購入しないのか？」という疑問はよく聞かれます。

その答えは，一般に技術の進化は，ダーウィン的進化論のようにすべての可能性が同時にスタートし，メリットや効率の観点だけで受け入れられたり拒否されたりするという形では起こらない，ということです。特にエネルギーや電力システムの分野ではなおさらです。プラトンの『クラテュロス（対話篇）』の402a節に出てくるソクラテスの発言の中で，ヘラクレイトスが「同じ川に二度入ることはできない」と言ったことが語られているようです。この格言の核心は，川に最初の一歩を踏み入れた時から，川は永久に変化し続けるということです。ヘラクレイトスの一歩によって川の流れが永久に乱されたのかもしれませんが，従来型エネルギー技術を100年以上選択し，政府がそれらに対して補助金を与えてきたことは，ヘラクレイトス以上に電力の「自由市場」を歪ませているのです。

今日利用されている個々のエネルギーシステムは全て，さまざまな障害や障壁，妨害，課題を克服するために，政府による介入を必要としてきました。原子炉から蛍光灯まで，エネルギー技術の普及は歴史的にゆっくりしたプロセスであり，しばしば何十年も，時には何世紀もかかっていました。20種類の異なるエネルギー技術に対する消費者の受容性に関する分析の結果，新しい技術革新が市場に浸透するには10年弱から時に70年もかかっていることが明らかになっています（Lund, 2006, 2007）。

例えば，ディーゼルエンジンは商業ベースに乗るまで約60年かかりました。再生可能エネルギーに限らず省エネ，バイオ燃料，その他も含む全ての温室効果ガス排出削減技術の障壁の評価分析によると，義務的な技術支援システムでは，素晴らしい代替技術があったとしても従来技術を「ロックイン」（固定化）してしまうことがわかっています。またこの研究では，情報を集めて処理する，特許を取得する，許認可を得る，契約をまとめるといった取引コストはすべて開発の初期段階にある技術にとって法外に高額となりうることも示されています（Brown et al, 2008）。これらの障壁は発展途上国にも存在し，別の国際的な調査によると，ステークホルダーには代替エネルギーシステムに関する正しい情報が欠落しており，政治の介入がなければ幅広い利用に至ることはないと結論づけられています（Reddy and Painuly, 2004）。

この章では，再生可能エネルギーとFITが直面する障壁を主に4つのカテゴリーに分けて紹介します。

1. 資金および市場に関する障壁。FITについて既に出回っている情報が電力消費者や電力生産者に届いていないこと，不正確な割引率や他のエネルギーは許容できないほど高い投資利益率を得ていること，プリンシパル・エージェント問題（詳細は後述），複数の発電事業者や電力会社による略奪的行為，エネルギー供給の新しい形態に投資するよりも中核事業に留まりたいというビジネス界や産業界の欲求，などが挙げられます。
2. 政策，規制の障壁。矛盾する政府の基準，断片化した政策決定，再生可能エネルギーよりも化石燃料や原子力発電技術に対する補助金への傾倒，などに顕在化しています。
3. 文化的，行動的な障壁。一般市民の電力に対する誤解，安く豊富な電力供給に対する一般市民の期待，持続可能性ではなく快適性や制御性，自由を優先する消費者の強い個人的欲求，などに関連します。
4. 景観と環境に関する課題。FITや再生可能エネルギープロジェクトの美的価値観や時に象徴的な性質が含まれます[1)]。

8.1　金融と市場の障壁

恐らく，FITと再生可能エネルギーシステムにとって最もシンプルな障壁の1つは，情報が不足していることです。多くのノーベル受賞者も含む優秀

1）この障壁分類は，Sovacool, B. K. (2008) The Dirty Energy Dilemma: What's Blocking Clean Power in the United States?, Praeger, Westport, CT, pp123–200. で開発された方法に基づいています。

な経済学者たちは過去半世紀に渡り，介入と教育なしにはほとんどの市場で十分な情報の生産と消費は起こらないと訴え続けてきました（Stigler, 1961; Akerlof, 1970）。情報提供は，これらの経済学者が公共財の問題として取り組んできたものです。なぜなら，有用な情報は，情報を作りだした人だけでなく，全ての人にとって価値があるからです。さらに，情報の所有者には，その価値を操作する戦略的な理由があります。商品を売る人は，その商品がより魅力的に感じられるように，誤った情報を意図的に流すことがありえます。そうなると，信頼できる情報を取得するコストは巨大になるでしょう。石油会社や反環境団体が誤った情報を幅広く広めている場合は特にです。

欠点だらけの太陽光パネル，危険な風車，そして化石燃料の供給会社は，しばしば購入者やユーザーになりうる人たちよりも「良い情報」を持っており，正直な販売会社の意見を信じることを消費者が躊躇するよう，彼らを欺くことができます。例えば，小規模再生可能エネルギーや他の分散型システムに対する障壁を調査している米国南部にあるグループによって，情報の非対称が存在していることが確認されています。ステークホルダーが風力や太陽光のような非従来型電源に精通している地域では，否定的な経験が最もよく知られていました（Southern States Energy Board, 2003）。ドイツでは，市民の風力発電への抵抗は風力発電が全くないか非常に限られた地域で見られます。明らかに誤った情報のせいです。反対に風車の数が多い地域の人々の間では，一般的に批判は少ないです。

生産者が直面する再生可能エネルギーのFITについての情報の欠落も，消費者と同程度です。米国の電力会社の執行部に関する調査では，彼らが消費者の需要，好み，選好についてほとんど知識がないことが明らかになりました。例えばニューイングランドの電力事業に関する会議をハーバードビジネススクールが招集した後で，スポンサーは公式に以下のように非難しました。

> この国で最も情報を得ている人々が，電力エネルギー需要の性質に関わる非常に基礎的な物事を把握していません。歯磨き粉，人命救助，ビールの需要についてそれぞれの業界の会社執行部が知って

いるほどには，電力会社の経営者たちは電力需要について知ってはいません（Nakarado, 1996）。

情報の欠如と関連して，資本の欠如も障害です。まず，多くの住宅所有者は，自分たち用の小型の風車や太陽光パネルを購入する，コミュニティのエネルギープロジェクトに投資をするための資源を持っていません。固定給をもらっている人々がビートルズのホワイトアルバム，ストックオプション，新しいテレビ，電動缶切りなど，何かにお金を使った時，彼らの可処分所得は既に「減って」いるのです。最近の調査では，自宅の屋根上に太陽光パネルを設置した人のほとんどがキャッシュで支払っており，一方で60%の消費者がインタビューでそのような投資に使えるようなキャッシュがないと回答しています（Bulat et al, 2008）。更には，最貧困層といった再生可能エネルギーからの便益を最も多く受けられるであろう人々は投資をするための資金が最も少ない人たちなのです。FIT によってこのような障壁を克服できます。買取支払いによる安定した収入によって，貯金やキャッシュのないような人たちでも，銀行から太陽光パネルや風車を買うための融資を受けられるようになります。

資本の不足に強く関わっているのが割引率といわれる考え方です。つまり，消費者が資本を手にした時にどのように投資の意思決定を行うかです。包括割引率は消費者が財の購入に用いた投資の回収に求める利率を表しています。エネルギーシステムに対する投資の回収に期待する期間について消費者に尋ねた調査では，回答者の3分の1がこの質問に全く答えることができませんでした。また回答できた人も4分の3以上が3年以内に投資を回収できなければ投資はしないと回答しました（Koomey, 1990）。

ある調査では，住宅市場において太陽光発電システムが一般的に嫌悪される理由として以下のようなものが明らかになりました（Barbose et al, 2006）。太陽光は家の購入時の初期投資の大きな上乗せになります。さらに，建築会社や不動産エージェント仲介会社は，代替エネルギー技術が家を売るために必要かどうかを，時期がよく，住宅がよく売れるかを判断する指標にしています。時期が悪い時は，彼らは住宅価格を抑えるためにコストの最小化をより強調します。また，住宅の所有者は太陽光パネルの在庫や設置スケジュール，系統連系等による建設の遅れとそれによるコストアップを不安視します。建築会社は，ほとんどの住宅購入者は太陽光パネルに興味がないので追加コストと捉えており，さらには多くが美観，保守管理，信頼性からこれに反対であると信じています。

2008年にハーバードビジネススクールが数百の建築会社や建設会社に対して行った調査がこの事実を最も雄弁に物語っています。1万ドル（約110万円）の好きに使える追加の建築予算があれば何に使うかと尋ねたところ，25%以上の回答者が花崗岩の天板に使うと答えた一方，太陽光パネルと答えたのは15%以下でした。これは，花崗岩の天板は太陽光パネルよりもリスクが少なく，より目に見えやすいことに関係しています（Bulat et al, 2008）。また，この調査では消費者が投資回収に対して非現実的な期待を抱いていることも明らかになりました。多くは，太陽光パネルへの4000ドル（約44万円）の投資によって電気代を月額で50%以上節約できることを期待していますが，現実には10〜15%程度が相場です（Bulat et al, 2008）。

もう一つの経済的な障壁として知られているのがプリンシパル・エージェント問題，つまり投資の意思決定をする人（プリンシパル）は結果（エージェント）を共に享受する必要はないということです。プリンシパル・エージェント問題は再生可能エネルギー投資に関連してさまざまな形で現れます。建築家，エンジニア，建設会社は，自分たちが住むことはない家を設計しています。地主は自分たち自身で使うことはないテナントの設備を購入します。企業の調達部は自社の工場のための技術を選択します。深刻なズレは，消費者が他人の選んだ技術を使う時，特に，仲介者がライフサイクルコストではなく，前金を過度に強調する時に起こります。再生可能エネルギーとFITに関連する分断は，建築会社と住宅所有者の間，地主とテナントの間，機関投資家間，電力会社間の違い，の4つの組み合わせで最も致命的となります。

建築家，エンジニア，建築会社は住宅所有者または住人が使うエネルギー技術を選択します。世間一般の意匠設計の報酬構造は，プロジェクトの資本投資の一部と決まっており，効率的ですが最も高価な再生可能エネルギーシステムを設置することはエンジニアと建築家にとって不利になります。初期コスト引き下げのプレッシャーは，銀行，融資機関，金融業者によって強化されます。建築会社は結局彼らのために家を建てるのであり，彼らの融資の判断基準は，月収に占める返済額の割合を低く保ち，融資のリスクを合理的なレベルに抑えることなのです（Anderson, 1995; Brown, 1993, 1997）。

開発業者と投資家は利益の最大化ができるように常に早く，安く建築し，素早く運転を開始することを望みます。彼らにはプロジェクトコストを押し上げる太陽光パネルや風車を購入する意思はありません。本当であれば，FIT は住宅に設置される再生可能エネルギー資源を住宅所有者の負債ではなく，資産に変えて儲けをもたらし，障害を機会に変えるポテンシャルがあります。

関連する障壁として，テナントは再生可能エネルギーに投資することに興味がないということがあります。彼らは資産を所有せず，短期間占有するだけだからでしょう。地主も，エネルギーコストをテナントに転嫁することができる上に，改修はリスクの割に儲けにはならない場合が多いと信じられているために，投資をしようとしません。この古典的な「インセンティブの分断」の問題は，持ち家の戸建て一世帯住宅よりも賃貸ビル，公営住宅の面積あたりのエネルギー消費と支出がはるかに大きいことにより明らかになっています（DeCicco et al, 1996）。

同種のインセンティブの分断の問題は，各国の最もエネルギー集約度の高い産業でも起こることがあります。産業施設の多くは，プラント全体の電力消費を測定するための需給計器を 1 つしか持っていません。この場合，従来の会計手法ではエネルギーは間接費として取り扱われ，雇用者数や面積に応じて部門ごとに振り分けられます。この欠点は，ある部門のエネルギーのムダや非効率が全ての部門に等分されてしまうことです。反対に，再生可能エネルギーに投資を行った部門は，不自然なコストの分配により，その効果が希釈されてしまいます（Howarth et al, 2000）。

似たような話に，再生可能エネルギー技術は自社のコアビジネスのミッションから逸脱していると信じられているため，中小から大企業まで再生可能エネルギーに投資をしたり利用するのを嫌がることがあります。通常のビジネスにとってエネルギー支出は労務費の中では非常に小さなものなので，経営と資本は他の分野に投入されます。こうした企業も電気を使っていることは明らかにもかかわらず，彼らは自ら電気を作ることにほとんど関心を示さないのです。ほとんどの電力，エネルギー分野以外の企業にとって，自社の目標や優先順位は電気と関係がなく，自社の企業戦略を推進することに心を配る傾向があります。こうしたビジネスが売り込む興味や技術は再生可能エネルギーへの投資と噛み合わず，したがって興味や関与を示すのを拒否するのです。

経済的障壁の最後は，小型風車や太陽光パネル，地中熱ヒートポンプや太陽熱給湯器といった非商用規模の再生可能エネルギーが，電力会社，エネルギー供給会社，その他の電力関係者の市場シェアを直接的に脅かすことです。これらの既存の供給会社は，しばしば電力システムの全て，または一部分を独占的に支配し，発電所や送電システム，変電所，場合によってはその全てを所有しています。一般の電力需要家には，独占的に電力を作って配分している企業の持っている市場支配力に抵抗する能力はほとんどありません。差別的な価格に対抗する最良の手段は他の会社から電気を買うことですが，ほとんどの需要家は数社からしか選択することができません。再販売はあり得ず，電力の分配は中央給電指令所によって管理されている上に発電と垂直に統合されており，電力を効果的に貯めることはできません。需要家には電力という製品を再販売する実質的な手段がなく，これは彼らが支配的な電力会社が独占で得た市場支配力に対抗するための防御策がほとんどないことを意味します（Yakubovich et al, 2005）。

同じく，多くの大規模なエネルギー供給会社は，積極的に自らの「既得権」を用いて政府の規制を大規模集中型の発電所に有利な形に，そして小規模分散型に不利な形に持っていこうとします。いくつかの独立した調査は，送電会社が略奪的で差別的な手法を幅広く用いることによって，電力システムに対する彼らの監視権限を維持する企みがあったことを認めています。こうした努力は，まずは電力システムへの接続コストを請求することから始まります（2.10 参照）。複数の国や州では，規制下で「自然独占」を行ってきた従来の電力会社には，需要家に「座礁コスト」を支払わせることが認められていました。構造改革や規制緩和はこれを出発点として開始されました（Allen, 2002）。

座礁コストの要求は，投資が全ての利用者に資すると見られていた規制の時代に電力会社が行った，発電と電力システムへの投資の「適正利潤」を回収することを目的としています。簡単に言うと，需要家が電力会社から独立しようと太陽光パネルや風車を設置しようと決めたとき，恐らくその需要家は電力システムに必要な負荷の一部を取り去ってしまうため，電力会社が電力システムに行った投資の一部が「座礁」してしまいます。座礁コストとはこのような投資を行い，電力システムを利用しない需要家からも電力会社がお金を取り続けることを認めているのです。

その他の差別的な取扱を行う手法の例に，電力会社から（小規模分散型など他の手段へ）需要を置きかえようとする需要家への罰則となるコスト，すなわち「需要家コスト」の請求があります。米国で最近行われた調査では，分散型の再生可能エネルギー技術の利用にかかる本来再生可能エネルギーと「無関係な」請求は17種類以上あることがわかりました（Alderfer and Starrs, 2000）。Public Utilities Fortnightly誌の副編集長は，この種の請求行為を「競争的な電力市場の発展への主要な障害である」と非難しています（Stavros, 1999）。

8.2　政治と規制の障壁

政治と規制の障壁もあります。最も明らかな障壁は再生可能エネルギーシステムへの支援政策の首尾一貫性のなさにあります。化石燃料技術への補助金やインセンティブと異なり，再生可能エネルギーを支援する目的の政策はしばしばこの技術の採用の拡大を大きく毀損します。

例えば米国では，分散型再生可能エネルギー資源の政府調査に資金を投じたジミー・カーターからロナルド・レーガンへの政権の移行に伴い，再生可能エネルギーと小規模なエネルギー産業に従事していた人々が追い払われてしまいました。米国で300以上の再生可能エネルギープロジェクトを指揮した Wilson Prichett 氏は，レーガン大統領は政府内の政策立案者だけでなくエネルギーシステム業界で働く人々まで落胆させたと述べています。レーガン政権の結果を Prichett は以下のようにまとめています。

> 1982 年か 83 年にはほとんどの人々がこの産業を去っていきました。農業廃棄物を燃料に変える取り組みや，さまざまな太陽光や風車の設計を行っていたこの国の何千もの人々全てがそれを取りやめたのです。政府からの支援はありませんでした。実際のところ完全に水が差されてしまいました [2)]。

このような後退の明確な証左として，バイオマス，風力，ソーラーに対する米国の生産税控除にまつわる悲しい話を取り上げましょう。レーガンの後継者であるジョージ H. W. ブッシュが署名した 1992 年エネルギー政策法では，再生可能エネルギー技術への生産税控除が盛り込まれました。この控除は 1999 年に期限切れとなり，環境保護派はその再導入について議会の承認を得ようと必死で努力を長年続けてきました。議会が 2001 年終わりまでの控除制度の修正に失敗して制度が撤廃された結果，風力発電プロジェクトへの投資は急激に落ち込みました。2002 年の風車の新規導入はわずか 410MW で，2001 年と 2003 年の 1600MW と比べて大きく低下しています。米国の風力発電に対する政策の矛盾はブームと崩壊のサイクルを産業内に作り出しており，プロジェクトのための資金獲得が不可能となっています。

政策の変更は 2001 年のデンマークの風力市場にも破壊的な影響をもたらしました。当時，政府は成功していた FIT 制度を取引可能なグリーン電力証書制度に切り替えることを決定しました。この代替策が完全に導入されることはありませんでしたが，デンマークの風車の新規設置容量は 2000 年の 600MW から 2001 年前半にはわずか 18MW にまで落ち込みました。投資家は，規制の変化のもたらす不確実な環境に立ち向かうことになりました（図

2）Wilson Prichett 氏への研究インタビュー（2006 年 2 月 16 日，バージニア州 Blacksburg）に基づく。

8.1 参照）（Mendonça et al, 2009）。

全ての再生可能エネルギーの投資家，設備メーカー，運用者が既に知っているように，再生可能エネルギー技術に関わる政策の不安定さは深刻な障壁となっています。個人や機関投資家からの投資を模索する起業家は，しばしば意思決定に関する首尾一貫した環境を欲します。採算性の予測には，通常は税控除，減価償却期間，キャッシュフロー等の将来にかかるデータが必要です。これらの資金繰りの計算に必要な要素を政策立案者が頻繁に変えると，彼らは意思決定のプロセスの中で不確実性をさらなるレベルに引き上げる必要があります。

こうした障壁は，米国に限ったものではありません。EU 21 カ国を調査した最近の研究では，多くの政策的障壁が無視できない不確実性を生み出していることが明らかになりました（Coenraads et al, 2008）。プロジェクト開発事業者は，中央及び地方当局の形式主義と予測不可能な官僚主義による遅延は重大な障壁となっており，平均的な再生可能エネルギープロジェクトでは 7 つ以上の異なる当局が関わっていると述べています。調和のとれた基準の作成，小規模再生可能エネルギーを系統に接続するための政策の作成を求める政治的支援の欠如によって引き起こされるプロジェクトの許認可までの長い

図 8.1　デンマークの年間の風力発電設備容量の推移

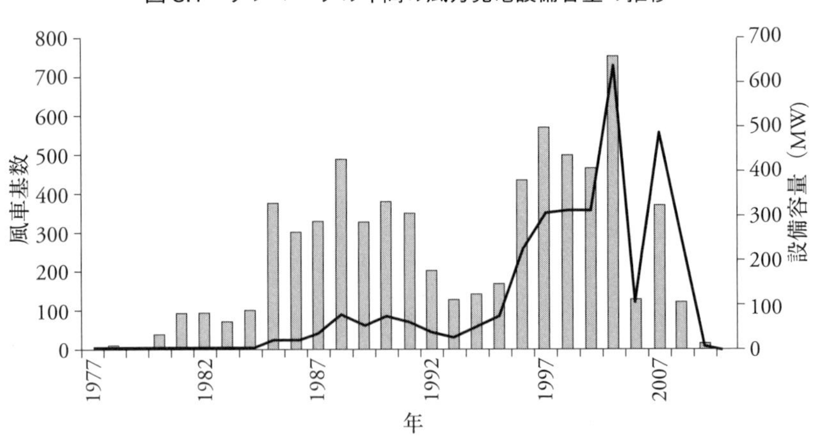

出典：Meyer, 2007

リードタイムもまた問題として報告されています。

例えば再生可能エネルギープロジェクトの許認可プロセスは，必要な計画許可の取得を理由にしばしば長引きます。再生可能エネルギープロジェクトの分散型の特質と常態的な土地利用の必要性のせいで，時代錯誤の計画評価によって許認可プロセスが減速することもありえます。例えば，小規模水力発電プロジェクトはオーストリアでは許認可プロセスに12ヶ月かかりますが，スペインやイタリアでは許認可プロセスが時に12年かかります。風力発電では，ドイツの行政手続きは1から2年しかかかりませんが，フランスの複雑な手続きでは時に5年かかります（Coenraads et al, 2006）。

再生可能エネルギープロジェクトに対するその他の障壁は，非常に多くの許認可を取得するためにコンタクトしなければならない当局の数が多いことです。これには産業プラントとしての手続き，系統接続の手続き，環境アセスメント等が含まれます。フランスで風力発電所を設置するためには，事業者は様々な政治レベルの27の異なる当局にコンタクトする必要があります。これは，再生可能エネルギープロジェクトの開発を不必要に長期化させるだけでなく，プロジェクト全体のコストを押し上げ，結果として電力の最終消費者に新たな負担を課すことになります。ハンガリーでは許認可プロセスに平均で40の当局が関わっています（Coenraads et al, 2008）。

米国にも例がないわけではありません。再生可能エネルギープロジェクトにまつわる形式主義を深掘りした調査では，設置事業者は太陽光や風力の事業許可の経験がほとんどか全くないプランナーや建築監督者に頻繁に遭遇することが報告されています（Pitt, 2008）。この調査では，欧州の国々と同じような複雑な許認可の要求事項と冗長な審査プロセスは，プロジェクトの遅延を引き起こし，プロジェクト全体に対する実質的な追加コストになっていると述べられています。競争関係にある，または複雑に絡まった自治体，郡，州，国の建築規制のような司法にまつわる怪奇な認可基準は，複雑さを増やすのみです。この調査では，「これらの今なお残る官僚主義のハードルは，住宅の所有者や経営者の再生可能エネルギーシステム設置の努力を苦境に追い込むだけでなく，分散型再生可能エネルギーシステムの国内市場の発展を妨害している」と結論付けられています（Pitt, 2008）。

その他の行政の障壁の例は，2.11 節で紹介しています。たとえ目に入らない場合が多いとしても，最も重大な障壁は従来資源に対する政府補助金の継続で，再生可能エネルギーの補助金の枠に直接影響します。気候変動やクリーンエネルギーの推進に関する多くの議論にもかかわらず，現在の補助金は原子力と化石燃料にとても比重が置かれています。経済開発協力機構（OECD）加盟国の再生可能エネルギーへの補助金は 1980 年のピーク時の 21 億ドル（約 2,300 億円）から 7.5 億ドル（約 830 億円）まで減りました。一方で原子力は 1974 年から 2006 年までのエネルギー関連研究全支出の 70％近くを受け取っており，石炭，石油，ガスが続きます（International Energy Agency, 2008）。他にも，1974 年から 2002 年までに原子力は 1 兆 3800 億ドル（約 153 兆円）を OECD 加盟国から補助金として受け取っており，化石燃料も 370 億ドル（約 4.1 兆円）を支援されていますが，太陽光は 63 億ドル（約 7,000 億ドル），風力はたったの 29 億ドル（3,200 億円）です（図 8.2 参照）。

多くの先進国，特に米国では，石炭生産者は今も採掘事業に対する法定減耗償却，採掘と開発コストの控除が認められており，石炭と鉄鉱石に対する特別資本利得待遇，炭鉱埋め立てと閉鎖に対する控除，研究補助金，黒肺塵症患者給付を国から受け取っています。石炭労働者の黒肺塵症，または肺塵

図 8.2　OECD 加盟国のエネルギー研究への補助金（1974～2002 年）

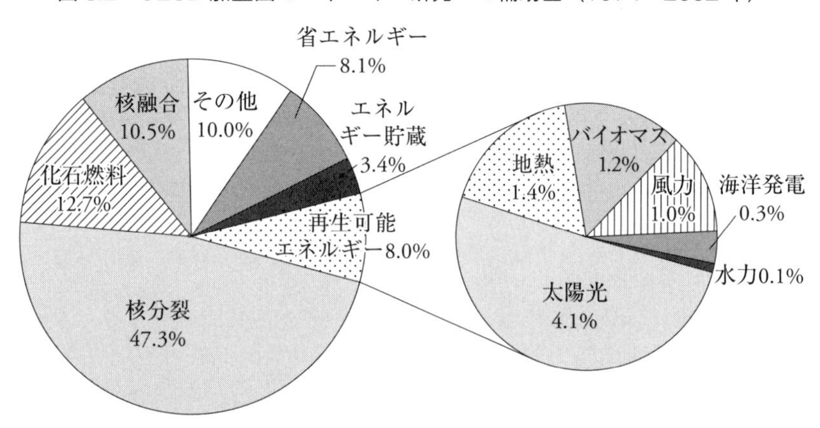

出典：International Energy Agency, 2004

症は，石炭煤塵の長期被爆によって引き起こされ，線維症，壊死，肺不全の原因となります。石油とガス生産者も今なお，同様の控除，増加石油改修法へのボーナス，掘削と開発コストの税控除，石油生産向け特別融資，研究補助金を受け取っています（Jacobson and Masters, 2001）。原子力発電所運営者と設備製造業者は，多額の融資保証，研究ファンド，建設遅延に対する公的保証と補償，原発解体への税制優遇，運営にかかる税額控除，サイト外の安全保障と放射性廃棄物処分場への公的支出を受け取っています。

例えば，米国の原子力発電所への既存の補助金はまったくもって反道徳的です。歴史的には原子力技術の開発は最初の15年で15.30ドル/kWh（1970年代の米ドル≒300円として，約4,600円/kWh）の補助金を受け取っています。比べて太陽光は7.19ドル/kWh（約797円/kWh），風力に至っては0.46ドル/kWh（約51円/kWh）です。全体としてみれば，1947年から2000年の間の原子力への補助金の累計は米国の1家庭あたり1411ドル（約15万円）で，風力はわずか11ドル（約1,200円）です（Sovacool, 2009a, pp1529–1541）。

米国のエネルギーに関する最新の2つの政策動向は，原子力に対する補助金です。プロジェクトの80%をカバーする130億ドル（約1.4兆円）の融資保証，30億ドル（約3,300億円）の研究ファンド，遅延に対する20億ドル（約2,200億円）の公的保証と解体事業の13億ドル（約1,400億円）の税控除です。これが十分でない場合は米国政府はさらに6GWまでは稼働開始後8年間は0.018ドル/kWh（約2.0円/kWh），設置1kWあたり842ドル（約9.3万円）許認可手続きにおける政府ファンドをさらに支援します。また，事故については上限1090億ドル（約12兆円）の有限責任となっておりそれ以上は政府が負担する支援制度もあります（Sovacool, 2008a, p206）。これらの補助金の他にも原子力産業には多くの「他の」給付が追加で与えられています。これにはオフサイトの安全管理の負担がない，本質的な住民参加の不在，許認可における司法審査の不在，廃棄物貯蔵施設の負担があります。プライス・アンダーソン法によって成立した現在の補助金は，1990年代のほとんどの期間で米国エネルギー省の研究開発予算全体よりも多かったと試算されています。2009年のカリフォルニア大学バークレー校の学際チームによる研究では，米国の原子力発電所のコストの少なくとも37%は米国の納税者からの補助金だったと試算されています（Levin et al, in preparation）。

世界中で見られる化石燃料や原子力へのこれまでの執拗な補助金によって，再生可能エネルギーは深刻な影響を受けています。これらの補助金は最もダーティーな電源で発電される電力の発電コストを不自然に押し下げ，消費者は市場から正しくないシグナルを受け取ることになり，資源の過剰消費を誘発し，電力消費を高止まりさせ，本当に必要な量を超える発電容量の確保や消費行動という結果になってしまいます。再生可能エネルギーが現在の市場で原子力に対して同様の補助金なしに立ち向かうのは，自転車でフェラーリを相手にするようなものです。驚くべきことに，風力やバイオガスといった再生可能エネルギー資源はすでに原子力技術よりも遥かに安く，より開発されています。従来電源の圧倒的な推進にもかかわらずです。

8.3　文化と行動の障壁

3つ目の障壁は文化的価値とルーチン化した行動の障壁です。意思決定プロセスに関する一般家庭へのインタビュー調査では，一般家庭での直接的な電力消費は，通常はその家庭自身では決めていないことが分かっています。一般家庭は電力と再生可能エネルギーについてはっきりとした意思決定はしていないのです。そうではなくて，彼らは，例えばアニメを見たり洗濯したりと自分たちの行動を選択し，その過程としてエネルギーを消費しているのです。普通の家庭では砂糖から靴まですべての消費財について自分たちで決め，蜂蜜から映画のチケットまで意識して計画しているのに，電力を何kWhほど使おうと決めているような家庭はほとんどありません。そのため，電気代は，電気に関する意思決定ではなく，家庭のライフスタイルの結果として決まっているのです（Morrison and Gladhart, 1976）。ほとんどの家庭は，電力消費について意識して決定することは全くありません。

間違った意思決定，電力への無関心の結果，誤った情報や誤解が蔓延しています。最近の調査では，回答者のほぼ半分が「石炭」，「石油」，「鉄」が「再生可能エネルギー資源」と答えています。この調査はまた，1999年から

2004年の間に「太陽」と「木（バイオマス）」が「再生可能エネルギー」であると答えた人の割合が61％から55％へ下落したことも伝えています（Kentucky Environmental Education Council, 2005）。2006年の米国の電力消費者の調査では，「ダム」や「水力」を含めても5分の4は再生可能エネルギー資源を1つも挙げることができませんでした（Shelton, 2006）。2008年に米国環境省が行った全国レベルの調査では，米国人のわずか12％しか電力リテラシーテスト「基礎編」に合格できませんでした。欧州では，2007年の代替エネルギーに対する態度調査で，英国に住んでいる人の31％が昨年に風力について一度も聞いたことがない，90％がバイオマスについて一度も聞いたことがないと回答しました（Reiner et al, 2007）。事例は枚挙に暇がありませんが，恐らく重要な点は指摘できたと思います。つまり，多くの人が電力についてほとんどまたは全く知らず，それゆえになおさら再生可能エネルギーやFITに対して無関心なのです。さらには化石燃料や原子力の広告宣伝に感化されて敵対的ですらあります。

この捉え難くも強力な心理的要素と価値観は電力消費の無駄を助長し，再生可能エネルギーへの敵対を生み出します。私たちはエネルギーを燃料として直接的に消費しておらず，それがもたらすサービスを消費していることを忘れがちです。移動手段，スピード，快適さ，灯り，冷房，暖房，娯楽や楽しみを求めて私達は燃料を利用するのです。

日常生活や価値観が持続可能ではないように形作られ，人々が，最適だからではなく便利だからと従来のエネルギーを好んでしまうことも問題です。実際，快適さ，自由，監視，信頼，社会的ステータス，しきたり，習慣全てに関連する価値観が再生可能エネルギー賛成，反対の態度を決めることもあります。エネルギーと電気に対する態度についての長期的な調査によると，コストが最も関心が高いという予想に反して，「快適さ」がエネルギー利用に関して最も重要な決定要因であり，これは場所や調査年度に関わらず，強固なものであることが明らかになりました（Becker et al, 1981）。

つまり，電力消費において最も弾力性がなく一定な要素，使えるエネルギーによらず変わらない要素は温度の快適さであり，実際のエネルギー消費の最も重要な予測変数となっています。この見方を論理的に拡張すると，既存のエネルギーシステムが現在供給している快適さを壊す脅威のあるあらゆる新規技術は，それが思い込みに過ぎないとしても，ひどく拒否されるのです。自由と監視もエネルギーの選択にほとんど同じくらい大きな影響を与えているようです。人々は自由を妨げるエネルギー技術，自分たちの監視の及ばなくなると思われる技術を拒否するでしょうし，その結果多くの人は再生可能エネルギーのために何かが犠牲になることは望まないでしょう（Mazis, 1975; Becker, 1978; Brehm and Brehm, 1981; Thompson 1981）。

一度親しみやすさ，エネルギー，消費に関する価値が形作られると，それがなんであれ，変えることは非常に難しいようであり，特に電源にまつわる場合は強固です。心理学者によれば，人間は自分が行った意思決定を事後的に合理化しようとする傾向があります。選んだ選択肢の良い面を強調し，選ばなかった選択肢の悪い面を強調するというものです。時間が経つにつれ，個人はより自分の選択したものが，他の選択肢よりもはっきりと優れていたとみなすようになります（Brehm, 1956）。さらには，コスト，努力，不遡及の度合いが大きいほど，この効果はより強く永続的になります。人々は，客観的な事実の探索よりも自己正当化の必要性を求め，自分たちの立場を補強するもっともらしい言説や，自分と反対の立場がふさわしくないとする言説を記憶する傾向があるのです（Stern and Aronson, 1984）。電力消費，再生可能エネルギー，FIT に絡めて話をすると，これらの心理的要素は，人は自分たちのこれまでの行動に納得するために変化を拒むことを意味しています。変化が必要だという情報を弱める惰性を人々が正当化していることは，彼らが太陽光パネルや風車を自分たちで設置しない原因の 1 つになっています。

8.4　景観と環境の課題

最後の課題は，再生可能エネルギー技術にかかる景観と環境の論点です。恐らく，最も声高に叫ばれる環境に関する論点は，風車のブレードに衝突した「鳥とコウモリの死」に関するものです。大規模集中型の再生可能エネルギー発電所は広大な土地を必要とすることがあります。この発電所が密生する森林や，動植物の豊かな生態圏に建設されるときは，大きな生態系を分断することもありえます。ダムは，生物の移動を大規模に破壊し，上流と下流の生態系を変え，貯水池で腐敗する草木から温室効果ガスを排出するでしょう。バイオマスやバイオガス発電所は近隣に悪臭を放ち，大量の燃料をトラックで運搬することで渋滞の原因にもなりうると人々は非難してきました。地熱発電所のいくつかは，少量の硫化水素やCO^2や硫黄，シリカ，ヒ素，水銀を含む有害な汚泥を排出することもありえます。ほとんどの太陽光パネルのライフサイクルでは，シリコンの採掘や処理が必要であり，ハリケーンや竜巻によって工場設備が故障，損壊すると土地を汚染する物質が使われています。

上述の話はFITと再生可能エネルギーの普及に良くないように映りますが，これは事実を反映していません。鳥類の死亡事故の問題は真剣に検証すべき論点であることに異論はありませんが，いくつかの事実は，鳥類の事故死は鳥類の飛行ルートの近くに古い形式の風車を建設した古い風力発電所に限られていることを示しています。さらに原子力，化石燃料，風力発電の各電源を原因とする鳥類の事故死に関する最近の研究では，風力が鳥類にとって一番良いことが示されています。この調査は，風力，原子力発電所はともに発電1GWhあたり0.3～0.4羽の死亡につながりますが，化石燃料の発電所では1GWhあたり約5.2羽と評価しています。この評価に従うと，ウィンドファームは2006年に全米で約7,000羽の鳥を殺しましたが，原子力発電所は32万7000羽，火力発電所は1450万羽の鳥を殺していることになります（表8.1参照）。火力発電所は，野生鳥類に対して風力や原子力発電所より大きな脅威となっています。野生の鳥類は風車に衝突して死亡するだけでなく，原子力発電所の冷却塔，送配電系統，火力発電所の煙突に衝突する事故もあります。酸性雨で森林が枯れる，有害物質を取り込む，致死量を超える水銀を摂取する，ウラン鉱山の汚染された水を飲むといったことも鳥類の死亡要因であり，気候変動が渡りのルートを荒らし，生態圏を破壊することで多くの鳥が死んでしまいます（Sovacool, 2009b）。鳥類の死亡の問題をより大きな目線で見ると，陸上，洋上風力の風車が原因となる鳥類の死亡事故は，他の原因と比べてかなり低いものです。毎年何百万羽の鳥が背の高い電波塔に衝突する，自動車に轢かれる，猫に襲われるといった理由で死亡しています（図 8.3 参照）（MacKay, 2009）。

風力発電に使われる土地は，石炭火力発電所や原子力発電所用地と異なり，農地，牧場，森林と併用することができ，多くの太陽光発電技術は建物

表 8.1　米国における化石燃料，原子力，風車発電による鳥類の死亡

電源技術	仮定	鳥類の死亡数（年間合計）	鳥類の死亡数（1GWh あたり）
風力	6 つのウィンドファームの風車 339 基（発電容量 274MW）の実際の運営経験に基づく。年間合計死亡数は 1GWh あたりの死亡数 0.269 に 2006 年の風力の発電電力量 25,781GWh をかけて算出。	7193	0.269
化石燃料	2ヶ所の石炭火力発電所の実際の運営経験，アパラチア山脈での石炭採掘による山頂の掘削，酸性雨による林害，海洋汚染，気候変動による影響評価の間接的被害に基づく。年間合計死亡数は 1GWh あたりの死亡数 5.18 に 2006 年の国内の石炭，天然ガス，石油火力発電所の発電電力量 280 万 GWh をかけて算出。	1450 万	5.18
原子力	4ヶ所の原子力発電所と 2ヶ所のウラン採掘場，鉱山の実際の運営経験に基づく。年間合計死亡数は 1GWh あたりの死亡数 0.416 に 2006 年の国内の原子力の発電電力量 787,219GWh をかけて算出。	327483	0.416

図 8.3　デンマークと英国の風車による鳥の年間死亡件数

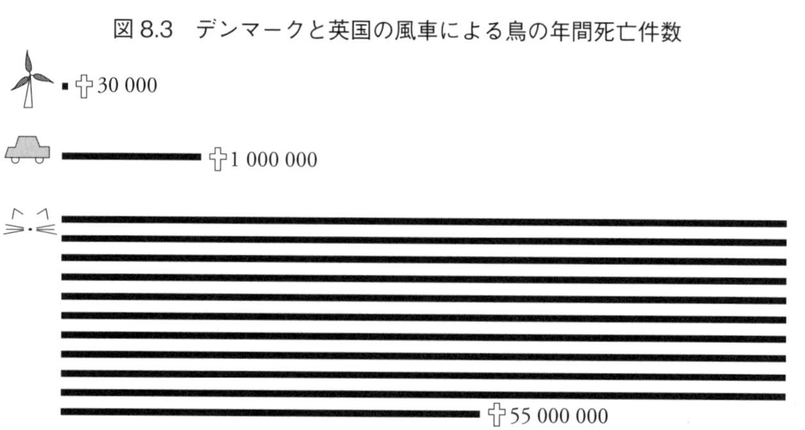

出典：MacKay, 2009

自体やファサードと完全に一体化できます。いかなる水力発電所も燃料を燃やすことはなく，火力発電所と比較すれば大気汚染はないかごくわずかです。適切に設計したバイオマス発電所は，化石燃料を燃やさない限り，収支で見れば二酸化炭素を大気に排出することなく，有害ガスも少量です。高収量の食用作物は土壌の栄養分を濾し取りますが，バイオマス用の作物を痩せた土地で育てれば，土壌の質の保持，肥沃化，土壌侵食の抑止，エコシステムの健全化につながります。地熱発電所も大気の質に対して大きな便益があります。一般的な高温水や蒸気を発電に用いる発電所では同サイズの石炭火力発電所に比べて，硫化水素の排出は1%程度，窒素酸化物は1%以下，二酸化炭素の排出は5%です。

再生可能エネルギーシステムのコストと便益を総合し，その他の現在用いられている技術と比較した結果に読者は驚くことでしょう。需要家が請求書で確認する現在の電力料金や価格には，これまで議論してきた多くの再生可能エネルギーのコストと便益，火力発電所と原子力発電所のそれが反映されていません。経済学者はこれらの要素を「外部性」と呼び，ある行動に参加している人々や組織の行動のコストや便益のうち彼らが受け取らない，支払わないものを意味します。軍事用語では，こうしたものは「付帯的損害（コラテラル・ダメージ）」と呼ばれています。

火力，原子力発電所は世界で2番目に大きな水の消費者であり，何百万トンの固体廃棄物を生み出し，水銀，微粒子状物質，有害物質を大気中に排出し，広範な社会的不公平の原因となります。現在の電力システムでは，発電所は環境に与えるダメージのほとんどを負担していません。もしこうした発電所が輸送，大気汚染，水質汚染，土地利用，さらには怪我や死亡事故が発生すればその損害といったコストを完全に内部化しなければならなくなれば，石炭発電は0.1914ドル/kWh（約21円/kWh），石油と天然ガスは0.12ドル（約13円/kWh），原子力は0.111ドル（約12円/kWh）のコストの上乗せになります。それぞれのケースで，これらの資源の外部コストは現在の生産コストを超えてしまうでしょう。反対に，再生可能エネルギーの外部コストははるかに，はるかに小さなものです。風力，地熱や太陽光では0.02ドル（約2.2円/kWh），水力では0.05ドル（約5.5円/kWh），バイオマスでは0.07

ドル（約 7.7 円 /kWh）にしかなりません（図 8.4, 8.5 参照）。

現在の発電に関して少し話を変えると，従来電源の外部コストや外部性は

図 8.4　従来型，原子力，再生可能エネルギーの「外部コスト」

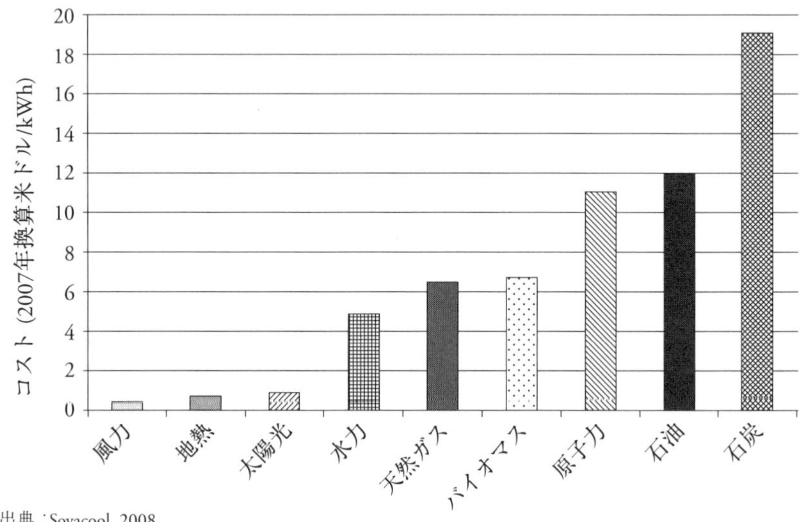

出典：Sovacool, 2008

図 8.5　発電コストと比較した電源別の「外部コスト」

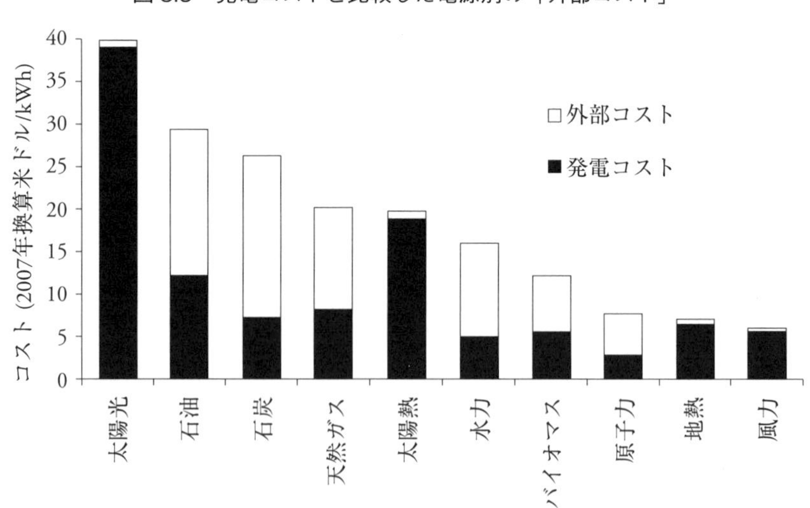

出典：Sovacool, 2008b

途方も無いものです。米国だけでも，石炭では年間2,280億ドル（約25兆円）の損害，石油とガスでは1,050億ドル（約12兆円），原子力では870億ドル（約9.6兆円）の損害が発生しており，これは一年間にこれらの産業全体が生み出す収益よりも大きなものです。おおまかに定量化して金銭ベースに直すと，石炭発電所の負の外部性はウィンドファームより74倍も大きく，原子力発電所の負の影響は太陽光パネルシステムの12倍も大きいのです（Sovacool, 2008a, pp113–121）。

再生可能エネルギーがどの従来電源よりも環境にとってはるかに良いことは明確であり，証明も可能です。再生可能エネルギーにも特有の環境の議論がありますが，火力，原子力発電の環境リスクに比べればとるに足りないものです。

であればなぜ，需要家や，環境主義者でさえも，相対的にずっと大きな便益を環境にもたらすであろう技術を拒否してしまうのでしょうか。エネルギー産業の性質が高度に政治化されてしまっているために，火力や原子力発電の負の外部性の影響を「内部化」する多くの試みは失敗に終わっています。最も分かりやすい例は，従来電源由来の電力に課税するケースでしょう。電気料金の値上げを望まない電力会社や，さらには需要家によってこれらの取り組みは猛烈に拒否されてきました。

これは再生可能エネルギーシステムがシンボリックな意味をもっていることに起因するのでしょう。新しい発電所の立地への反対運動が起こる理由には，こうした技術がすでに存在する社会の衝突を焚き付けてしまうということもあるでしょう。こうした社会問題は電力とほとんど，または全く無関係なこともあります。例えば，郊外の住宅地ではしばしば都市開発事業者が街の真ん中に発電所を建設しようとして大変な怒りを買うことがしばしばあります。または，政治決定，許認可や立地選定過程から疎外されたと感じて，新規発電所建設に反対する事例もあります。他にも，郊外の住民が経済発展の原動力になると自分たちで使う再生可能エネルギー発電設備を求めたところ，田舎の景観に風光明媚な土地，保養地としての価値を認めて保全を求める地域住民にとっては景観への干渉と映り，激しい反対が起きることもあります。この場合，再生可能エネルギー発電技術は単なる発電技術ではなくなり，これを景観の管理方法，所有と管理のシステム，個人の倫理観，態度の反映に象徴化されてしまいます（Pasqualetti et al, 2002）。ある研究者はジョークとして，近代のあらゆるエネルギープロジェクトへの抵抗は，「自分の裏庭には建てないで（Not in my Backyard; NIMBY）」を超えて「何か（誰か）の近くのどこかには絶対に建てないで（build absolutely nothing anywhere near anything; BANANA）」へと急激に変化するくらい強いものだとコメントしています。

これらの衝突の多くは再生可能エネルギーの非可動性と関係があります。風は吹くものですが，風の強い地域は動きません。風と太陽は石炭や従来の燃料と異なり，取り出して離れた利用場所に輸送することができません。ウィンドファームの成功には，風車を十分な風が吹く地域に建設する必要があります。そのため，風車の適地が限られていることは，土地の現在の利用方法や利用計画との衝突を巻き起こします。景観は時に何よりも価値を持つため，それ自体が再生可能エネルギーへの公共の態度を形成することもあります。海岸線や国立公園のような繊細な場所に風車を設置することは，社会的な騒ぎを引き起こします。見えない場所やゴミ処理場のような価値の低い土地に建設すれば，反対はなくなるかもしれませんが（Pasqualetti, 2004）。

これらの論争の中には，この節で議論した誤った情報が原因のこともあります。人々は再生可能エネルギーシステムのコストと便益を正確に評価することはありません。ここでは一例として，マサチューセッツ州ナンタケット海峡の Cape Wind と呼ばれる洋上風力発電所に対する反対運動の調査を取り上げます。この調査では，反対派によって洋上ウィンドファームの環境価値が大幅に過小評価されていることが明らかになりました。2007 年に 500 人の地域住民に実施した調査では，このプロジェクトはより汚染の大きな火力発電所の電力 1.5GWh を代替するはずだったにもかかわらず，72%の回答者がこのプロジェクトが美観を損ねるだろうと感じ，42%が環境を理由に Cape Wind プロジェクトに強く反対しました。

8.5　まとめ

一体どうして私たちはこの相互に関連する障壁に混乱してしまうのでしょうか。

まず，再生可能エネルギーのおかれた状況は，経済シグナルは必要ですが，消費者の受容度を高めるにはそれだけでは不十分なことを想起させます。電力会社の責任者，送電会社，企業経営者や一般の消費者は価格シグナルを受け取り，便益を最適化し，コストを最小化するように合理的に行動を変える自動装置としては機能しません。そうではなく，技術の変化，慣習，行動，価値観，態度，感情，興味によって形作られ，そしてそれらを形作ることを後押しする複雑な社会，文化環境に巻き込まれています。再生可能エネルギー推進の障壁は，情報の欠如，資本の欠如，単なる利己主義のせいで，需要家が自分たちや社会の利益になることを拒否してしまうことを示しています。

次に，ここで議論した障壁と課題は，FITを採用すべき強固で論理的な理由にもなります。政府の介入は再生可能エネルギーの開発を苦しめる市場の失敗を是正し，政治の不安定を解決し，文化的バイアスを解消し，環境影響に関する誤解をとくために決定的に必要です。現在のエネルギー市場は，常態化した過去の介入によって形作られ，ヘラクレイトスの川のように，後戻りできないほど変わってしまいました。化石燃料と原子力のシステムが作り出す推進力を修正し，より公正で公平な電力セクターを作るためには強固な公共政策が必要です。政策もなく，ただある市場に任せていては再生可能エネルギーの推進はできないのです。

参照文献

Akerlof, G. A. (1970) 'The market for "lemons": Quality uncertainty and the market mechanism', The Quarterly Journal of Economics, vol 84, no 3, pp488–500

Alderfer, B. and Starrs, T. J. (2000) Making Connections: Case Studies of Interconnection Barriers and Their Impact on Distributed Power Projects, NREL/SR-200-28053, National Renewable Energy Laboratory, Golden, CO

Allen, A. (2002) 'The legal impediments to distributed generation', Energy Law Journal, vol 23, pp505–523

Anderson, D. (1995) 'Roundtable on energy efficiency and the economist – an assessment', Annual Review of Energy and Environment, vol 20, pp562–573

Barbose, G., Wiser, R. and Bolinger, M. (2006) Supporting Photovoltaics in Market-Rate Residential New Construction: A Summary of Programmatic Experience to Date and Lessons Learned, Lawrence Berkeley National Laboratory, Berkeley, CA

Becker, L. J. (1978) 'Joint effect of feedback and goal setting on performance: A field study of residential energy conservation', Journal of Applied Psychology, vol 63, no 4, pp428–433

Becker, L. J., Seligman, C. and Darley, J. M. (1979) Psychological Strategies to Reduce Energy Consumption, Center for Energy and Environmental Studies, Princeton, NJ Becker, L. J., Seligman, C., Fazio, R. H. and Darley, J. M. (1981) 'Relating attitudes to residential energy use', Environment and Behavior, vol 13, no 5, pp590–609

Brehm, J. W. (1956) 'Postdecision challenges in the desirability of alternatives', Journal of Abnormal and Social Psychology, vol 52, pp384–389

Brehm, S. S. and Brehm, J. W. (1981) Psychological Reactance: A Theory of Freedom and Control, Academic Press, New York, NY

Brown, M. A. (1993) 'The effectiveness of codes and marketing in promoting energy-efficient home construction', Energy Policy, pp391–402

Brown, M. A. (1997) 'Energy-efficient buildings: Does the marketplace work?', Proceedings of the Annual Illinois Energy Conference, vol 24, pp233–255

Brown, M. A, Chandler, J., Lapsa, M. V. and Sovacool, B. K. (2008) Carbon Lock-in: Barriers to the Deployment of Climate Change Mitigation Technologies, ORNL/TM-2007/124, Oak Ridge National Laboratory, Oak Ridge, TN

Bulat, O., Danford, L. and Samarasinghe, L. (2008) Project Sunshine: An Overview of the US Residential Solar Energy Market, Harvard Business School, Cambridge, MA

Coenraads, R., Voogt, M. and Morotz, A. (2006) Analysis of Barriers for the Development of Electricity Generation from Renewable Energy Sources in the EU-25', OPTRES, Utrecht Coenraads, R., Reece, G., Voogt, M., Ragwitz, M., Resch, G., Faber, T., Haas, R., Konstantinaviciute, I., Krivosik, J. and Chadim, T. (2008) Progress: Promotion and Growth of Renewable Energy Sources and Systems, Ecofys, Fraunhofer Institute, Energy Economics Group, LEI, and SEVEn; Utrecht

DeCicco, J., Diamond, R., Nolden, S. and Wilson, T. (1996) Improving Energy Efficiency in Apartment Buildings, ACEEE, Washington, DC

Firestone, J. and Kempton, W. (2007) 'Public opinion about large offshore wind power: Underlying factors', Energy Policy, vol 35, pp1584–1598

Howarth, R. B., Haddad, B. M. and Paton, B. (2000) 'The economics of energy efficiency:
Insights from voluntary participation programs', Energy Policy, vol 28, pp477–486 Interna-

tional Energy Agency (2004) Renewable Energy RD&D Priorities: Insights from IEA Technology Programs, OECD, Paris, p54

International Energy Agency (2008) Deploying Renewables: Principles for Effective Policies, OECD, Paris

Jacobson, M. Z. and Masters, G. M. (2001) 'Letters and responses: The real cost of wind energy', Science, vol 294, no 5544, pp1000–1003

Kentucky Environmental Education Council (2005) The 2004 Survey of Kentuckians' Environmental Knowledge, Attitudes and Behaviors, Kentucky Environmental Education Council, Frankfurt, KY

Koomey, J. G. (1990) Energy Efficiency in New Office Buildings: An Investigation of Market Failures and Corrective Polices, University of California Berkeley, Doctoral Dissertation, Berkeley, CA, p2

Levin, J. E., Hoffman, I. M. and Kammen, D. M. (in preparation) Costs and Challenges of Significantly Reducing US Carbon Emissions by Expanding Nuclear Power, unpublished manuscript

Lund, P. (2006) 'Market penetration rates of new energy technologies', Energy Policy, vol 34, pp3317–3326

Lund, P. (2007) 'Effectiveness of policy measures in transforming the energy system', Energy Policy, vol 35, pp627–639

MacKay, D. (2009) Sustainable Energy – Without the Hot Air, UIT Cambridge Ltd, Cambridge, UK, p64

Mazis, M. B. (1975) 'Antipollution measures and psychological reactance theory: A field experiment', Journal of Personality and Social Psychology, vol 31, no 4, pp654–660

Mendonça, M., Lacey, S. and Hvelplund, F. (2009) 'Stability, participation and transparency in renewable energy policy: Lessons from Denmark and the United States', Policy and Society, vol 27, pp379–398

Meyer, N. (2007) 'Learning from wind energy policy in the EU: Lessons from Denmark, Sweden and Spain', European Environment, vol 17, no 5, pp347–362

Morrison, B. M. and Gladhart, P. (1976) 'Energy and families: e crisis and response', Journal of Home Economics, vol 68, no 1, pp15–18

Nakarado, G. L. (1996) 'A marketing orientation is the key to a sustainable energy future', Energy Policy, vol 24, no 2, p188

Pasqueletti, M. J. (2004) 'Wind power: Obstacles and opportunities', Environment, vol 46, no 7, pp22–31

Pasqualetti, M. J., Gipe, P. and Righter, R. W. (2002) Wind Power in View: Energy Landscapes in a Crowded World, Academic Press, New York, NY

Pitt, D. (2008) Taking the Red Tape out of Green Power, Network for New Energy Choices, New York, NY

Reddy, S. and Painuly, J. P. (2004) 'Diffusion of renewable energy technologies – barriers and stakeholders' perspectives', Renewable Energy, vol 29, pp1431–1447

Reiner, D., Curry, T., de Figueiredo, M., Herzog, H., Ansolabehere, S., Itaoka, K., Akai, M., Johnsson, F. and Odenberger, M. (2007) An International Comparison of Public Attitudes towards Carbon Capture and Storage Technologies, MIT, Cambridge, MA, p3

Shelton, S. C. (2006) The Consumer Pulse Survey on Energy Conservation, Shelton Group, Knoxville, TN

Southern States Energy Board (2003) Distributed Generation in the Southern States: Final Report, Energy Resources International, Knoxville, TN

Sovacool, B. K. (2008a) 'The Dirty Energy Dilemma: What's Blocking Clean Power in the United States', Praeger, Westport, CN

Sovacool, B. K. (2008b) 'Renewable energy: Economically sound, politically difficult', Electricity Journal, vol 21, no 5, June, pp18–29

Sovacool, B. K. (2009a) 'The importance of comprehensiveness in renewable electricity and energy efficiency policy', Energy Policy, vol 37, no 4, pp1529–1541

Sovacool, B. K. (2009b) 'Contextualizing avian mortality: A preliminary appraisal of bird and bat fatalities from wind, fossil-fuel, and nuclear electricity', Energy Policy, vol 37, no 6, pp2241–2248

Stavros, R. (1999) 'Distributed generation: Last big battle for state regulators?', Public Utilities Fortnightly, vol 137 pp34–43

Stern, P. C. and Aronson, E. (1984) Energy Use: The Human Dimension, Freeman and Company, New York, NY, pp68–89

Stigler, G. J. (1961) 'The economics of information', The Journal of Political Economy, vol 69, no 3, pp213–225

Thompson, S. C. (1981) 'Will it hurt less if I control it? A complex answer to a simple question', Psychological Bulletin, vol 90, no 1, pp89–101

Yakubovich, V., Granovetter, M. and McGuire, P. (2005) 'Electric charges: The social construction of rate systems', Theory and Society, vol 34, pp579–612

Chapter 9
他の支援計画

古代ギリシャ哲学において「アポリア」とは，永遠の当惑の状態を示しています[1)]。一つの例はプラトンが示しており，プラトンは『メノン』と呼ばれる対話篇において，ソクラテスに知識の本質について議論させています。この対話篇では，メノンという登場人物は当惑の状態に陥りますが，これは徳について多くの解釈が可能であるからです。プラトンは，二つの徳の概念からどちらかを選ぶことは容易であるが，多数の解釈から決定しなければならない場合は非常に難しいと強調しています。この対話が含んでいる教訓は，多すぎるもの，多くの代替案のあるものの存在は，混乱と怠惰を招くということです。

おそらく，再生可能エネルギーの支持者は，多くの時間を費やしてプラトンを読むことが望ましいでしょう。再生可能エネルギーを促進することになると，彼らは過剰な代替案を作ってきているように思われ，行く先々でアポリアの状態を引き起こしている可能性があるからです。2009年の初めにおいて，EUの全加盟国27ヶ国を含む世界の73ヶ国，米国の33の州，カナダの9つの州で，再生可能エネルギーを対象とした政策が採用されています。また，64もの国が再生可能エネルギーの使用を義務とするエネルギー政策を取っています（REN21, 2009）。少なくとも37ヶ国は，価格に基づく支援制度を採用しており，49の州や国がポートフォリオ基準（いわゆるRPS）を設定しており，30以上もの国が，税額減免，税制優遇，補助制度を備えています（REN21, 2008, 2009）。最近の研究では，再生可能エネルギーを支持するために，世界中で55の異なるタイプの政策メカニズムが使用されていることが言及されています（Tonn et al, 2009）。別の研究では，アジア，欧州，北アメリカの何百もの専門家に調査を行い，30の優遇メカニズムが確認されています（Sovacool, 2009）。さらに再生可能エネルギーの補助金に関する別の調査では，政策がとる形には，直接資金移転（補助金），税制上の優遇（税額減免，控除，減価償却の促進，払い戻し），取引制限（クォータ制），融資（低金利ローン），エネルギーインフラへの直接投資，研究開発といったものがあ

---

1)　この話は，Benjamin K. Sovacool（2008a）'Matter of stability and equity: The case for federal action on renewable portfolio standards in the US', *Energy and Environment*, vol 19, no 2, pp241–261から引用しています。

ることが明らかになっています（Menz and Vachon, 2006）。この最後の調査には固定価格買取制度（FIT）は含まれていませんが，それはFITが補助金とみなされていないからです。

このようなまさに眩暈がするようなたくさんの政策メカニズムから，「実際のところどれがベストか？」という非常にシンプルな，かつ答えのない疑問が残ります。査読論文とそれに伴うさまざまな議論についての分析や，専門家への聞き取り調査に基づき，本章では，FITは政府が再生可能エネルギーを促進するために使用できる最良かつ唯一のツールであることを議論します。まず，再生可能エネルギーによる電力使用のために一般に採用されている次の8つの異なる政策メカニズムについて，利点と欠点を分析します。

1. 再生可能エネルギーポートフォリオ基準（RPS）及びクォータ制
2. 取引可能な証書と発電源証明
3. 自発的なグリーン電力制度
4. ネットメータリング
5. 公的な研究開発費用
6. 電力システム便益課金
7. 税制優遇（タックスクレジット）
8. 入札

さらに，実証に基づいたエビデンス（あるいはおそらくすでに常識になっているもの）により，FITがこれらの政策メカニズムよりもかなりの優位性を持っていることの理由についても検討します。

9.1　RPSとクォータ制

RPS（再生可能エネルギー利用割合基準，Renewable Portfolio Standard）とは，供給者に再生可能エネルギー資源の使用を強制させるクォータ制（割当制度）の一種です[2)]。RPSは，他には「再生可能エネルギー基準」，「持続可能なエネルギーポートフォリオ基準」とも呼ばれることがあり，オーストラリアでは「義務的再生可能エネルギー目標」，英国では「再生可能エネルギー使用義務制度」，日本では，「特別措置法」と呼ばれています。RPSは所定量の電力販売または発電容量を風力，太陽光，バイオマス，水力，地熱の発電所から得ることを電力会社に義務付けています（Sovacool, 2008a, pp241–261; Sovacool and Cooper, 2007–2008; Sovacool and Cooper, 2008）。例えば，カリフォルニア州のRPSでは，大手電力会社は2010年までに小売販売の20%を再生可能エネルギーとし，2020年までに33%に到達することを目標にするように求められています。USの多くのRPS制度とは対照的に，欧州ではクォータ制は目標の遵守のための証書取引に基づいています。このため，これらは一般的に「取引可能なグリーン電力証書（TGC）」と呼ばれています。再生可能エネルギークレジットに関しては次の節で詳しく述べます。

RPS政策は，最初は，1990年代中頃に発達しましたが，これは，多くの州で規制機関によって電力市場の民営化や自由化が行われたため電力の再構成が進んだことにより発生するリスクや，市場競争への起こりうる影響により発生するリスクに対応するためでした。再生可能エネルギー資源はその当時，市場が電力の社会コストを必ずしも全て含んでいなかったために価格競

2）政策ツールとしてのRPSの始まりをより詳しく知りたい読者は，以下の文献を調べるとよいでしょう。

- Wind Energy Association (1997) *The Renewables Portfolio Standard: How it Works and Why it's Needed*,
- American Wind Energy Association, Washington, DC; Cory, K. S. and Swezey, B. G. (2007) *Renewable Portfolio Standards in the States: Balancing Goals and Implementation Strategies*,
- National Renewable Energy Laboratory Technical Report NREL/TP-670-41409, Golden, CO; Rader, N. (1997) *The Mechanics of a Renewables Portfolio Standard Applied at the Federal Level*,
- American Wind Energy Association, Washington, DC; Rader, N. (2003) 'The hazards of implementing renewables portfolio standards',
- *Energy and Environment*, vol 11, no 4, pp391–405; Rader, N. and Hempling, S. (2001) *The Renewables Portfolio Standard: A Practical Guide*,
- National Association of Regulatory Utility Commissioners, Washington, DC; Rader, N. and Norgaard, R. (1996) 'Efficiency and sustainability in restructured electricity markets: The renewables portfolio standard', *Electricity Journal*, pp37–49.

争力がなく，再生可能エネルギーの便益を貨幣価値に換算するために新たな政策が必要であることが認識されていました。RPSは，研究開発のコストや税制優遇などの他の制度による支援のように，再生可能エネルギーを促進させるツールとなり，その後徐々に衰えていきました（Rickerson and Grace, 2007)。1990年代中頃に，欧州委員会はEUの加盟国がクォータ制をベースにした支援制度を実行するように後押しし，積極的にFITのような価格ベースの支援手段より優先させていました。今日，クォータ制の政策は，米国の30以上の州に加え，オーストラリア，ベルギー，カナダ，チリ，中国，インド，イタリア，日本，ポーランド，台湾，英国に存在します（表9.1参照)。

クォータ制は少なくとも5つの利点を備えています。

表9.1　RPSおよびクォータ制を持つ国・州

年	累積数	場所
1983	1	アイオワ州（米国）
1994	2	ミネソタ州（米国）
1996	3	アリゾナ州（米国）
1997	6	メーン州，マサチューセッツ州，ネバダ州（米国）
1998	9	コネチカット州，ペンシルバニア州，ウィスコンシン州（米国）
1999	12	ニュージャージー州，テキサス州（米国），イタリア
2000	13	ニューメキシコ州（米国）
2001	15	フランデレン地域（ベルギー），オーストラリア
2002	18	カリフォルニア州（米国），ワロン地域（ベルギー），英国
2003	19	日本，スウェーデン，マハーラーシュトラ州（インド）
2004	34	コロラド州，ハワイ州，メリーランド州，ニューヨーク州，ロードアイランド州；ノバスコシア州，オンタリオ州，プリンスエドワード島（カナダ），アーンドラ・プラデーシュ州，カルナータカ州，マディヤ・プラデーシュ州，オリッサ州（インド），ポーランド
2005	38	ワシントンD.C，デラウェア州，モンタナ州（米国）；グジャラート州（インド）
2006	39	ワシントン州（米国）
2007	44	イリノイ州，ニューハンプシャー州，ノースキャロライナ州（米国），中国
2008	49	ミシガン州，ミズーリ州（米国）；チリ，インド

出典：REN21, 2009

1. 再生可能エネルギーの価格に不確実性がある一方，クォータ制により再生可能エネルギーによる所定の発電電力量が確実に所定の日時までに受け渡されます（このような政策が施行されたと仮定して）。ある研究では，カリフォルニア州の RPS は，電力会社が割当量の導入に殺到したため，風力発電へ 10 億ドル（約 1,100 億円）もの新たな投資を行うことのインセンティブとなっていると推測されています。これらはカリフォルニアの 3 つの大規模民間電力会社が約 3GW の再生可能エネルギーを追加し，2007 年全体で 25,000GWh の電力量を生み出しています（Baratoff et al, 2007; California Public Utilities Commission, 2007）。
2. クォータ制は通常，証書取引スキーム（REC や GO スキームとも呼ばれ，次節で述べます）に関連づけられており，これによって電力会社や州は目標を達成するための量のうちかなりの分量を柔軟に運用できます。電力供給者は，目標を達成するように自ら発電するか，再生可能エネルギーによる電力を他の州から輸入するか，REC を商業市場で購入することができます。電力会社は，設置したい適切な再生可能エネルギーと，設置場所を決定することもでき，発電方式は強制されません。
3. ほとんどのクォータ制の政策では，電力会社に対して一度に全ての基準を達成するように求めてはいません。政策は時間をかけて徐々に導入されます。例えば，2015 年までに 15%という最終目標は，2009 年の 11%からスタートし，2011 年に 12%，2014 年に 14%と段階的に上げることも可能です。
4. 最も成功しているクォータ制は義務的目標であり，遵守しないことに対して厳しい罰則があり，これにより電力会社は目標を達成するよう実際に努力しようとします。
5. クォータ制は，研究に対する公的基金や補助金と比べて，運用コストや負荷が比較的低い傾向にあります。研究開発のコストや税制優遇と違い，クォータ制は政府に余計なコストがかかりません。なぜならそのコストは電力会社や電力需要家が広く負担するからです。ある発電方式の有効性を決めるための制度として市場を用いるため，コストが高くなったとしても，既存の従来型発電所の低いコストと相殺されるため，社会を通じてそれから便益を得る人々に等しく割り当てられます（Jaccard, 2004）。公益事業委員会によって長く複雑な手続きにより進められる政策はしばしば係争となることもありますが，クォータ制はそれとは違い，行政手続き的には簡素です（Lauber, 2004）。クォータ制によって，需要家が生産者に直接再生可能エネルギーのためのコストを払うことが可能になったため，政府機関による基金の認可や普及啓発の手間を避けることができます。一度きりの賞金とは異なり，プロジェクトは市場での地位を保証されるものではありません（Rader and Hempling, 2001）。

これら5つの利点により，クォータ制をベースとしたシステムは多くの他の選択肢と比べて優れた手段となりますが，一方で以下の少なくとも6つの欠点を含んでいます。

1. クォータ制は再生可能エネルギーの設備容量を規定しており，価格を規定しているのではありません。価格は事前にわかるものではなく，既存の市場により設定されます。このことは，再生可能エネルギー供給者に支払われる価格は市場の状況に応じて変動することを意味します。価格は常に変動し，決して固定されず予測可能でもありません（Gipe, 2006）。多くの投資家は量よりも価格に気を配ることを考慮に入れると，多くの銀行，保険会社，投資会社の視点からは，この点は非常に大きな障害になり得ます。さらに，欧州では，未達成の場合の違約金が小さすぎることがあり，再生可能エネルギーによる発電コストを下回ることすらあります。この場合，電力会社は高い再生可能エネルギーに投資をするよりも，違約金を支払うことを選ぶ可能性もあります。英国では，価格変動のリスクがよりはっきりと現れています。英国では，電力供給者はクォータ制の義務を達成するために再生可能エネルギー証書制度（ROC）を取引することができ，ROC価格は市場により決められるため常に変動します。開発事業者は資金を借入する際にリスクを負い，発電する際にもさらにリスクを負わなければなりません[3)]。Open UniversityのDavid Elliott教授によると，このことが，同じタイプの再生可能エネルギープロジェクトのコストがデンマークやドイツのような他国と比べて英国で2倍に至る理由であると考えられています[4)]。同様のことはDinica（2006）によっても報告されています。

2. クォータ制のシステムは一般にあまり統一性がなく実施されており，驚くべき数のさまざまな要求事項があります。RPS制度での一貫性のなさ，すなわち，何を再生可能エネルギーとしてみなすか，いつ運転開始しなくてはならないのか，規模はどのくらいか，どこで受け渡しなくてはならないか，どのように取引されるか，といった不統一性によって米国の再生可能エネルギー市場は停滞を余儀なくされています。実施機関やステークホルダーは統一性のないRPSの目標に取り組まなくてはならず，投資家は競争的で恣意的な状態となることが多いことを理解しなくてはなりません。あるRPS政策では，天然ガス燃料，熱電併給やクリーンコールのような化石燃料エネルギーシステムを「再生可能エネルギー」に含めています（Sovacool and Cooper, 2007, p50）。このような不統一性によって，再生可能エネルギー市場における投資が抑制されます。米国の金融界のある研究では，RPSに基づく市場における不安定性と統一性の欠如によって，投資家への不確実性があまりに大きくなりすぎたため，複数のRPS制度にまたがる州際プロジェクトの開始にかなりの遅れが生じています（Baratoff et al, 2007）。

3. クォータ制は最小コストでできる制度であるため，それらは特定の再生可能エネルギー発電方式を対象にして支援するには柔軟性に欠け，さまざまな種類の再生可能エネルギー発電システムがあるなかで確実に多様化を進めるには効果的ではありません。ある批評家は，発電方式の選択肢を促進するのに失敗した政策メカニズムについて，「ダイナミック

3）英国の再生可能エネルギー使用義務制度は，「バンディング（banding）」を実行することでこの問題に取り組んでいます。すなわち，全ての再生可能エネルギー供給者が単位電力あたり同じ額の認証を受けるのではなく，コストのかかる発電方式の供給者ほど多くの認証を受けます。この方法では，再生可能エネルギー使用義務制度は発電方式に特化した支援方式となります。しかし，支援メカニズムが複雑になり運用コストが増します。

4）原著者によるDavid Elliott氏へのインタビュー（2007年11月9日，英国ロンドン）。

な非効率性」という表現を用いています（Ragwitz et al, 2009）。RPS によって引き起こされた価格を低く保つ熾烈な競争のもとでは，電力供給者は小規模の風力や太陽光などの比較的コストの高い再生可能エネルギー資源を支持しない傾向にあります（Center for Resource Solutions, 2001）。現在まで，RPS 制度に関わるプロジェクトの大部分は商業規模での風力発電所によるものです。これは RPS が再生可能エネルギーの大規模発電所を運用する垂直統合型の大手発電会社や大規模電力会社に有利であることを示しています。米国の国立再生可能エネルギー研究所（NREL）による政策メカニズムの効果についての最近の研究では，RPS は住宅用の小規模な再生可能エネルギーシステムの促進には全く効果がないと論じられています（Coughlin and Cory, 2009）。

4. 多くのクォータ制は，柔軟性を確実にするために取引可能な証書を必要としますが，これは，次節で示す取引可能なクレジットの問題にまでクォータ制を拡張するにすぎません。この問題は RPS のもとでは再生可能エネルギープロジェクトのコストを大きく押し上げます。米国のある研究では，各州の合計 28 の RPS 政策を達成するための再生可能エネルギーによる電力供給の推計を調査したところ，その開発は全米でばらつきがあり，すぐに供給が不足する地域もあれば，余剰となる地域もあることがわかりました。この研究によれば，再生可能エネルギーによる設備容量が不足するのはニューイングランド州，ニューヨーク州，大西洋沿岸諸州であり，余剰は中西部，中央部，西部，テキサス州です（Bird et al, 2009）。問題は，このような不足量があっても RPS が達成できるように，再生可能エネルギー電力の送電が可能な地域間電力輸送や取引可能な証書が必要とされるということです。これらの制度は再生可能エネルギーの発電コストを大きく押し上げることになります。なぜなら，証書取引は以下に述べる通り全て取引コストがかかり，地域間送電はより高い送配電損失を招くからです。

5. クォータ制は，少なくとも米国と英国では，再生可能エネルギーを持続させ急激な成長を促すのに効果がないように見えます。ある調査では，RPS 制度は 1978 年から 2006 年までの米国での再生可能エネルギーの成長の5分の1しか貢献していないと計算されており，残りの成長は他の政策に由来しているとしています（図9.1参照）。英国では，再生可能エネルギー使用義務制度は期待通りに再生可能エネルギー市場を成長させることはできず，実際にはコストを増加させました。この制度のもとでは再生可能エネルギーの価格に不確実性があるため，民間企業は規制リスクを負わされ，リスクプレミアムを設定するようになります。価格の不確実性により，開発事業者は脱落し，電力供給者はリスクに対処するためにマージンを取りますが，これは実際の電力プロジェクトに有効な資本が少なくなることを意味します（Carbon Trust, 2007）。

6. クォータ制のような総量ベースの支援制度は，再生可能エネルギー支援の拡大を制限する可能性があります。クォータ制が証書取引に基づいている場合，設定された目標値に到達してしまうと証書の価値がゼロに落ちてしまうため，発電事業者は目標値に到達しようとはしません。このためクォータ制は戦略的にギャンブルになりがちです。寡占的市場で

図9.1　米国のRPSがある州とない州の再生可能エネルギーの設備容量（1978～2006年）

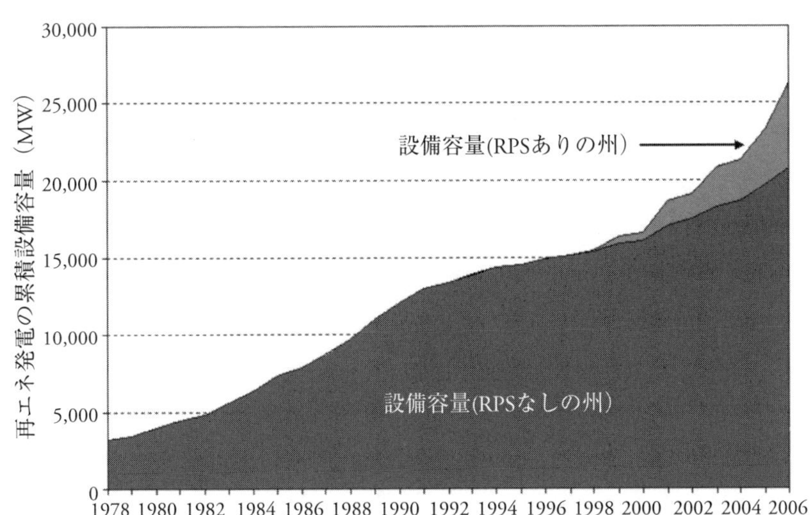

出典：Wiser, 2007

は，市場参加者は証書価格を故意に高く保つために目標値に到達しようとはしないでしょう。4.8 節で，FIT の「容量上限」に反対する議論を行いました。制限された容量はクォータ制に含まれているので，著者らはこの支援制度を推奨できません。

おそらくこれらの理由のために，多くの電力会社や電力供給者は実際の割り当ての達成に失敗しています。全ての RPS 制度が推計に含まれている場合であっても，米国では，再生可能エネルギー資源の導入率は 2015 年までに全電力供給の 3%を超えそうになく，2030 年までに 4%を超えそうではありません（Sovacool, 2008b）[訳注1]。全ての RPS 制度が遵守され達成されたと仮定しても，米国では 60GW が 2025 年までに追加され，これは予想発電容量の 4.7%にすぎず，予想された電力需要増分の 15%に相当するにすぎません（Wiser and Barbose, 2008）[訳注2]。

いくつかの州が RPS の目標を達成するのに苦しんでいることを考慮に入れると，この容量でさえ実現しそうにありません。アリゾナ州では 2003 年から 2007 年に RPS 達成が目標の 50%を下回り，マサチューセッツ州では政治的情勢の困難さにより，ケープコッド沖の洋上風力プロジェクトが遅れたため，2006 年に 1800 万ドル（約 20 億円）以上が RPS 目標を達成する代わりに違約金として支払われました。ネバダ州では，RPS 法を成立させるのが常に難しく，ニューヨーク州では大きなマージンにより最初の年の目標を達成できませんでした（Wiser and Barbose, 2008）。米国のエネルギー省が述べたように，RPS 制度を実施している世界の国でさえ，「石油，石炭，天然ガスは，2030 年においても 2005 年と同じく米国の主要な全てのエネルギー供給のおおよそ 86%のシェアであると予想されています」（US Energy Information

---

訳注 1　米国エネルギー情報局（EIA）によると，2018 年の年間発電電力量に占める再生可能エネルギーの導入率は 17%に達している。https://www.eia.gov/tools/faqs/faq.php?id=427&t=3

訳注 2　米国の複数の州では，（原著者らの懸念に反して，幸いなことに）2010 年以降 RPS 制度の導入義務が段階的に引き上げられ，2020 年代に 15～20%以上の導入義務量を課している州も複数出てきている。https://www.eia.gov/todayinenergy/detail.php?id=39953

Administration, 2007）。

9.2 取引可能な証書及び発電源証明

再生可能エネルギークレジット（REC）は，欧州では「グリーンタグ」，「取引可能なグリーン電力証書（TGC）」と呼ばれ，英国では「再生可能エネルギー証書制度（ROC）」と呼ばれています。これらは，1MWhの電力量が基準を満たした再生可能エネルギー資源から発電されていることを証明する証書です。本章で議論するRECは，電力の開放や市場戦略に対して使われることのある，欧州再生可能エネルギー証書システムとは別物なので混同しないように注意して下さい。RECやTGC，ROC，発電源証明（GO）と，欧州の再生可能エネルギー証書システムとの大きな違いは，前者が国内での義務的支援制度のもとでの目標遵守のために取引されるのに対して，後者は自発的なグリーン電力購入のための電力の開放のために通常使用される，ということです。しかし，ある重要な共通性が存在します。それぞれの証書には，通常，発電の場所，再生可能エネルギーによる電力発電方式のタイプ，運用者，所有する会社，発電の日時，場合によっては温室効果ガスや汚染物質排出の削減量などを含む包括的な情報がリストとなって示されています。このアイディアは，RECが市場で取引可能な商品であることを示しており，RECを購入した人は1時間のクリーンな電力を購入したということができます。

問題を少し難しくすると，これは常に事実というわけではありません。RECはバンドルできることもあれば，できないこともあります。「バンドルされたREC」とは，物理的な電力に証書を加えたものを一緒に取引することです。例えばロサンゼルスのある会社が再生可能エネルギーを望んでおり，また電力を必要としており，系統に連系されていることを証明したい場合を考えてみましょう。この場合，1MWhの電力を地元の再生可能エネルギー電力供給者から購入して1つのRECを得ることにより，それがまさに再生可能エネルギー資源由来であり，規制機関の取りうる要件を満たし，自発的なグリーン電力制度に「セカンダリ市場」を通じて販売されたことがこの REC により証明されます。

「バンドルされない REC」は電力なしの証書を指します。それらは「物理的な切り離し」や「仮想取引」の発想，すなわち，証書はそれに結びつけられた実際の電力取引と独立して取引可能であるという考え方に基づいています。それゆえ，電力会社と政府との間で，さまざまな再生可能エネルギーの目標を達成していることを証明するために取引されます（Ragwitz et al, 2009）。例えば，ある会社が再生可能エネルギー供給者のいない地域に位置しているか，遠方から再生可能エネルギーを受けることになり送電制限が大きすぎるか，会社が実際に電力を必要としていない場合などです。このような会社はバンドルされない REC を購入することで，実際には電力を使用していなかったとしても，再生可能エネルギーによる発電を支持していることを表明することになります。

時折，規制によって，再生可能エネルギーが特定のコミュニティ，地域，州や国で発電されていなくてはならないということが規定される場合があります。このような状況では，REC は単にいつどこで発電されたかという情報だけを含む傾向にあります。このタイプの REC は発電源証明（Guarantees of Origin: GO）と呼ばれることもあります。REC は，再生可能エネルギーのクォータ制を採用している国に，再生可能エネルギーが発電された場所から実際に再生可能エネルギー電力が送電されたことを保証することを求めており，これは衣服についたラベルが消費者に生産地を示しているのと非常に似ています。送電会社や電力公社のような規制対象者は，このような保証を行うことを当局から認められています。

このように，GO はほとんど全てが発電した電力とともにバンドルされていますが，REC は GO よりも網羅的な詳細が記載されており，国境を超えて電力とともに取引されるよう意図されています（*Refocus*, 2003）。少なくとも 2008 年の段階では 21 の REC 制度が世界中で実行されており，GO は EU で広く用いられています。EU の再生可能エネルギー指令（Renewable Electricity Directive）では，加盟国が各国の再生可能エネルギー資源から電力を発電することが求められています。発電源証明は現在 16 の EU 加盟国で実施されており，ノルウェー，スイス，アイスランドもそれぞれ独自の制度を持ち，ベルギーでは3つの異なる制度が利用されています（Coenraads et al, 2008）。これらの制度では実際に証書が発行され，通常，再生可能エネルギー発電源証明（REGO）と呼ばれています。証書は，1MWh のブロックごとに再生可能エネルギー電力が各制度内で発電されたことの消費者への証拠となります。しかし，欧州委員会の試みにも関わらず，発電源証明は単に電力の開放の目的のためだけに用いられるにすぎず，目標達成のために用いられているのではないことは指摘しておかなくてはなりません。

REC と特に REGO は，透明性を促進し，需要家に自身が購入する電力の情報を知らしめるためのものです。「グリーン」な電力は「ダーティ」な電力と同じように見えてしまうというジレンマがあり，ある研究によれば，以下のような指摘がなされています。

> 電力システムは，グレーな電子のなかからこれがグリーンな電子であると示すことはできない。このため，需要家は供給される電力の質を知ることはできない。グリーンな電力は多かれ少なかれバーチャルであり，法的に証明することしかできない。実際，需要家は，提供者がグリーンな発電者からきっちり同量のグリーンな電力を買っているという保証を購入することによって，購入電力を「グリーン」なものにしている（Langeraar and de Vos, 2003）。

このため，REC と REGO は，供給者が実際にグリーンな発電で需要家に電力を供給したことの証明としての役割を果たします。それらは会計システムとして機能するため，不正を防ぎ，目標達成が確実になります。REC はさらに，再生可能エネルギーの規制や目標に従わなくてはならない電力会社や電力供給者のために柔軟性を増加させるよう設計されています。REC によって電力会社や他の電力供給者は選択肢が与えられますが，この選択肢は，1970 年代や 1980 年代に精錬所による鉛汚染やスプレーによるフロンガスを減らすために実施された排出上限対策や，1990 年代の窒素酸化物や二酸化硫黄の排出を低減するために行われた対策に似ています。キャップアンドトレード政策は所定の期間における排出の上限値が設定され，時間を追うごとに排出上限を減少させていくものです。汚染者は自身の汚染を減らすこともできますし，義務である目標値を超えた分の排出削減を示す証書を購入することもできます。同様な方法で，REC制度により，電力会社や電力供給者は，再生可能エネルギーによる電力を自分で発電し，再生可能エネルギーを他者から購入し，証書を購入することもできます。このように，「命令と制御」による規制パラダイムの便益が，環境保護への「自由」市場のアプローチとミックスされます。これは，自発的なグリーン電力制度（後述）や上述したRPSやクォータ制とともに用いられることも多いです。

これらの便益にも関わらず，REC制度には少なくとも5つの重要な課題があります。

1. まず，RECはコストがかかり複雑です。RECの取引は，時間を要し，取引コストを伴います。取引コストは，RECを生産し，認証し，販売しなければならない人々と，RECの信頼性を購入し検証しなくてはならない人々との双方に課されます。自発的な制度でさえ取引コストに苦労しています。仲買業者からの追加料金もしばしば取引の双方に発生し（ある取引業者が非公式に著者の一人に語ったところによると，RECを販売する毎に通常10%の手数料を得ています），国内のREC制度には，通常，公式な登録と二重にカウントされるのを避けるため取引を監視することのできる監査役が必要となります。

   REC制度は運用コストが高いため，中小規模の企業が締め出されてしまい，ある場合には市場の競争を阻害することになります。小規模な会社は自身のRECの取引を設定する余裕がないため，より大規模な電力会社を通じて電力購入の合意を行おうとします。これにより皮肉にも，小規模な会社は彼らのプロジェクトの全ての情報を実質的な競争相手に開示することになり，競争相手は，後日，得た情報を彼らに対して利用することが可能となります[5)]。

   REC取引制度の間の不統一性により，このような複雑さ（とそれに伴

5） 原著者によるTill Stenzil氏へのインタビュー（2007年11月16日）。

う取引コスト）が悪化します。米国では，州ごとに異なる規制があり，相互に矛盾した規制によって国内のREC市場が地域や州の市場に分断されています（Sovacool and Cooper, 2007）。例えば北東部では，卸電力市場はISO-NE（ニューイングランド州），NYISO（ニューヨーク州），PJM（中部大西洋岸の13州）の3つの独立系統運用者により運用されています。2005年8月に，PJMはPJMの参加州間でRECを監視するために，発電属性追跡システム（GATS）を発足させました。GATSがPJM参加州の間の強力なRECの取引市場を促進させる一方，その複雑怪奇な規則は，地理的に定められたサービス地域外でのRECの取引の邪魔になりました。PJMの外部の発電事業者はGATS市場内でRECを取引することが認められましたが，PJM参加州のRPS政策の一つに対して資格を持たなくてはならず，物理的にPJMの地理的境界の近くに位置していなくてはなりません。しかし，あるPJM参加州（デラウェア州，メリーランド州，ワシントンDC）は，PJM外の再生可能エネルギー事業者の電力が彼らの州の中でRECの自由取引をするために，外部の再生可能エネルギー事業者の電力が管轄地域に輸入されることの要件を新たに課しています（Sovacool and Cooper, 2007）。PJM参加州においても，サービス地域での発電事業者からのRECの取り扱いが著しく異なっています。マリーランド州とペンシルバニア州では，発電事業者は発電した年から2年後までRECを貯めておくことができます。しかし，ロードアイランド州では，発電事業者は目標量の30%までしか（かつ，その年の目標量を超えた場合にしか）貯めておくことができない場合もあります。

さらに複雑なことに，ISO-NEは発電情報システム（GIS）によって支えられている自らのREC取引市場を有しています。GISによって，個別の州のRPS政策にも関わらず，ISO-NEの地域内で誰が取引できるかについて厳しい制限が設定されます。さらに，GISは発電事業者がISO-NEにまさに近接した制御地域で発電するよう求めており，これによってRECの取引市場が歪められています。NYISOの発電事業者は，例えばマサチューセッツ州でRECを取引できますが，PJMの発電事業者は取引できません。また，コネチカット州は実質的にISO-NE内の発電事業者にREC取引を制限しており，さらに問題を複雑にしているのは，この制限は2010年に失効する可能性があることです（Sovacool and Cooper, 2007）。

EUにおけるREGOの取引システムはまさに複雑です。デンマークは集中登録制度を備えていますが，ルーマニアにはありません。オーストリアは保証を譲渡可能としていますが，フランスはしていません。エストニアは欧州委員会の指令に従って標準化していますが，ポーランドは行っていません（Coenraads et al, 2008）。

2. RECによって投資家は不確実な価格を扱うことになります。RECの価格は特に米国で変動します。RECの規定とその遵守メカニズムの間の矛盾は，スポットのRECの価格が地域や再生可能エネルギー発電方式を超えて実質的に変化する原因となっています。ある州では州外のRECを州内の義務に適用することが認められているので，同じサービス地域内であっても大きな価格変動が起こり得ます。例えば，2006年の風力のRECの卸価格はカリフォルニア州の1.75ドル/MWh（約0.19円/kWh）から米国東北部の35ドル/MW（約3.9円/kWh）まで幅がありました。バイオマスのRECは，西部の州の1.50ドル/MWh（約0.17円/kWh）からニューイングランド州の45ドル/MWh（約5.0円/kWh）まで幅があります。太陽光のRECに関しては，西部電力調整委員会（WECC）という一つの広大なサービス地域での卸価格は州により30〜150ドル/MWh（3.3〜16.6円/kWh）の幅があります（図9.2参照）。

Pace Global Energy Services社のChristopher Berendt氏は，REC価格の変動により新たな再生可能エネルギープロジェクトに有効な投資資本がどのように抑制されるかを，以下のように述べています。

> 州制度は類似性を共有する一方で，異なる州や制御エリアで発行されたRECの間での代替可能性が決定的に欠けている。州際，また州内であったとしても，本当の意味でのRECの「市場」はなく，単に個々の州での規制遵守の「制度」があるにすぎない。本当の国内のREC市場がないために，RECや投資資本の流動性が生ま

図 9.2　米国の REC の価格変動（2003〜2008 年）

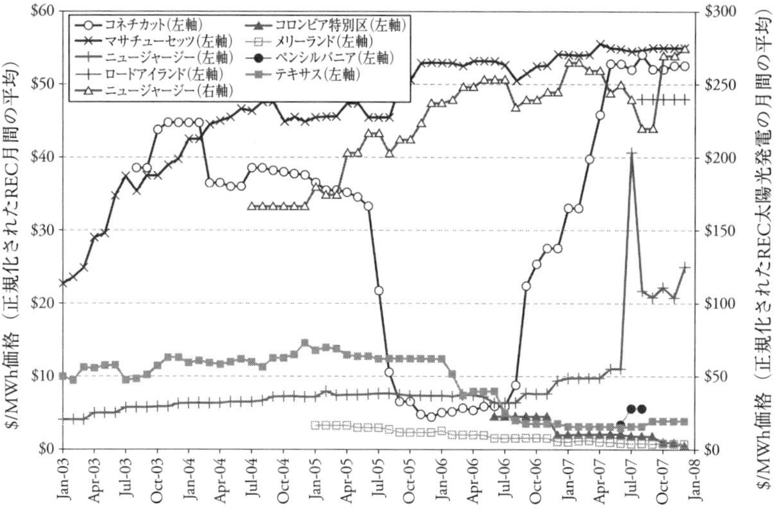

出典：Wiser and Barbose, 2008

れない（Berendt, 2006, p57）。

再生可能エネルギーの投資家が求めるのは，信頼性のある情報が手に入ることと金融プロセスの開始から収益率が予測可能であることです。ローレンスバークレー国立研究所の研究者は REC 価格の激しい変動を追跡し，REC によって再生可能エネルギーへの投資がかなり阻害されることを明らかにしました。彼らは，「この変動価格はある場合に再生可能エネルギーの開発を阻害するが，これは再生可能エネルギーの投資家に再生可能エネルギーの開発の魅力について，不明瞭な価格シグナルを出すからである」と報告しています（Wiser et al, 2007b）。

3.　証書から再生可能エネルギーの電力を分離することによって，取引可能な証書の制度は電力市場から事実上分離されます。この分離によって，再生可能エネルギー電力とそれに伴う多様な便益（多角化によるリスク分散や，大気汚染の減少，雇用環境の改善など）が，あるコミュニティにもたらされる一方，証書は別のところに行きます。これによって，再生可能エネルギー資源が豊富な地域はより清潔で健康になる一方，再生可能エネルギー資源に貧しいコミュニティは，最終的にRECを購入し，より悪い状況に陥っていくという不公平が固定化される可能性があります。ある地域がRECの輸入に頼ることになれば，その地域は通常再生可能エネルギー容量を発電するだけの資金を持たず，RECをより多く購入する必要性が生じるため，REC制度は自己増殖していく可能性があります。

4. REC制度の主要な狙いは，柔軟性を増やしコストを下げることであるため，コストが最も低い再生可能エネルギー発電方式が好まれる傾向にあり，さまざまな（成熟していない）再生可能エネルギー資源の組み合わせは好まれません。米国のある高官が匿名で著者の一人に打ち明けたところによると，「REC取引スキームに含まれる柔軟性は，単にもっと金を稼ぐ柔軟性にすぎない[6)]」とのことです。証書取引により，会社は過剰な利益を得ることができます。文字通り取引可能な証書を批判する何千もの研究が過去5年の間に公表されており，2009年のある研究で最も詳しく検討されています。この研究では，フランドル地方，スウェーデン，英国での国内のREC制度の効果について調べられており，REC制度が既存の会社や大手電力会社に有利に働いた各ケースでは，最も安い再生可能エネルギー資源のみが投資され（そして，成熟度が低い発電方式は開発されない），法外に高い利益を導き出す傾向にあることが分かりました（Jacobsson et al, 2009）。

5. REC制度は追加性として知られる問題を生じさせる傾向にあります。これは，REC制度はそもそも実施されそうな再生可能エネルギープロジェクトのみを支持する傾向にある，ということです。REC制度と不確実な価格の問題との間に不整合性があるため，多くのプロジェクトの開発事業者は，再生可能エネルギープロジェクトへの投資を決める際にRECの販売の可能性を考慮に入れていません。代わりに，彼らはRECを「あぶく銭」であって，予想できる最上の良いものであるが，決して

6） 原著者による米国政府高官へのインタビュー（2008年2月8日）。

投資に重要な手段ではないと考えています（Baratoff et al, 2007）。

9.3　自発的なグリーン電力制度

時として，証書の取引や再生可能エネルギー電力の購入は義務ではないことがあります。自発的なグリーン電力制度は，しばしば「グリーン電力市場」，「自発的グリーン市場」，「電力会社グリーン価格プライシング」とも呼ばれます。この制度によって，需要家は再生可能エネルギー資源から電力を受けるために自発的に多く支払うことができます（地元の電力供給者が実際にはこの電力を供給できない場合でも，需要家は多くの制度により再生可能エネルギー証書を購入することができます。メカニズムを以下に説明します）。自発的なグリーン電力制度と取引可能な証書のような制度との主要な違いは，グリーン電力制度は証書（例えばREGOに基づくもの）と実際の電力の両方を含むことが可能であることです。

グリーン電力市場制度の元で，再生可能エネルギーの利点は需要家を惹きつけるマーケティングツールとなります。需要家は，個人であれ，会社であれ，組織であれ，（供給される地域では）再生可能エネルギーを購入するか，（再生可能エネルギーが供給されない地域では）証書を購入するかという，地域の電力会社や小売販売者によって提供される制度に参加することができます（Birgisson and Peterson, 2006）。

RPSやFITに対する国内の政府の支援がないことを受けて，グリーン電力制度は米国で特に広まりました。2008年9月現在で，40の州で850の会社がさまざまなタイプのグリーン電力制度を提供していました（図9.3参照）。どのようにカウントするかによって数が変化しますが，約85万の一般家庭や商業設備がこれらのグリーン電力制度に参加し，2007年に18TWhの電力を購入しました。地方自治体でグリーン電力を多く購入したのは，サンディエゴ市のAustin Independent School District，ニューヨーク州MayerdのMontgomery郡の購入グループ，カリフォルニア州のEast Bay Municipal Utility Districtの購入グループなどです。商業的に多く購入したのは米国の空軍であり，ホールフードマーケット，ジョンソン・エンド・ジョンソン，スターバックス，北米HSBC銀行，ペンシルバニア大学，世界銀行グループなどがリストに続きます。ドイツでは，100万以上もの一般家庭や企業がグリーン電力証書により4.1TWhの電力を購入しました。オーストラリアでは，おおよそ100万軒の住宅と3万4000の企業が1.8TWhの電力を購入し，スイスでは60万以上の需要家が4.7GWhを購入しました（REN21, 2009, pp20–21）。

グリーン電力証書には主に2つの利点があります。1つは，大きな再生可能エネルギー資源を持たない地域の需要家が，他の場所の再生可能エネルギー発電の開発を支援することができるという利点です。2つ目は，再生可能エネルギーに金を払いたくない人々に再生可能エネルギーのコストが課されないということです。

これらの利点は，しかし，重大な欠点により相殺されてしまいます。

1. グリーン電力の市場制度は，再生可能エネルギーが増えることを保証

図9.3　米国のグリーン電力プログラム（2008年）

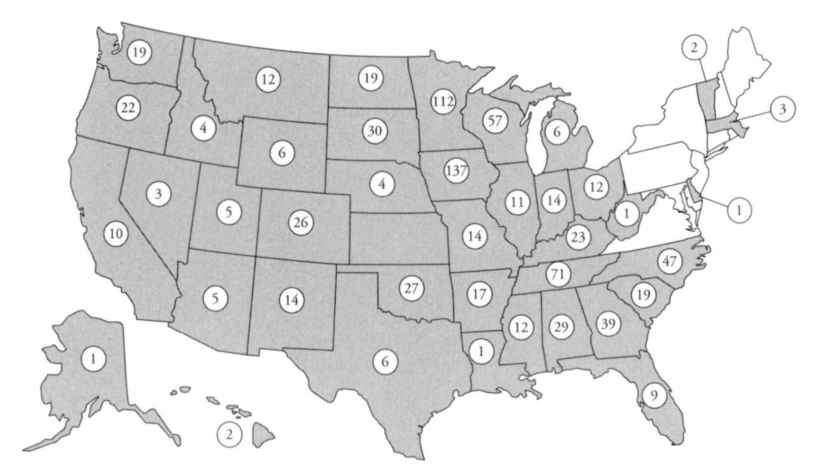

出典：Bird et al, 2009

しているわけではありません。急速に成長したグリーン電力制度に関して最もよくあることとして，この制度の出資者によって制度に上限が定められたり制限がかけられ，再生可能エネルギーの容量が増えないことがあります。例えば，2005 年に Xcel Energy 社と Oklahoma Gas & Electric 社は，彼らのグリーン電力制度を真っ先に完全に導入しましたが，それ以上の需要家の参加を断らなくてはなりませんでした。同様に，Austin Energy 社はグリーンを選択する商品が標準的な電力価格を割り込んだ時に抽選を行わなければなりませんでした（Bird et al, 2008, p5）。グリーン電力制度の責任者は，彼らがすでに需要家から安定した利益を得ていれば，制度を改良したり拡大しようとする動機をほとんど持たない，ということは教訓となるでしょう。

2.　グリーン電力制度はエネルギー使用や電力販売の多くの部分を占めているわけではありません。電力会社により運用されるこれらの制度に対して，参加の割合は 5％を超えるにすぎず，最も人気のある制度でさえ 20％を超えていません（Bird et al, 2008, p1）。言い換えれば，グリーン電力制度は非常にわずかな需要家に使われているにすぎません。2008 年において，グリーン電力制度の規模のトップ 10 であり，参加割合の高いものであっても，398,488 件の需要家が登録しているにすぎません（表 9.2 参照）。この数字は多く感じるかもしれませんが，国内の 120 万件の一般家庭需要家の 0.5％未満を占めるにすぎません。ここで問題は，グリーン電力制度が義務でないため，需要家は低価格で従来のダーティな電力を選ぶことができ，制度に実際に参加している人々によりもたらされた環境的な便益にフリーライドしている，ということです。

3.　グリーン電力制度は，需要家に多く課金するのを避けるため，最も低コストの再生可能エネルギー資源のみを推進する傾向にあります。確かに，米国ではこの制度によってほぼ例外なく大規模風力発電所が促進され，太陽光パネルや，小規模風力発電，他の方法は促進されません。欧州では，グリーン電力に対する自発的な市場は主に安価な水力発電をベースにしており，主にスカンジナビアの国々で発電，認証され，中央ヨーロッパで売られます。

表 9.2　最も成功している 10 のプログラムへのグリーン電力の参加企業の数（2008 年 12 月）

ランク	会社	プログラム	参加企業
1	Xcel Energy	Windsource Renewable Energy Trust	71,571
2	Portland General Electric	Clean Wind Green Source	69,258
3	PacifiCorp	Blue Sky Block Blue Sky Usage Blue Sky Habitat	67,252
4	Sacrament Municipal Utility District	Greenergy	45,992
5	PECO	PECO WIND	36,300
6	National Grid	GreenUp	23,668
7	Energy East（NYSEG/RGE）	Catch the Wind	22,210
8	Puget Sound Energy	Green Power Program	21,509
9	Los Angeles Department of Water & Power	Green Power for a Green LA	21,113
10	We Energies	Energy for Tomorrow	19,615

出典：National Renewable Energy Laboratory, 2009

4.　上述した価格を低く保つ点において，皮肉にも，グリーン電力制度は他の政策メカニズムよりも価格が高い傾向にあります。これは，証書を認証し，購入者と販売者のマッチングを行い，取引を追跡し，「二重会計」を発生させないようにする（例えば，同じ証書が 2 度以上使われないようにする）ことを，制度が要求しているからです。これらの問題のいくつかは，以下の節で再生可能エネルギー取引について述べる際にさらに議論しますが，追加の取引コストはグリーン電力制度の価格に加えられます。2009 年時点で，例えば米国では，グリーン電力制度からの風力発電の電力の平均購入価格は 0.091 ドル /kWh（約 10 円 /kWh）であり（Gomez, 2009），一方米国エネルギー省によると，電力の発電と送配電の平均コストは 0.07 ドル /kWh 未満（約 7.8 円 /kWh）であることが報告されています（US Department of Energy, 2008）。これは，約 0.02 ドル /kWh（約 2.2 円 /kWh）の追加コストが単に制度を運用するためのものであることを示しています。残念なことに，これらの追加コストは，グリーン電力制度が経済の停滞の間に最初にカットされるものであることも意味しています。2007年から2008年にグローバル経済が比較的健全だった頃，地方政府や自治体はグリーン電力の購入を200GWhまで増やしましたが，2008年から2009年の世界的な経済危機の只中では，17GWhまでしか購入を増やしませんでした。例えば，コロラド州のDurango市は，市庁舎の全ての電力をグリーン電力制度から購入していましたが，市議会は2009年にこの制度を取り消し，コストを抑えるために石炭発電所からの電力に戻しています（Gomez, 2009）。

9.4　ネットメータリング

ネットメータリングにより，電力システムに接続された再生可能エネルギー発電所の所有者は，彼らが電力システムに供給した電力を認証させることができ，実際にはその逆も可能です。本章で議論した他のメカニズムの多くとは違い，ネットメータリングは現実にはFITと競争するものではなく，FITの目標を補完するように使用されるものであることを指摘しておきます。

従来は，需要家が実際に再生可能エネルギーによって自宅で発電し，それを電力システムに「売却」または「供給」したい時は，常に2つの別々のメータを使用する（「ダブルメータリング」）か，複雑な計算をしなくてはなりませんでした。しかし，ダブルメータリングは，再生可能エネルギー供給事業者に不公平な価格となることがありました。米国で起こった最も典型的な例では，1990年代に電力を電力システムに売り戻したいと希望した需要家は，消費した電力に対して0.12～0.19ドル/kWh（約13～21円/kWh）の課金をされていましたが，発電して売った電力に対しては「回避可能コスト」などと言われている0.013ドル/kWh（約1.4円/kWh）しか得ておらず，これは電力の取引コストの7％にしかすぎませんでした（Bergey Windpower, 1999）。ダブルメータリングの第2の問題は，多くの場合，電力会社の従業員が自宅に直接訪問して発電電力量を検証し，かなりの時間を使って書類を作成し，伝票の手続きをする，というような法外な取引コストが価格に含まれていたことです。ダブルメータリングの時代は，例えばオクラホマシティーの小規模風力システムの所有者は，Oklahoma Gas & Electric 社から毎月送られてくる 0.02～0.37 ドル（約 2～4 円）程度の額の伝票の束を 60 枚以上抱え込んでいました。

ネットメータリングはこれらの複雑さを解消するために設計されており，需要家は自動的に彼らが（電力システムから）消費した電力と（電力システムに）供給した電力とを同じ測定器で測定できます（図 9.4 参照）。2009 年の 3 月までに，ネットメータリングは，ベルギー，チェコ，デンマーク，イタリア，日本，メキシコ，タイでの国内制度に加え，北米（カナダと米国）の 47 の州と郡で用いられています。理論的には，ネットメータリングには潜在的に多くの便益があります。暑い夏の日の午後 2 時に電力システムに対して電力を供給する太陽光パネルのように，ある種の再生可能エネルギーは最も価格が高い時に電力を発電するので，ネットメータリングシステムにより（時間別価格制度とともに使用されたとき）需要家はこの価格の高い電力に対するクレジットを受けることができます。ネットメータリングは電力会社や電力

図 9.4　電力システムへまたは電力システムからの電力の流れを示すネットメータリングの簡略図

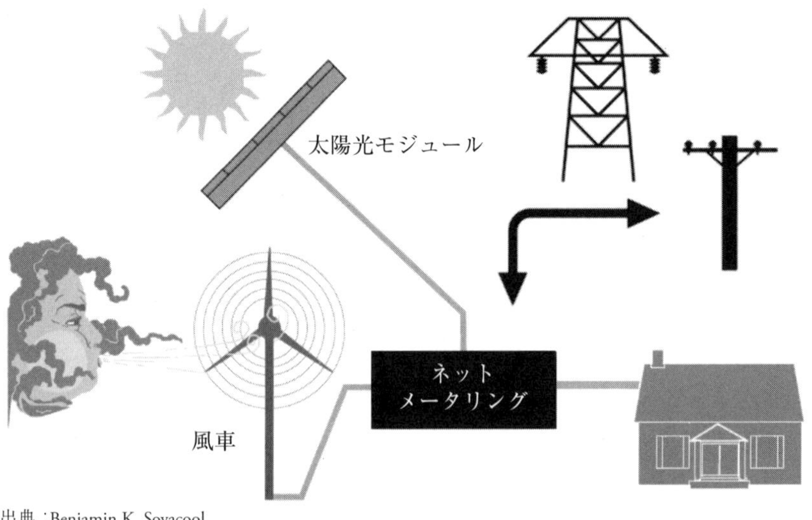

出典：Benjamin K. Sovacool

供給者の規制コストを下げるとともに，二つの測定器を設置してマニュアルでメータを読む必要がありません。

おそらくこれらの理由により，ネットメータリングは分散型再生可能エネルギーシステムへの積極的な投資に重要な役割を果たしています。最も成功した2つのネットメータリングの制度によって，カリフォルニア州とニュージャージー州の需要家は，2008年初頭までに23,000以上もの分散型太陽光システムを集合的に設置しました。ネットメータリングは「分散型かつ『グリーンな』自国産のエネルギー資源を供給するための……あらゆる政府レベルのあらゆる政策ツールの中で最も大きなツールを提供する」と言われています（Network for New Energy Choices, 2007）。需要家に対して需要の減少を補償し，超過電力を共有することによって，ネットメータリング制度は市場ベースの力強いインセンティブとなり，再生可能エネルギーを促進するために各州が用いています。

ネットメータリングは，電力産業界から激しい反対を受けることがあります。なぜなら，需要家が再生可能エネルギーによる電力を販売することで，需要家に多くの収入をもたらし，需要家が電力会社からあまり電力を購入しなくなるためです。例えば，米国の産業グループからの強い圧力によって，ほとんどの州では，適切にネットメータリングを用いている需要家の総容量が電力会社のピークロードに対して小さい割合に制限させられています。さらに，ほとんどの州で，発電事業者は彼らが消費する電力量までしか認証されず，消費レベルを超えた余剰分のクレジットは電力会社に行きます。

州のネットメータリング制度についてのある最近の評価によると，ほとんどの成功事例では最大システム容量について制限や適切な再生可能エネルギーの制限を設定せず，全ての電力会社に参加を求める傾向にあることが分かりました。

これらの制度では，通常全ての電圧階級の需要家が含まれており，一定の相互接続基準が提供され，手数料や特別な課金・税金はほとんどありません。しかし，この研究では，ほとんどの制度がそのような方法では設計されていないとも述べられています（Haynes, 2007）。カナダのオンタリオ州では，ネットメータリングは500kWまでのシムテムにしか許されておらず，超過して発電された電力（すなわち，消費するよりも多くの電力を発電した家庭）は将来の消費を相殺するための「クレジット」を受けられるにすぎず，現金は受け取れません（Ontario Ministry of Energy, 2008）。アイダホ州やバージニア州では，規制機関は保険の要件を課しており，ネットメータリングの恩恵を受けたい家庭の所有者は，保険の適用範囲として追加に10万～30万ドル（約1,100万～3,300万円）を支払わなければなりません（US Department of Energy, 2006）。

加えて，ほとんどのメータリング制度は「クレジット」を従来の電力の価格と同等にしているにすぎず，このため，再生可能エネルギーの環境的な便益を全て反映させることに失敗しています。

最後に，ネットメータリングは住宅や商業設備のようなスケールで分散型再生可能エネルギーシステムの展開を刺激している一方，大規模な再生可能エネルギー発電所を促進するためには実質的に何も役に立っていません。再生可能エネルギー資源へと全体の容量を実質的にシフトさせるように運用されるネットメータリングを備えた国はありません。再生可能エネルギー発電事業者に対する投資の安全性は，FITによる固定価格に比べて比較的低いことがその説明になるかもしれません。2.3節で指摘したように，価格は変動するため，再生可能エネルギープロジェクトの報酬を電気料金とリンクさせることを著者らは推奨しません。ネットメータリングによって，不確実性や変動性といった性質が減少したり消去したりすることはないのです。

9.5　研究開発への投資

多くの政府が再生可能エネルギーを促進するのに行っている他の方法として，研究開発への直接の費用提供があります。EUと北アメリカの全ての国で，何種類かの研究開発プログラムが実施されています。米国は，エネルギーの研究開発に最もコストを費やしている国の一つであり，150以上もの個別の研究開発プログラムが連邦政府により提供されています。これらのプログラムは大きく8つのエネルギー研究の分野に落とし込まれます。

1. エネルギー供給
2. 環境と健康へのエネルギーの影響
3. 低所得のエネルギー需要家への援助
4. エネルギー科学の基礎研究
5. エネルギー輸送のためのインフラ
6. エネルギー貯蓄
7. エネルギー保障と物理的安全
8. エネルギー市場競争と教育

研究開発プログラムはエネルギー省，農務省，保健福祉省を含む，18の連邦機関により運用されています（US Government Accountability Office, 2005）。いくつかの国では，個別の発電方式に多くのコストを割いています。2003年には，米国政府は1億3900万ドル（約154億円）を太陽電池の研究開発に費やしていますが，同年，日本では2億ドル（約220億円）以上，ドイツでは7億5000万ドル（約830億円）以上を費やしています（US House of Representatives Committee on Science, 2006）。

研究開発政策は，相当に柔軟であるが故に便益があります。政策立案者は特定の発電方式を支持し，それによって容易に研究費の分配を制御し監視することができます。加えて，研究開発の直接支出は仕事を作り出し，しばしば政府が所有する特許となり，ロイヤリティを得ることもあります。

しかし，研究開発政策は利益を生む保証はなく，研究プロジェクトの性質によっては，過剰需給と腐敗の温床となる可能性があります。技術的に実現不可能だと結論づけられた後でも長く研究費を受け取り続けたエネルギー分野のプログラムの顕著な例として，Clinch River高速増殖炉（25億ドル（約2,800億円）の液体金属高速増殖炉），電磁流体力学計画（石炭から電力を発生させるために電磁誘導を用いようとした6100万ドル（約67億円）の化石エネルギー計画），Synfuels Corporationの製品で，油に代わる代替物を開発しようとして1981年に立ち上げられた21億ドル（約2,300億円）の合成燃料計画などがあります（Gallagher et al, 2004）。

研究開発は，税制優遇よりも政府予算の減少の影響をかなり受けやすい分野です。例えば，再生可能エネルギー，化石燃料，原子力発電技術の研究開発を指揮する米国エネルギー省の予算機関は，1978年から2005年の間に（実質ベースで）85％以上，55億ドル（約6,000億円）から7億9300万ドル（約880億円）まで削られました（US Government Accountability Office, 2006）。同じことは世界中で全ての研究開発予算に対して起こっています。IEAの全加盟国において，エネルギー関連研究開発の直接の公共コストは変動しており，1974年の110億ドル（約1.2兆円）から1980年に約200億ドル（約2.2兆円）に上がり，1985年には140億ドル（約1.5兆円）に下がり，1990年代の後半から上がり始めたあと，2007年に120億ドル（約1.3兆円）のピークになります（図9.5参照）（Jørgensen, 2006）。再生可能エネルギーの特定の支出に等しく相反しています（図9.6参照）（IEA, 2008, p157）。

9.6　システム便益課金

システム便益課金（SBC）は，発電されたkWh毎に少額の税を設定し，資

図9.5　エネルギーの研究開発の世界的な予算（1974〜2007年）

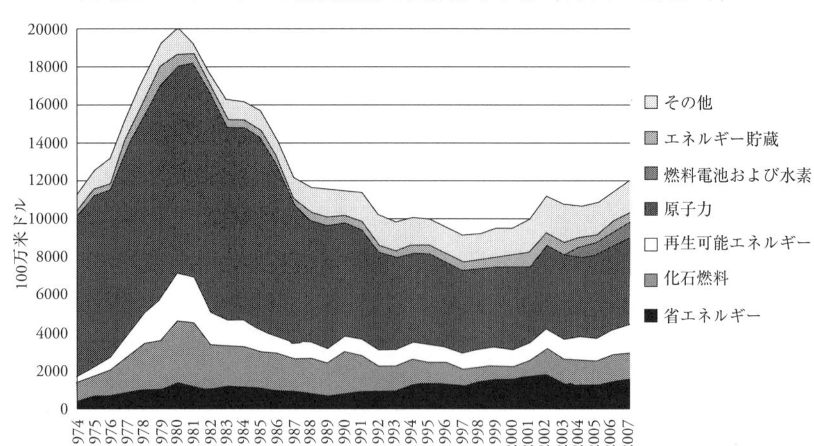

注：IEA加盟国のみ
出典：IEA, 2009

図 9.6　再生可能エネルギーに関する研究開発の世界的な予算（1974〜2007 年）

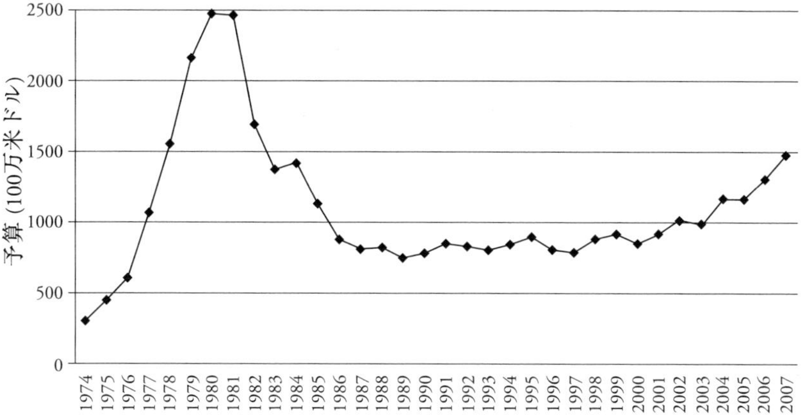

注：IEA 加盟国のみ
出典：IEA, 2009

金を集めて社会的に便益のあるエネルギープロジェクトの実施に使用するしくみです（Haddad and Jefferiss, 1999, p70; Wiser et al, 2002, p1; Bolinger et al, 2005）。ほとんどの SBC は信じられないくらい少額です。米国では，最も高い課金で 0.0005 ドル /kWh（約 0.055 円 /kWh）です。例えば，マサチューセッツ州では，再生可能エネルギーに関する活動は 0.000005 ドル /kWh（約 0.00055 円 /kWh）の SBC により資金提供されます。しかし，多くの kWh が発電されているので，SBC は毎年数百万ドル（数億円）の収入を生み出しています。

SBC は，公共便益基金，システム便益基金，クリーンエネルギー基金などとも呼ばれ，政州の政策立案者が電力会社の再構成に関する法律を検討していた 1990 年代に，RPS 政策とともに始まりました。規制機関が影響力を失ってしまうと，環境的に望ましい再生可能エネルギー技術の研究開発や実施を続けることで得られる利益も無くなってしまう可能性がありますが，ある州では新規技術の提唱者がハイリスクで長期のプロジェクトに対して新たな基金のメカニズムの利用権を得たこともあります。基本的な前提として，SBC なしでは，エネルギー分野で社会的に望まれるプロジェクト，すなわち，低所得の需要家への補助や再生可能エネルギーへの投資は，競争的な電力市場では起こらないという点があります。なぜなら，このようなプロジェクトは短期間では利益が小さいからです。SBCでは，このような計画を持続させることが可能です。

SBCはワシントン州で1994年に最初に実施され，認可された電力会社が需要家への請求書にあらかじめ課金して，サービスに資金提供する方法として承認されました（Washington Utilities and Transportation Commission, 1994; FERC, 1995）。続いてすぐにカリフォルニア州がSBCプログラムを実施し，1998年から2001年までに再生可能エネルギーと省エネルギーに関するプロジェクトに少なくとも8億7200万ドル（約960億円）が使われました[7]。2008年時点で，少なくとも18のSBCプログラムが米国に存在し，他の国においてもさまざまにアレンジされたSBCが活用されています。英国は「エネルギー節約トラスト」を設立し，有限会社として活動しており，送配電サービスに対する課金から収入を得て，太陽熱温水や地中熱ヒートポンプのような省エネルギーと再生可能エネルギーに投資するのに使用しています。ノルウェーは少額の「送電税」を設定しており，クリーンエネルギープロジェクトへの資金提供に使われています。ニュージーランドは「エネルギー節約基金」を創設し，小規模再生可能エネルギー発電や省エネルギーへの1800万ドル（約20億円）の価値の投資をサポートしています（Bradbrook et al, 2005）。SBCは少なくとも3つの利点があります。

1. SBCにより巨額の資金が得られます。米国だけで1997年から2017年までに18の基金によって，エネルギー投資に70億ドル近くがもたらされる予定です。（図9.7）

7） California Bill, AB 1890, Article 7, Research, Environmental, and Low-Income Funds, Section 381（c）（1）to（c）（3）. この法律は，1996年水準以上の低所得者用制度に対する基金を電力会社に課しています。

Wiser, R., Pickle, S. and Goldman, C. (1996) *California Renewable Energy Policy and Implementation Issues: An Overview of Recent Regulatory and Legislative Action*, Report LBNL-39247, UC-1321も参照のこと。各種再生可能エネルギー発電方式へどのように資金を分配するかについては，California Energy Commission, Renewables Program Committee (undated) *Policy Report on AB 1890, Renewables Funding*（日付なし。ただし添付のレターには1997年3月7日の日付があり）もお勧めします。

2. ある地域において公共料金を負担する全ての人々の間で再生可能エネルギーのコストを社会化し，全ての人が自らに便益をもたらすクリーンエネルギーに対して支払いをするという利点があります。
3. SBCにより，政策立案者が省エネルギーや再生可能エネルギーおよび他のエネルギープロジェクトを促進する柔軟性を得ることができます。米国でのSBCに関するある調査では，SBCは，大規模風力発電所と太陽光発電所，分散型電源の再生可能エネルギーではない方式，需要家の省エネルギーに対する投資，グリーン電力制度の支援，エネルギーについての一般向けの教育普及啓発，事業開発への小規模助成金，新たな技術に対する地域での研究開発，低所得者へのエネルギー料金補助や断熱対策を促進することがわかりました。

SBCもまた，欠点に苦しんでいます。SBCは地理的に狭く集中して実施されていますが，これは，SBCが今日までに1つの州か州内の電力会社にのみ導入されていることを意味します（Wiser et al, 2002, pp130–132）。SBCは電力コストに比べて控え目な資金として蓄えられ，資金の額は州により大きく違い，再生可能エネルギーに回る資金はこのうちの少額にすぎません。2006年から2016年にSBCに流れる50億ドル（約5,500億円）のうち，

図9.7　米国のSBC料金と収入（2008年3月）

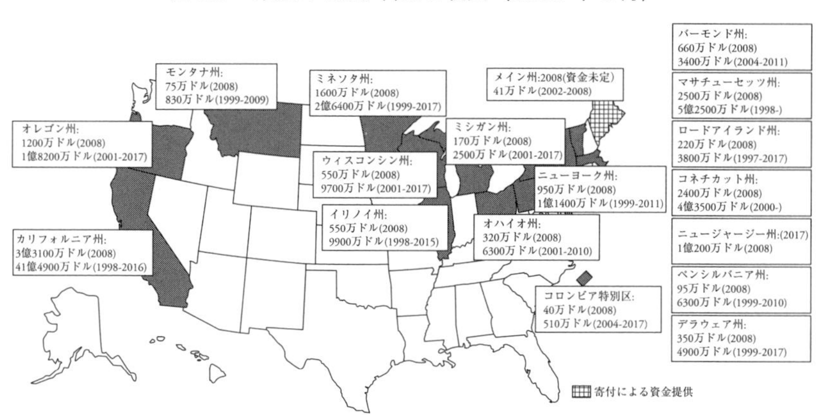

出典：Interstate Renewable Energr, 2008

10%，すなわち5億ドル（約550億円）が再生可能エネルギープロジェクトに資金提供されます（Wiser, 2007）。

9.7　税控除

二つのタイプの税控除が世界中で再生可能エネルギーの促進に顕著に取り上げられています。投資税控除（ITC）と生産税控除（PTC）です。

投資税控除（ITC）はその名の通り，再生可能エネルギープロジェクトに投資を決めた納税者に与えられる税制優遇措置です。ITCは特定の再生可能エネルギー発電方式への投資家に一部税控除を与えます。2007年において少なくとも30ヶ国で再生可能エネルギーに対するITCが提供されています。ITCにより，企業や住民は適切な再生可能エネルギー資源の購入に5〜50%の税控除を受けます（Beck and Martinot, 2004）。米国では，ITCは現在，商業的な太陽光プロジェクトや風力プロジェクトのコストの30%まで，地熱プロジェクトの10%までをカバーしています。

ITCには特定の発電方式や一連の技術への投資を促進する利点があります。ITCは研究開発のリスクが政府に集中するのを避けて，商業化の負担を企業や投資家に移すものです。そして明確な割合に応じて運用されるので，投資家に対して税控除による保証や予見可能性がもたらされます。

しかし，過去の失敗や欠点によって，これらの便益は吹き飛んでしまいます。ITCはその運用に対してではなく，発電方式に対する投資に資金を提供するため，貧弱な設計のシステムの開発に拍車をかけることが多くなります。このことは，発電の経験が少なくエンジニアリングよりも税の取り扱いについて詳しい企業を再生可能エネルギー産業に引き寄せます。過去には，企業の多くが税控除を利用して「実証試験」の研究開発を行おうとして政府の予算を無駄に使ってきました。ITCに資金を提供された風車が不用意にも密集して建てられたため，多くの鳥の死を招き，運用が期待はずれになってしまい，性急な開発の遺産として結果的に無用な機械が並んだ，という歴史があります（Grubb, 1990, p530）。

インドでは，ITCによって全ての発展途上国の中で風力発電産業が最も大きく促進されました。しかし，企業は設置に対しては経済的に大きな利益を受けましたが，風力発電所の運用に対しては受けていないので，運用実績は貧弱なものとなっています。他のどの地域の風力発電設備よりも設備利用率が低く，開発事業者が修理のための努力をしていないので多くの風車は止まっていると報告されています（Martinot et al, 2002）。

1981年から1985年の「カリフォルニア風力ラッシュ」の間，世界の風車の95%以上がカリフォルニア州に設置されました。ITCが投資を強く進めたためですが，運用には力をいれませんでした。連邦のITCが風力発電の資本コストの25%をまかない，州のITCがさらに25%をまかないました。各プロジェクトのコストの半分がすでにカバーされたので，開発事業者は電気を生み出すために風力発電所を建設するというより，税控除を利用するために風力発電所を建設することに力を入れました。1985年に突然政策が変更されたとき，メーカーは設計を変更することや投資に見合うようにコストを素早く減らすことができず，大半は完全に市場から離れました（Cory et al, 1999）。

ITCが詐欺を誘発させたケースさえあります。ITCの払い戻しを受けるため，米国のいくつかの会社はハリボテの動かない風車を建設し，年度末に写真を撮りました。このインチキな仕事をした人々は，写真があるので米国の国内の税を集める機関である内国歳入庁（IRS）が会計監査の際に税控除を却下しないだろうと考えたのです。もしプロジェクトが実際に監査されていれば（当時IRSは多くの仕事のやり残しを抱えていたので滅多になかったですが），開発事業者は，風車は写真に撮られており，単に修理のために撤去されているだけだと主張したでしょう。ITCシステムを悪用して捕まることは非常に少ないため，風力発電への投資は偽造システムに対して控除を得るという利益が捕まるリスクを上回ると期待した開発事業者らにとってのある種の賭け事となっていました（Lotker, 1983）。再生可能エネルギーを促進するための数百万ドル（数億円）が結果的にハリボテの動かないものを支えるために使われました。

さらに，ITCはコストがかさみ，再生可能エネルギー市場の不安定さの原因になっています。2006年に米国の政府はざっと67億ドル（約7,400億円）をエネルギー技術への税控除に費やしました（Metcalf, 2006）。このような大きな支出によって，皮肉にもプロジェクトや資本設備の価格が高騰する可能性もあります（Kahn, 1996）。

さらに，ITCは商業的な設置を好む傾向にあります。税控除の開始から2008年12月31日まで，米国のITCは住宅用太陽光の投資に2,000ドル（約22万円）の上限を設けましたが，商業用の設備には上限はなく，集中型で大規模なプロジェクトを不公平に優遇することとなりました（National Renewable Energy Laboratory, 2009）。

最後に，世界中の多くの住宅所有者やメーカーはITCを効果的に利用したことによって十分な収入を得ていません。なぜなら，彼らは投資に全ての資本を前払いしなくてはならず，税の申請時に税控除を主張できるにすぎないからです（Bolinger, 2009）。おそらくこれらの理由から，ITCは補助的に機能しても，再生可能エネルギーへの投資を促進する主要な手段や役割にはなりません（Lewis and Wiser, 2005）。

生産税控除（PTC）は，ITCとは違い，投資家や要件を満たす発電所の所有者に年間の税控除を提供しており，税控除は発電設備による一年間の発電電力量に基づきます。米国では，この控除は適切な風力，水力，埋立ガス，都市廃棄物，バイオマスの設備に適用されます（Beck and Martinot, 2004; Bolinger et al, 2009）。

ITCとPTCの明確な違いは，後者がエネルギーの運用と生産に対して報酬を与える点です（FITに非常に似ています）。米国ではPTCは効果的に機能しており，風力発電や太陽光発電に関連したサプライチェーン資本へより多くの投資がなされ，製造業への投資に対するリスクプレミアムもより低くなっています。PTCは民間の研究開発予算を増加させ，欧州市場から米国市場（と好ましくないユーロとドルの為替レート）を切り離すことによってコスト削減を促進し，国内の部品製造の増加による輸送の削減を促し，課金や料金を減らします。ローレンスバークレー国立研究所の研究者によると，10年間のPTCの便益は，風車に対して22％のコスト削減，または設備容量kWあたり380ドル（約42,000円）の削減になると計算されています（Wiser et al, 2007a)。

PTCも全ての納税者に再生可能エネルギープロジェクトのコストを社会化し，分配します。連邦政府は税収入を投資し，理論的には，全ての市民にもたらされる再生可能エネルギーの便益に変換されます（Birgisson and Peterson, 2006)。PTCによってなされた投資は，米国ではかなり大きくなっています。再生可能エネルギープロジェクト開発事業者，資金提供者，弁護士，投資担当の銀行員，投資家，電力会社の管理職への調査によれば，PTCは多くの再生可能エネルギープロジェクトの誕生から終わりまでの最初の10年で全キャッシュフローの50％までを占め，そのプロジェクトの全価値の3分の1を占めることが明らかになっています（Baratoff et al, 2007)。ローレンスバークレー研究所の研究者によると，PTCは2006年に米国で風力発電へ40億ドル（約4,400億円）近くの投資をもたらすツールであると試算されており，PTCは1994年に始まっているので，130億ドル（約14兆円）と見積もられる再生可能エネルギー分野に対する投資の動機付けになっています（Wiser et al, 2007a)。直感的には逆の証拠に見えるかもしれませんが，PTCの終了が見えてくると，風力発電の新規容量や建設に大幅な遅れが出ることも，PTCの重要性を示しています。

しかし，PTCは深刻な欠点に苦しんでいます。PTCは，FIT，RPS，SBCのような再生可能エネルギー促進の動機付けの制度を既に持っている州や地域で最も大きい影響を与えましたが，これは，それ自身では投資を刺激するのに十分でないということを意味しています。PTCは受動的な収入に対してのみ適用されるので，関心のある関係者（農場経営者，牧場経営者，都市部の住居所有者など）が風力や太陽光への投資ファンドを見つけようとしても，ほとんど助けになりません。これらの人々は，巨額な資本を持っておらず設備を注文するには法外なコストがかかります。ほとんどの風車メーカーは，例えば設置時期の18〜20ヶ月前に25％の前払金を要求します。商業規模での最新の風車は160万〜180万ドル（約1.8〜2億円）のコストがかかりますが，プロジェクトがスタートする前の最も資金が必要とされる時に，PTCによって資金が調達できるわけではありません（Buis, 2008)。このため，PTCはそもそもまだ開発されていない再生可能エネルギーを促進するために有効かどうかはっきりしません。

PTC は政府に過去の各年の予算として数百万ドル（数億円）のコストを強いており，2008 年の米国におけるプロジェクトへの支払いは約 3 億ドル（約 330 億円）でした。これらのコストの 90％は 1 つの発電方式，すなわち風力発電に対するものであり，このことは，PTC は再生可能エネルギー資源の多様性を促進しないことを示しています。PTC は政府からの直接的な支援が必要であるため，予算の不足が大きくなるにつれ，PTC を決定する立法者が長期に亘って関心を持ってくれるか疑いが大きくなります。

さらには，PTC は所得分配の効果があるため，他の制度に使われる政府の収入が減ったりわずかに税率が高くなったりして，貧困層の負担が大きくなります。PTC（および類似の制度）によって，貧困層や中間層の家庭を補助するのに使われる政府の収入が減るため，PTC は彼らの経済状況に深刻な影響を与えるという逆進性があるのではないか，という議論が経済学者や法律家の間でなされています（Ekardt and von Hovel, 2009）。

さらに，PTC は上述したような一貫性のなさにより，その潜在力の多くが相殺されています。これまで民間の投資は，信頼性があって安定かつ適切に続く限りにおいてのみ，PTC によって生み出された市場ベースの優遇措置に反応できていました（Mowery, 2006）。連邦議会が 2001 年末前に税控除を延長するのに失敗すると，風車プロジェクトの投資は急激に落ち込みました。2001 年の 1600MW から 2002 年にはわずか 410MW しか新たな風車が設置されず，2001 年の 1600MW から大幅に減りましたが，2003 年に 1600MW に回復しました（*Megawatt Daily*, 2004）。米国での風力政策の一貫性の欠如により，産業界ではにわか景気と不景気とのサイクルが生じており，事実上，プロジェクトに対する資金を得ることはできません。2007 年から 2008 年にかけては不確実性の高い最終ラウンドの状態でしたが，風力発電設備の製造や建設，運用に関わる 32,000 人以上の直接的雇用が脅かされました（Lacey, 2008）。

確かに，ローレンスバークレー国立研究所の同研究では，PTC はコストを減らしますが，経費を考慮に入れると思いのほか効果的でないと指摘されています。PTC が終了し結果として不確実性が残ったことで，米国では風力発電の開発のスピードが落ち，より規模の大きい海外メーカーに依存することが増え，風力の開発事業者は海外市場に移ることを決めました。ほとんどの開発事業者は，複雑な財務構成を組み立てて，民間供給事業者と共同経営をし，PTC を利用するために必要な資金を作る必要があります。産業界の計画立案者によると，米国での風車の設置コストは，PTC が何回も期限切れを繰り返していなかった場合に比べ，15〜25%コストがかかっていると指摘されています（Baratoff et al, 2007）。

最後に，PTC は本質的に裕福な投資家や大企業に偏向しています。David Toke 博士は，PTC を「裕福な人のための FIT」と呼びましたが，これは，PTC が，総合エネルギー会社のような大規模な投資から税の便益を得ることができる高い納税義務者を通じて機能してきたからです（Toke, 2005）。PTC は単純に，すでに収入のある人々に対して便益をもたらすものです。もし分配の公正が懸念されるのであればインセンティブは逆方向を向く（投資に余裕のない人々を支援する）べきですが，結果的に再生可能エネルギーに投資に余裕のある人々の方が投資リスクは少なくなるのです（Ekardt von Hovel, 2009）。

したがって，PTC によって構造上，個人や小規模企業は再生可能エネルギーの開発から締め出されてしまいます。これらの人々や企業は資金を獲得するのが非常に難しいからです。クレジットは受動的損失の法則に基づいており，この法則は他の投資からの収入を相殺するクレジットを利用できる納税者に限定されます（Owens, 2004）。結果として PTC により，クレジットの利用が要求される減税事業を持つ米国の企業による再生可能エネルギー市場（特に風力市場）の独占が加速し，市場から締め出される小規模風力開発事業者が犠牲になります（Owens, 2004）。ある最近の研究によると，PTC によって大規模エネルギー企業が恩恵を得る一方で，小規模の住民によるシステムの投資やコミュニティによるプロジェクトが実際に阻害されることが分かりました（Buis, 2008）。

9.8　入札

入札システムでは，再生可能エネルギーの投資家，開発事業者，プロジェクトの所有者は再生可能エネルギー契約への入札に申し込むように求められます。最低価格で要件に合う入札に約定が与えられ，表向きには，再生可能エネルギーの購入が保証されます。再生可能エネルギーによる電力は実際には市場価格で売られ，販売価格と購入価格との差額は，全ての国内での電力消費に対して非差別的に課税されたのち，収入となります（Voogt et al, 2000; Espey, 2001; Meyer, 2003）。

再生可能エネルギーによるエネルギー供給に関する入札システムは，英国の Non-Fossil Fuel Obligation（NFFO）の元で 1991 年に初めて導入され，入札の募集は不定期に行われていました。各種再生可能エネルギー方式には割当量が与えられ，最低価格を示した電力供給者が英国の 12 の電力公社と契約していました。同様の競争入札プロセスはフランスでも 1996 年に始まり，フランスの規制機関は再生可能エネルギーの所定量に対して予め市場を押さえておき，再生可能エネルギー事業者間で競争を促してこの量を割り当てました。

入札システムにはいくつかの利点があります。FIT や税控除とは違い，RPS と同種であり，政府は再生可能エネルギー電源の量を直接コントロールできます。競争入札に基づいて約定が割り当てられることにより，電力供給者にはコストを下げて価格をより有利になるようにするインセンティブが発生します。また，企業や投資家に利益を集中させるのではなく，納税者や需要家にコスト抑制分を還元することができます。

しかし，入札システムは購入価格がかなり低いため，多くの考慮すべき問題もあります。

1. 電力供給者は入札を有利なものにするために利幅を減らそうとするため，入札システムは電力供給者にダメージを与える傾向にあります。このような低い利幅では電力供給者の投資能力が損われ，究極の状況では倒産に追い込まれます。英国では，大手の電力供給者は他国から基準に合致する技術を輸入しており，入札システムは地域の再生可能エネルギー開発を促進するものではないと非難されています。再生可能エネルギーを促進するためのさまざまな政策を調べたある研究によると，通常，入札システムでは長期に亘る市場安定性や収益率を得ることはできず，融資からプロジェクトの完了までに長い納期が必要となり，プロジェクトの開発事業者間の激しい競争を招き，逆効果となることが指摘されています（Lewis and Wiser, 2005）。別の研究によると，NFFO の下で約定された容量に対して，1/3 以下の 30％しか実際には設置されておらず，2003 年までに約定された 3,270MW のうち 960MW しか設置されていないことが明らかになっています。これは，入札者は約定を勝ち取るために低すぎる価格で入札しており，倒産を避けるために設備を建設するのを控えたためであると説明されています（Butler and Neuhoff, 2005）。同様の傾向は他の入札システムでも起こっています。フランスのプログラムでは，約定された 300MW のうちわずか 70MW が設置されているにすぎず，2005 年にそのうち 30MW だけが稼働しているにすぎません（Butler and Neuhoff, 2005）。

2. 入札では，通常，持続可能な再生可能エネルギーの成長が促されません。なぜなら，入札システムは，競売と入札の募集に基づくため，米国の PTC に非常に似て，ストップアンドゴーの開発サイクルとなる傾向にあります（Gipe, 2006）。入札の募集は不規則なので，企業は次の募集がいつされるかを知ることができないことが多く，投資の意思決定を複雑にしてしまいます。
3. 入札の結果として起こる激しい価格競争は，既存の大規模再生可能エネルギー開発事業者や電力供給者（一般には利益を追求しない公有企業）にとって有利であり，独立した電力供給者や小規模企業が犠牲になります。ある報告書では，入札システムでは再生可能エネルギー市場の多様性は進まず，実際には電力市場の競争的環境が悪化する，と結論づけられています（Government of South Australia, 2007）。入札に関するこのような課題は高いリスクとみなされ，結果的に全体的なコストが高くなります。多くの入札（とクォータ制）への融資は，不確実性とリスクの低減が必要な特殊な融資構造を通じてプロジェクトの開発事業者と共同で事業を行う必要がある大手銀行や保険会社により行われます（Bolinger et al, 2009）。

4. 競争市場では入札を勝ち取る機会はかなり低いため，多くの投資家や入札を検討していた電力供給者は，単純に参加しないという意思決定を下します（Madlener and Stagl, 2005）。入札者の数が限定されているので，入札システムは容易にゲーム化します。例えば，ある入札制度では，少数の大規模プレーヤーが競争相手を排除するために，実際にプロジェクトを遂行する気は全くないのに入札価格を「ゲーム化」します。同様に公有企業も，利益が少なくても公共料金納付者に最終的なプロジェクトに補助金を出させることができるため，約定を勝ち取るために不合理に低い価格で入札することができます（Madlener and Stagl, 2005）。

9.9 FITの優位性

本書はFITが他のメカニズムよりも優れている理由を述べているものですが，比較分析を望む人には，FITの便益が認められた独立系の研究や実証に基づいた知見を数多く示すことができます。

最近の例をいくつか選択すると，EU加盟国，米国に加え，ブラジル，ロシア，インド，中国，南アフリカを含む35の国での再生可能エネルギー政策の有効性が国際エネルギー機関（IEA）によって調査されています（IEA, 2008）。それによると，世界中の再生可能エネルギーによる商用電源の80%，再生可能エネルギー熱の77%，再生可能エネルギーによる交通燃料生産の98%がこれらの国で占められていることが明らかになりました。もっとも政策が有効に機能していた4つの国々，ドイツ，スペイン，デンマーク，ポルトガルは全て，FITを用いて風力と太陽光の開発を促進していたことがこの調査により指摘されています。この調査では，安定な投資の割合が高く，行政上の障壁や行政コストが低く簡単な枠組みであること，電力システムへの接続条件が良好な傾向にあることから，FIT が高く評価されています。FIT 制度の 0.09～0.11 ドル /kWh（約 9.9～12.2 円 /kWh）という平均報酬は，平均 0.13～0.17 ドル /kWh（約 14.4～18.8 円 /kWh）のクォータ制や取引可能な証書といった他の制度に比べて，かなりコスト効率が良いものであると結論付けられています。

他の研究では，FIT とクォータ制や認証のような他のメカニズムとが比較されています（Fouquet and Johansson, 2008）。この評価では，RPS のようなクォータ制と再生可能エネルギー利用義務制度は，最終的にクォータの範囲に市場の規模を限定し，実質的に再生可能エネルギー導入のキャップを作ってしまうことが言及されています。これに対して，FIT はこのようなキャップや制限もなく，分散型電源や小規模企業により設置される小規模システムへのシフトが早くなり，産業の発展にむけて平等性とアクセス性が向上します。この研究により，REC 制度は価値が時間により変化するために本質的に不安定であることが分かりました。REC の過度な供給により価格が急激に下がり，敏感な投資家が購入の意思決定を控えるため，証書価格に与える影響が大きく投資の機会が損なわれてしまいます。この研究によると，EU 全加盟国 27ヶ国での再生可能エネルギーに対する他の電力制度と比較したところ，FIT が最も有効であり，証書やクォータ制よりも低いコストで早く高い導入率を達成でき，投資家のリスクを緩和し，未成熟な技術のイノベーションを促進すると結論付けられています。

さらに別の研究では，さまざまな支援制度の有効性の比較とともに，EU で風力発電に対してそれらの制度を必要とする資金援助のレベルが比較されています（Ragwitz et al, 2006）。この研究では，クォータ義務や REC の制度による国々の資金援助のレベルは，FIT のみを用いている国よりもかなり高かったことが示されています。この研究により，主としてクォータ制を採用した3つの国（ベルギー，イタリア，英国）では制度のコストが高く，再生可能エネルギー導入の成長率が低いことが判明しました。これに対して FIT を採用した国々の方が，成長率が高くコストが低くなっていました。この研究では，4つの理由により，FIT は他の政策メカニズムよりも効果的であると結論づけられています。

1. クォータ義務を採用した国よりもFITを採用した国の方が，資本コストが下がります
2. FITによって技術と産業の多様なポートフォリオが促進されます
3. 二つの理由によりFITによって電力料金が最低価格まで下がります。一つは，料金が保証されることでリスクが低減し，したがって必要な資本が少なくなりより低い金利で資本を調達できます。二つ目は，価格低減を伴う制度（段階的価格とも呼ばれる）により，過剰な利益の可能性を減らし，時間の経過に伴って効率化や製造コストの削減が促進されます。
4. FITによってRECの市場不正利用問題や流動性に苦しまなくて済み，市場競争が促されます。投資家ではなくメーカー間での競争が促され，再生可能エネルギーを設置し活用するための市場状況が良くなります。

さらに他の評価では，ドイツ，スペインのFITの効果と英国の再生可能エネルギー利用義務制度の効果が比較されています。この評価では，ドイツの市場は電力供給者が市場価格とリスクから切り離されるために，再生可能エネルギーの開発のリスクが最も小さくなり，これに対してクォータ制や取引可能な証書の制度は，電力料金の増加リスクが悪化することが明らかになりました（Klessmann et al, 2008）。

最も多く言及されているのは，実際の投資家，エコノミスト，金融機関の見通しです。グローバルな金融複合企業のErnst & Young社は，近年，FITは他の政策メカニズムよりもコスト効果が最も高く，クライアントが投資したい場所ではFIT政策を実施していることが好ましいとの考えを示しました。彼らは，再生可能エネルギー投資に関して米国よりもドイツ市場を世界中で「最も魅力的」であると格付けしましたが，これはFITによるものです。フランスでは，FITにより2006年の再生可能エネルギーによる電力量は，1億2400万ユーロ（約157億円）のコストで10.5TWhとなりましたが（同時に，1トンあたり39.50ユーロ（約5,000円）のコストでCO_2を削減した），一方で英国では，再生可能エネルギー使用義務制度により，再生可能エネルギーによる電力量はフランスとおおよそ同じ量の電力である12.9TWhでし

たが，コストは 6 億 1100 万ユーロ（約 773 億円）となり（CO_2 1 トンあたり 86 ユーロ（約 11 万円）のコスト），FIT の 2 倍以上でした（Chadha, 2009）。ドイツと英国の比較では，やはり FIT が好ましいものでした。2007 年に FIT を採用したドイツでは平均 0.045 ユーロ /kWh（約 5.7 円 /kWh）のコストで 72.7TWh の再生可能エネルギー電力量を発電しましたが，一方で，再生可能エネルギー利用義務を採用した英国では平均 0.056 ユーロ /kWh（約 7.1 円 /kWh）のコストで 18.1TWh を発電しました。世界銀行の前チーフエコノミストである Nicholas Stern 氏によって書かれた地球気候変動の金融コストに関する有名な論文 Stern 報告によると，取引可能な証書やクォータ制に比べて「FIT は低いコストで（再生可能エネルギーシステムの）大規模な設置」に到達すると述べられています（Stern, 2006）。

文献リストはまだまだ挙げていくことができますが，すでに重要な点はお伝えできたでしょう。これらの経済的な利点に加え，FIT は，個人の発電所有者や中小規模の企業から大規模の電力会社まで広範囲に亘って，多くの発電事業者の投資を促進します。この方法によって，発電分野での競争が増加し，より競争的でより民主的な環境が同時に達成されるのです。

9.10　結論

おそらく，ここで読者はプラトンの対話篇の中のメノンのように感じ始めたのではないでしょうか。もし再生可能エネルギーを促進させたいなら，人々の好意に頼ってグリーン電力制度を通じて自発的に再生可能エネルギーを購入することができます。ネットメータリングの制度を通じて，電力を電力システムに売電したい個人の発電所有者や企業のリーダーになることもできます。取引可能証書のための複雑で難解な市場を作り出すことができます。特定の技術の基礎研究や開発に資金を提供し，長期的に利益を生むことを期待することもできます。電力会社に決められた期限までに再生可能エネルギーによる所定量の電力を発電させ，しかし価格は市場にまかせることもできます。発電された電力の kWh 毎に小額の税金を掛けることもでき，いくばくかの資金を再生可能エネルギーに投資することもできます。大企業やしっかりとした知識を持った個人の発電所有者に税控除を与えて，再生可能エネルギー設備や発電のための彼らの経費をある程度相殺することもできます。再生可能エネルギーの約定のために複雑な入札や競売制度を作ることもできます。あるいは，単に FIT を通じて再生可能エネルギーに賦課金を払うこともできます。

ほとんど全ての代替メカニズムは再生可能エネルギーに対して価格の優遇措置を生み出しますが，あるものは他のものよりも有効であり，また別のものは他のものよりも直接的です。多く制度は取引コストを必要とするため，特定の企業やコンサルタント，ステークホルダーを儲けさせ，しばしば他の企業を犠牲にし，小規模配電システムが排除され，電力価格を上昇させることになります。ほとんどの制度では，ダイナミックな効果が促進されず，代わりに最も安価で成熟した発電方式が集中します。

しかし，FIT だけが最小の取引コストで，多様性と低い電力料金を同時に促進します。この章で議論した多くの制度と比較した独立した研究の評価を受けているのは FIT だけです。基本的な教訓は単純なように思われます。すなわち，政策立案者はアポリアの答がでない状態に留まっている必要はありません。一つの選択肢だけが他の全てよりも優っています。それが FIT です。

参照文献

Baratoff, M. C., Black, I., Burgess, B., Felt, J. E., Garratt, M. and Guenther, C. (2007) Renewable Power, Policy, and the Cost of Capital: Improving Capital Market Efficiency to Support Renewable Power Generation Projects, United Nations Environment Programme/ BASE Sustainable Energy Finance Initiative, Paris

Beck, F. and Martinot, E. (2004) 'Renewable energy policies and barriers', in C. Cleveland (ed.) Encyclopedia of Energy, Elsevier Science, San Diego, vol 5, pp365–383

Berendt, C. (2006). 'A state-based approach to building a liquid national market for renewable energy certificates: e REC-EX model', The Electricity Journal, vol 19, no 5, pp 54–68

Bergey Windpower (1999) Net Metering and Related Utility Issues, www.bergey.com/ School/ FAQ.Net-Metering.html, pp1–2

Bird, L. A., Cory, K. S. and Swezey, B. G. (2008) Renewable Energy Price-Stability Benefits in

Utility Green Power Programs, NREL/TP-670-43532, National Renewable Energy Laboratory, Golden, CO

Bird, L., Hurlbut, D., Donohoo, P., Cory, K. and Kreycik, C. (2009) An Examination of the Regional Supply and Demand Balance for Renewable Electricity in the United States through 2015, NREL/TP-6A2-45041, National Renewable Energy Laboratory, Golden, CO

Birgisson, G. and Peterson, E. (2006) 'Renewable energy development incentives: Strengths, weaknesses and the interplay', The Electricity Journal, vol 19, no 3, pp40–51

Bolinger, M. (2009) Financing Non-residential Photovoltaic Projects: Options and Implications, LBNL-1410E, Lawrence Berkeley National Laboratory, Berkeley, CA Bolinger, M., Wiser, R. and Fitzgerald, G. (2005) 'An overview of investments by state renewable energy funds in large-scale renewable generation projects', The Electricity Journal, vol 18, no 1, pp78–84

Bolinger, M., Wiser, R., Cory, K. and James, T. (2009) PTC, ITC, or Cash Grant? An Analysis of the Choice Facing Renewable Power Projects in the United States, NREL/TP-6A2-45359, National Renewable Energy Laboratory, Golden, CO

Bradbrook, A. J., Lyster, R. and Ottinger, R. L. (2005) The Law of Energy for Sustainable Development, Cambridge University Press, Cambridge, p113

Buis, T. (2008) Concerning the Renewable Energy Economy: A New Path to Investment, Jobs, and Growth, Testimony before the House Select Committee on Energy Independence and Global Warming, US Government Printing Office, Washington, DC

Butler, L. and Neuhoff, K. (2005) Comparison of FIT, Quota, and Auction Mechanisms to Support Wind Power Development, CMI Working Paper 70, www.electricitypolicy.org.uk/pubs/wp/ep70.pdf

California Public Utilities Commission (2007) Progress on the California Renewable Portfolio Standard as Required by the Supplemental Report of the 2006 Budget Act, CPUC Report to the Legislator, Sacramento, CA

Carbon Trust (2007) Policy Frameworks for Renewables: Analysis on Policy Frameworks to Drive Future Investment in Near and Long-Term Renewable Power in the UK, The Carbon Trust and L. E. K. Consulting, London

Center for Resource Solutions (2001) Interaction Between RPS and SBC Policies, Center for Resource Solutions, Washington, DC, p2

Chadha, M. (2009) 'Germany overtakes us as most attractive market for renewable energy', Energy Investment, 4 January, http://redgreenandblue.org/2009/01/04/germany-overtakes-us-as-the-most-attractive-market-for-renewable-energy-investment/

Coenraads, R., Reece, G., Voogt, M., Ragwitz, M., Resch, G., Faber, T., Haas, R., Konstantinaviciute, I., Krivosik, J. and Chadim, T. (2008) Progress: Promotion and Growth of Renewable Energy Sources and Systems, Ecofys, Fraunhofer Institute, Energy Economics Group,

LEI and SEVEn; Utrecht

Cory, K. S., Bernow, S., Dougherty, W., Kartha, S. and Williams, E. (1999) Analysis of Wind Turbine Cost Reductions: The Role of Research and Development and Cumulative Production, Presentation to the American Wind Energy Association WINDPOWER Conference

Coughlin, J. and Cory, K. (2009) Solar Photovoltaic Financing: Residential Sector Deployment, NREL/TP-6A2-44853, National Renewable Energy Laboratory, Golden, CO

Dinica, V. (2006) 'Support systems for the diffusion of renewable energy technologies – an investors perspective', Energy Policy, vol 34, pp461–480

Duke, R., Williams, R. and Payne, A. (2005) 'Accelerating residential PV expansion: Demand analysis for competitive electricity markets', Energy Policy, vol 33, p1916 Ekardt, F. and von Hovel, A. (2009) 'Distributive justice, competitiveness, and transnational climate protection: "One human – one emission right", Carbon & Climate Law Review, vol 3, no 1, pp102–113

Espey, S. (2001) 'Renewables portfolio standard: A means for trade with electricity from renewable energy sources?', Energy Policy, vol 29, pp557–566

FERC (1995) Promoting Wholesale Competition through Open Access Non-discriminatory Transmission Services by Public Utilities and Recovery of Stranded Costs by Public Utilities and Transmitting Utilities, Notice of Proposed Rulemaking and Supplemental Notice of Proposed Rulemaking, Docket Nos. RM95-8-000 and RM94-7-001, Washington, DC 1995

Fouquet, D. and Johansson, T. B. (2008) 'European renewable energy policy at a crossroads – focus on electricity support mechanisms', Energy Policy, vol 36, no 11, pp4079–4092

Gallagher, K. S., Frosch, R. and Holdren, J. P. (2004) Management of Energy Technology Innovation Activities at the US Department of Energy, Report to the Belfer Center for Science and International Affairs, Cambridge, MA

Gipe, P. (2006) Renewable Energy Policy Mechanisms, Wind Works Organization, Tehachapi, CA

Gomez, A. (2009) 'Going green can eat a lot of green,' USA Today, 5 May, p3A

Government of South Australia (2007) South Australia's Feed-In Mechanism for Residential Small-Scale Solar Photovoltaic Installations, Government of South Australia, Adelaide, South Australia

Grubb, M. J. (1990) 'The cinderella options: A study of modernized renewable energy technologies part 1 – A technical assessment', Energy Policy, vol 18, no 6, pp525–542

Haddad, B. and Jefferiss, P. (1999) 'Forging consensus on national renewables policy: the renewables portfolio standard and the National Public Benefits Trust Fund', The Electricity Journal, vol 12, no 2, p70

Haynes, R. (2007) 'Not your mother's net metering: recent policy evolution in U.S. States',

Presentation to the Solar Power 2007 Conference in Long Beach, CA, available at www.dsireusa.org/documents/PolicyPublications/ Solar%20Power%202007.ppt

IEA (2008) Deploying Renewables: Principles for Effective Policies, OECD/IEA, Paris

IEA (2009) Beyond 2020 World Data Services, International Energy Agency, available at http://wds.iea.org/WDS/Common/Login/login.aspx

Interstate Renewable Energy Council (2008) Public Benefits Funds for Renewables, www.dsireusa.org/incentives/index.cfm?EE=/&RE=1, p1

Jaccard, M. (2004) 'Renewable portfolio standard', in C. Cleveland (ed.) Encyclopedia of Energy, Elsevier Science, San Diego, vol 5, pp413–421

Jacobsson, S., Bergek, A., Finon, D., Lauber, V., Mitchell, C., Toke, D. and Verbruggen, A. (2009) 'EU renewable energy support policy: Faith or facts?', Energy Policy, vol 37, pp2143–2146

Jørgensen, B. H. (2006) Energy R&D Contributions to Future Economic Growth and Social Welfare, Seminar on Nordic Research and Innovation Cooperation with Estonia, p5

Kahn, E. (1996) 'The Production Tax Credit for wind turbine powerplants is an ineffective incentive', Energy Policy, vol 24, no 5, pp427–435

Klessmann, C., Nabe, C. and Burges, K. (2008) 'Pros and cons of exposing renewables to electricity market risks – a comparison of the market integration approaches in Germany, Spain, and the UK', Energy Policy, vol 36, pp3646–3661

Lacey, S. (2008) 'Building a FIT renewable energy market in the U.S.', Renewable Energy World, 10 March www.renewableenergyworld.com/rea/news/article/2008/03/building-a-fit-renewable-energy-market-in-the-u-s-51798

Langeraar, J.-W. and de Vos, R. (2003) 'Guarantee of origin: e proof of the pudding is in the eating', Refocus, July/August, pp62–63

Lauber, V. (2004) 'REFIT and RPS: Options for a harmonized community framework', Energy Policy, vol 32, pp1405–1414

Lewis, J. and Wiser, R. (2005) Fostering a Renewable Energy Technology Industry: An International Comparison of Wind Industry Policy Support Mechanisms, LBNL-59116, Lawrence Berkeley National Laboratory, Berkeley, CA

Lotker, J. (1983) Wind Energy Commercialization: A Premature Retrospective, Presentation to the Wind Workshop VI, Minneapolis, MN

Madlener, R. and Stagl, S. (2005) 'Sustainability-guided promotion of renewable electricity generation', Ecological Economics, vol 53, pp147–167

Martinot, E., Chaurey, A., Lew, D., Moreira, J. E. and Wamukonya, N. (2002) 'Renewable energy markets in developing countries', Annual Review of Energy and the Environment, vol 27, pp309–348

Megawatt Daily (2004) 'Wind group says loss of tax credits stalls 1,000 MW', Megawatt Daily, no 9, 6 January, p8

Menz, F. C. and Vachon, S. (2006) 'The effectiveness of different policy regimes for promoting wind power: Experiences from the States', Energy Policy, vol 34, pp1786–1796

Metcalf, G. E. (2006) Federal Tax Policy towards Energy, National Bureau of Economic Research, Cambridge, MA

Meyer, N. I. (2003) 'European schemes for promoting renewables in liberalized markets', Energy Policy, vol 31, pp665–676

Mowery, D. C. (2006) Lessons from the History of Federal R&D policy for an Energy ARPA, Statement before the Committee on Science, US House of Representatives, US Government Printing Office, Washington, DC, p4

National Renewable Energy Laboratory (2009) Solar Leasing for Residential Photovoltaic Systems, NREL/FS-6A2-43572, Golden, CO

Network for New Energy Choices (2007) Freeing the Grid 2007, Network for New Energy Choices, New York, NY

Ontario Ministry of Energy (2008) Net Metering in Ontario, 2008, Ontario Ministry of Energy, Ontario, Canada, pp1–2

Owens, B. (2004) 'Beyond the Production Tax Credit (PTC): Renewable energy support in the US', Refocus, vol 5, no 6, November/December, pp32–34

Rader, N. and Hempling, S. (2001) The Renewables Portfolio Standard: A Practical Guide, National Association of Regulatory Utility Commissioners, Washington, DC

Ragwitz, M., Held, A., Resch, G., Faber, T., Huber, C. and Haas, R. (2006) Monitoring and Evaluation of Policy Instruments to Support Renewable Electricity in EU Member States, Fraunhofer Institute, Frieberg

Ragwitz, M., del Río Gonzalez, P. and Resch, G. (2009) 'Assessing the advantages and drawbacks of government trading of guarantees of origin for renewable electricity in Europe', Energy Policy, vol 37, pp300–307

Refocus (2003) 'Guarantee of origin: A major breakthrough for the internal green energy market', Refocus, March/April, pp60–61

REN21 (2008) Renewable Energy Policy Network for the 21st Century, Renewables 2007, Global Status Report, Washington, DC, p7

REN21 (2009) Renewables Global Status Report: 2009 Update, REN21 Secretariat, Paris, www.ren21.net/pdf/RE_GSR_2009_update.pdf

Rickerson, W. and Grace, R. C. (2007) The Debate over Fixed Price Incentives for Renewable Electricity in Europe and the United States: Fallout and Future Directions, Heinrich Boll Foundation, Washington, DC

Sovacool, B. K. (2008a) 'A matter of stability and equity: The case for federal action on renewable portfolio standards in the U.S.', Energy and Environment, vol 19, no 2, pp241–261

Sovacool, B. K. (2008b) 'The best of both worlds: Environmental federalism and the need for federal action on renewable energy and climate change', Stanford Environmental Law

Journal, vol 27, no 2, pp397–476

Sovacool, B. K. (2009) 'The importance of comprehensiveness in renewable electricity and energy efficiency policy', Energy Policy, vol 37, pp1529–1541

Sovacool, B. K. and Cooper, C. (2007) 'Big is beautiful: The case for federal leadership on a national renewable portfolio standard', The Electricity Journal, vol 20, no 4, pp48–61

Sovacool, B. K. and Cooper, C. (2007–2008) 'The hidden costs of state Renewable Portfolio Standards (RPS)', Buffalo Environmental Law Journal, vol 15, no 1–2, pp1–41

Sovacool, B. K. and Cooper, C. (2008) 'Congress got it wrong: e case for a national Renewable Portfolio Standard (RPS) and implications for policy', Environmental and Energy Law and Policy Journal, vol 3, no 1, pp85–148

Stern, N. (2006) Stern Review: The Economics of Climate Change, Cambridge University Press, Cambridge, Part IV: Policy responses for mitigation

Toke, D. (2005) 'Are green electricity certificates the way forward for renewable energy? An evaluation of the United Kingdom's Renewables Obligation in the context of international comparisons', Environment and Planning C: Government and Policy, vol 23, pp361–374

Tonn, B., Healy, K. C., Gibson, A., Ashish, A., Cody, P., Beres, D., Lulla, S., Mazur, J. and Ritter, A. J. (2009) 'Power from perspective: Potential future United States energy portfolios', Energy Policy, vol 37, pp1432–1443

US Department of Energy (2006) Small Wind Electric Systems: A Consumer's Guide, DOE, Washington, DC, p18

US Department of Energy (2008) Annual Report on US Wind Power Installation, Cost, and Performance Trends: 2007, US Department of Energy, Washington, DC

US Energy Information Administration (2007) Annual Energy Outlook, US Department of Energy, Washington, DC, pp3–10

US Government Accountability Office (2005) National Energy Policy: Inventory of Major Federal Energy Programs and Status of Policy Recommendations, GAO-05-379, United States GAO Report to Congress, pp1–5

US Government Accountability Office, Department of Energy (2006) Key Challenges Remain for Developing and Deploying Advanced Energy Technologies to Meet Future Needs, GAO-07-106, GAO, Washington, DC, p5

US House of Representatives Committee on Science (2006) Renewable Energy Technologies – Research Directions, Investment Opportunities, and Challenges to Commercial Applications in the United States and Developing World, Hearing Charter, 9pp

Voogt, M., Boots, M. G., Schaeffer, G. J. and Martens, J.W. (2000) 'Renewable electricity in a liberalized market–the concept of green certificates', Energy and Environment, vol 11, no 1, pp65–80

Washington Utilities and Transportation Commission (1994) DSM Tariffs UE-941375 and UE-941377, Washington Utilities and Transportation Commission, Olympia, WA

Wiser, R. H. (2007) 'State Policy Update: A Review of Effective Wind Power Incentives', Presentation to the Midwestern Wind Policy Institute, Ann Arbor, MI

Wiser, R. and Barbose, G. (2008) Renewables Portfolio Standards in the United States: A Status Report with Data through 2007, LBNL-154E, Lawrence Berkeley National Laboratory, Berkeley, CA

Wiser, R., Bolinger, M., Milford, L., Porter, K. and Clark, R. (2002) Innovation, Renewable Energy, and State Investment: Case Studies of Leading Clean Energy Funds, LBNL-51493, Lawrence Berkeley National Laboratory, Berkeley, CA

Wiser, R., Bolinger, M. and Barbose, G. (2007a) 'Using the federal production tax credit to build a durable market for wind power in the United States', The Electricity Journal, vol 20, no 9, pp77–88

Wiser, R., Namovicz, C., Gielecki, M. and Smith, R. (2007b) 'The experience with renewable portfolio standards in the United States', The Electricity Journal, vol 20, no 4, May, pp8–20

Chapter 10
FITの普及啓発活動

本書の締めくくりとして，本章ではFITの普及啓発活動をどう進めるかを考えてみましょう。FITの利点は明らかであるのに，なぜ普及啓発活動が必要なのかと疑問に思う人もいるかもしれません。しかし，前節で言及したように，エネルギー産業及び電気産業は高度に政治化されており，従来のエネルギー会社は化石燃料と原子力システムに毎年数十億ドル（約数千億円）の投資をし，政党や普及啓発への「貢献」に米国だけで2億2500万ドル（約250億円）も費やしています（Sovacool, 2008, p230）。

エイモリー・ロビンズ氏は省エネルギー効率の専門家であり，再生可能エネルギーを推進することでエネルギー政策へのソフトパスの追求を真摯に提唱しています。彼はかつて，「全ての政治家がエネルギー問題について賛成するより，地獄が凍る方が早い（全ての政治家がエネルギー問題について賛成することなどあり得ない）」と述べています（Sovacool, 2008, p235）。世界では，石油会社が虚偽の反気候変動論に数百万ドル（約数億円）の資金を意図的に提供し，原子力会社は世論を操作するために優秀な団体を作りメディアでキャンペーンを行っています。石炭産業は，「クリーンな石炭」のキャラクターがクリスマスキャロルを歌う，『クリーンコール・キャロル』という動画を公開しています[訳注1]。FITや再生可能エネルギーには，このような反対者がいます。本章では，反対勢力が何であり，どのように戦うことができるかを明らかにします。

10.1　我々は何に対抗しているのか？

エネルギー供給地や消費地といった利益が得られる重要な地域で仕事をする際，公共サービスを巡る利益優先の利己的関心によって動くステークホルダーが多いと気がつくのに，それほど時間はかかりません。再生可能エネルギーの障壁や，さらに言うとFITの普及を妨げる人たちは，概してこの普及や施行により経済的に不利益を被る人々です。

訳注1　例えば，https://www.youtube.com/watch?v=x8Gy-kgL8yA

この問題を扱うときには「七面鳥はクリスマスに（北米の読者にとっては感謝祭にも）投票しない」というジョークが思い出されます。エネルギー産業界の七面鳥はそこここにたくさんおり，ほとんど全ての場所で現在イベントを行っており，クリスマスの話が少しでもでると激しく反対し，彼らが主催せず自分たちのみが利益を得ることのできないイベントにはどんなものにでも反対するでしょう（FITとクリスマスの例えは，エネルギー産業界の七面鳥が文字通り石炭の塊をもたらす一方で，FITが多くの恵みをもたらすことを示すのにふさわしいと言えます）。エネルギー産業界の七面鳥はFITに反対する夥しい理由を述べるでしょうが，彼らが単に彼らの利益を守ろうとしており，我々の利益を守ろうとはしていないことに人々が気がつけば，その理由は明らかに見掛け倒しのものになります。

もしこの意見に賛成なら（賛成しない人はほとんどいないでしょう。七面鳥を除いては），問題となるのは戦略です。より良いもののために，このような影響力の強い利権をどのように打ち負かすことができるでしょうか？　反対勢力は同じようなパターンで幾度となく現れ，これらに打ち勝つ効果的な方法も既に知られています。反対勢力の例を見てみましょう。

明確な事例としては，米国の太陽エネルギー証書をめぐる論争があります。この例では，政治的圧力によって，小規模プレーヤーを犠牲にして巨大利権に有利になる政策が決定されました（Lacey, 2008）。このような利権は，彼ら自身に好ましい政策をもたらすよう政治的影響力を利用し，強く圧力を加え続けることができました。

金融と自動車分野における最近のひどい状況は，支配的なビジネスが巨大すぎて失敗できない時に何が起こるかを示しています。環境学は，多様性が強く健全でしなやかなシステムを作り出す基本となることを我々に教えてくれます。この反対は，納税者が銀行や自動車会社とともに陥っている依存性の落とし穴です。エネルギー会社も違いはありません。これらの多くの会社は，市民やコミュニティが自立して自分でエネルギーを作ろうとすると，これに抵抗するだろうと予想されます。

このことは，反対勢力に取って利益が少なくなるということを意味しています（Mendonça, 2007, pp17–18）。このような抵抗勢力の典型的な事例として，米国であったある話を考えましょう。ある従来型電力会社の経営陣は，7年を費やして，ある男性が小規模風車を電力会社の配電系統につなぐのを阻止しようとしました。その男性は，アイオワ州の郊外の小さい農場の農場経営者でしたが，弁護士を雇い州裁判所と米国連邦エネルギー規制委員会に提訴しなくてはなりませんでした。米国連邦エネルギー規制委員会は農場経営者を支持する裁定を行い，電力会社の幹部が故意にこの接続を断り，遅延作戦を用い，裁判所に不誠実な主張を行なったことを叱責しました（Sovacool, 2008, p144）。

欧州では，主なエネルギー会社を代弁しているドイツ電気事業連盟が，コストに絡めた主張，インフラの問題，市場ルール，法令を含むさまざまな理由に基づいて，FITを廃止しようと試みました。彼らの主張は完全に論破され，あらゆる点で失敗に終わりましたが，一方で，反対勢力は，彼らにとって都合が良く意のままに市場を支配できる政策を制定させるという野望を捨てていないように思われます（Mendonça, 2007, pp39–42）。

10.2　どのようにこの障壁を乗り越えるか？

これらの既得利権の問題を克服するために，行うべきことが二つあります。参加と透明性に関しての意思決定プロセスを改良することと，ある政策の受益者を明確にすること，です。意思決定に関する研究と支援について二つの事例を示すと，一つは，Frances Moore Lappé氏による素晴らしい仕事です。これは，民主的なプロセスを再形成するものであり，「生きた民主主義」という表現が用いられました（Lappé, 2007）。もう一つは，Frede Hvelplund氏の仕事であり，「イノベーティブな民主主義」という表現を用いて，特に再生可能エネルギーに関して，幅広いステークホルダーの関わりについての同様のプロセスと，協働による意思決定について述べているものです（Mendonça et al, 2009）。

政策の分析は，特に，誰が最も恩恵を得るかが明らかになる点で有効です。下記の基準は，再生可能エネルギー政策とFITに関してこのことを体系的に考えるスタートとして役に立ちます。

・地域の受容性。政策はどのようにこれを考慮に入れ，影響を与えるか？
・公平性。全ての資源からの投資に対してどのように開かれているか？
・簡単さ。政策はどれくらいシンプルで明確か？
・便益。誰の利益が増大し，保護されるか？
・移行。政策はどのように前の政策および補助的な政策とリンクしているか？
・政策立案。政策立案プロセスにNGOや新規技術産業の声がどのように反映されているか？
・インフラ政策。再生可能エネルギー技術に対する新たなインフラがどの程度整備されるか？

これらの基準は，意思決定，広範囲にわたる受益者の分布，分散型電源の促進，多様な所有者構造および再生可能エネルギーに親和性のあるインフラの整備の促進において，幅広い層の関わりが重要であると強調しています。これらの基準の主要な目標として，「安定性」，「参加」，「透明性」を挙げることができるでしょう。興味深いことに，FITはこの三つの基準全てを満たします。FITは投資家の信頼に必要とされる長期的な安定性を提供し，全ての投資家に参加への道を開きます。透明性は，受益者の分析に加え，政策決定プロセスから生じます。専門家の解析により，誰が受益者か，受益者がどのように分布しているかという明確な観点が非常に素早く導き出されることが理想です。

広い範囲から参加があることの主要な利点の一つは，気候変動や環境保護に関心のある市民やコミュニティが関わることです。ドイツの風力コンサルタントであるHenning Holst氏の以下のコメントは，実世界の便益の感覚を捉えています。

> EFL（ドイツ電気分配法）制定の後に起こったことは，多くの個人が地域の風力計画に投資したことです。これらの人々は「エネルギー専門家」になり，風力エネルギーについてかなり多くのことを

> 知るようになります。今やみんなが電気はコンセントからくるものではないことを知っています。そこでは風力エネルギーへの投資家が何千人もいるので，将来の風力エネルギーに対して好ましい条件を求めるために強力にロビー活動が行われています（Toke, 2005）。

これにより，グリーンな法律制定を政治的に支持するステークホルダーが拡大するという，次への段階が生じます。序章表 0.1 に示される FIT の利点から，エネルギー生産プロセスに一般の人々をより多く巻き込むことにより，エネルギー消費についての認識が増し，よりグリーンな政策への支持の度合いも大きくできることが分かります。このため，FIT に代表される議論は，民主主義への理解を共有する協力者を見つけるという問題の議論となります。

次の節では，FIT 導入のための普及啓発活動を効果的に始める手引きを示します。各ステップは示された順番に行われる必要はなく，国やコミュニティに対して全てを行う必要もありません。これらは，聴衆や目的に応じたプロセスを通じて，異なる形式に変えられてもかまいません。FIT の普及啓発活動の性質は，次の多くの要因に影響されます。再生可能エネルギーへの政府の関心，既得権益者の力，ビジョン，組織化能力および旗振り役の影響力，アライアンス（有志連合）の設立や意思決定，交渉の余地のない結論の合意形成，アライアンスの構成メンバーの協働と歩み寄りへの意志，資金，などです。

10.2.1　学ぶ

最初のステップは，政策そのものについて学ぶことです。学びとは何でしょう？　なぜ学ぶとうまくいくのでしょうか？　学びについて最も経験を持っているのは誰でしょうか？　学ぶことで何が得られるでしょうか？　本書はこのような質問への答えであり，ここで繰り返す必要はありません。これまで見てきたように，FIT には政策的，立法的，技術的，社会的，金融的，経済的，文化的，計画的な要素があり，アライアンスはこれらの要素全てをカバーしなければなりません。

本書のさまざまな章で述べたように，法律の設計は重要ですが，法律が効果的に実施されるためには補助的条件が必要不可欠です。補助的条件には，系統インフラと計画に関する法が含まれます。もし，後者が普及の障壁となるなら，系統インフラと計画に関する諸法は連携して行われなくてはなりません。さらに，特にスマートグリット，スマートメータ，デマンドサイドマネジメントおよび電気自動車に関しては，これらの問題の全てに対応する関連法案を立案する可能性を提案しつつ，FIT の進展と同時にエネルギーシステム全体を考えるのが理想的です。コミュニティ内でエネルギー問題の専門家を育てることは，このような FIT の普及啓発活動の大きな助けとなります。彼らは FIT の適用について，明確に理解することができるでしょう。この本の読者は既に良い軌道に乗っています。

以下のウェブサイトでは，さまざまな研究，出版物，ガイドライン，支持者へのアクセスに関してウェブベースの優れた資料や協力者を見つけることができます。

・Alliance for Renewable Energy – www.allianceforrenewableenergy.org
・Alliance for Rural Electrification – www.ruralelec.org
・German Federal Environment Ministry's renewable energy pages – www.erneuerbare-energien.de/inhalt/3860/
・International Feed-in Cooperation – www.feed-in-cooperation.org
・International Renewable Energy Agency（IRENA）– www.irena.org
・Policy Action on Climate Toolkit（PACT）– http://onlinepact.org
・REFIT NZ – http://refit.org.nz
・RES Legal – http://res-legal.de/en/
・Wind Works – http://wind-works.org

10.2.2 協力者を見つける

支援者であるあなたがどのような立場であっても，もし FIT 政策が制定されるのに争いが起こりそうであれば，支持者は協力者を探す必要があるでしょう。協力者は以下のような人々や組織かもしれません。

・大学，研究グループ，シンクタンク，独立系専門家

・環境系非営利団体 /NGO/ 慈善団体
・国会議員
・製造会社
・事業家
・公益事業体（まず，地方自治体の公益事業体が挙げられる場合が多い）
・再生可能エネルギー業界団体
・コミュニティ／草の根的なグループ，協同組合
・国／地元の有力なグループ
・投資家，投資銀行
・商工会議所
・開発機関
・労働組合
・住宅建設組合
・地主組合
・家主組合
・小売業者組合
・エネルギー貧困問題に取り組む団体
・著名人

このリストは，さまざまな国でこの問題について活動するグループや個人から成り立っています。例えば，軍隊や救急サービスが再生可能エネルギーから便益を得ない理由はありません。米国では，すでにいくつかの軍隊基地の電力は再生可能エネルギーで稼働しています。このことは，再生可能エネルギーの利用の価値観に反するように見えるかもしれませんが，太陽光発電の進歩の多くは，もともとは米国の宇宙プログラムから生じたものであることを思い出すと良いでしょう。2009 年の総合経済政策のグリーン部門では，アメリカ復興・再投資法に基づいて，防衛研究部門に対して兵器システムと軍隊基地の電力供給の再生可能エネルギー利用に 3 億 5000 万ドル（約 390 億円）の予算がつけられました。元 CIA 長官の James Woolsey 氏は，分散型電源はテロリストの攻撃による電力システムの分断に対してレジリエンス（回復力）を持つため，分散型電源を促進する観点から，FIT に賛成している

ことを表明しています。

残念ながら，あなたが真の協力者だと思っていた人が「七面鳥」となることもあるかもしれません。上記に述べた理由により彼らの利益はそれぞれ異なっているため，上記のリストの中でもある種の組織はFITに反対する可能性があります。しかし，失望しすぎてはいけません。なぜなら，人々がFITによって失うかもしれないものよりも，FITから得ることができるもの方が大きいというFIT本来の性質ため，優れたアライアンスは，進展していくにつれて参加人数も増加していくことでしょう。

10.2.3　ワークショップ，会議，実情調査

ワークショップを開催することは，さまざまな理由で実践的であり役に立ちます。これらは，一般的な状況および地域の状況の知識を身に付けてもらい，支援者を引きつけ，反対者を特定し，個人個人を直接結びつけるのに役立ちます。開催する組織やグループはたいてい講習会を準備します。それらはシリーズとして複数回行われるものであるかもしれず，プロセスのさまざまな段階を通して役に立つものとなります。有識者を招待して講演を行うことで，必要な関心を掻き立てるために当然に役に立ち，イベントを成功に導きます（国際的な専門家の登録に関して前述のPACTのサイトを参照)。ある場合においては，支援者と反対者の両者をこれらのイベントに出席させ，誰がどのような立場にいるかをはっきりさせる，という自己選択の方法を取ることもできます。問題となっている法規制に対する良い点と悪い点とを議論するのは非常に生産的です。

ワークショップは一般的に非常に有益で，これによって注目されている政策を知りたい人々が連携できるようになるでしょう。出席者の間で政策とその便益に関して一般的な理解が促進されるよう，講演は全ての出席者の理解度に合わせたものであることが望ましいでしょう。これにより，講演の聴衆は，自身の理解度と，この問題の全プロセスに取り組むのに必要なさまざまなスキルを知ることができます。1日だけのイベントであったとしても，普及啓発活動を準備し，始動し，成し遂げるという点において有益なものとなるでしょう。特にFITの性格や権限を決定する政府高官に参加してもらう

ことは，メディアの関心も高まり有益です。

支援者に関心を抱かせる最も効果的な方法の一つは，立法の効果を理解してもらうために，海外視察を行うことです。ドイツやスペインへの視察は特に効果的であり，ドイツのフライブルグやスペインのグラナダやナバラ地方のような都市には既に多くの視察者が訪れています。実際に訪問してインフラを見学し，それを整備した人々と面談する機会は威力を発揮し，FITを国際的に広める助けになっています。

10.2.4　資金調達とコミュニケーション

資金調達は，普及啓発活動を行うあらゆるグループが優先事項とすべきものです。同業組合，NGOなどの組織を通じてワークショップやセミナーを開催する機会があるかもしれませんが，資金は他のイベントや，出版物および共同声明，特に普及啓発活動をまとめるスタッフの雇用のためにこそ必要とされます。メーカーが資金を提供してくれるかもしれませんし，再生可能で安全で民主的なエネルギーへの加速的な転換を確信している財団も多くあります。第1章では，このエネルギー転換によりスピンオフされる有益な便益が生じる可能性が大きいことが述べられています。

出版や共同声明はプロセスを通じて必要不可欠であり，資金調達に必要とされる認知度を上げるのに主要な役割を果たすこともできます。ここで言う出版は，FITのファクトシート，さまざまなアライアンスの構成メンバーの立場を説明する政策提言書（ポジションペーパー），当該の地域でどのようなFITの選択肢が有効かについての個人研究，共同研究，委託研究，FITおよび地域の雇用創出についての調査報告書やレポートなどを含みます。出版物はさまざまな人々を対象とし，それぞれのレベルに合わせて最も適切な問題を扱います。

共同声明は多くの形式により安く迅速に広められます。考えられる形式は，アライアンス組織内部でのメーリングリストやニュースグループを通じたものから，外部へのプレスリリースや編集者へのレター，コメント，ブログ，Facebookのグループメッセージ，Twitterへの投稿やニュースアイテムなどを利用したものまで多岐にわたります。アライアンスのウェブサイトは非常に効果的なツールであり，その例は上記のリストに挙げた通りです。これは，記事やパブリックイベント，制度情報などのように，議題に対して国家的および地域的な議論をフォローするのに特に使いやすいものです。

共同声明による仕事の一部として，ニュースレポートや「研究」を通して，メディアに存在する反再生可能エネルギー主義や反 FIT 主義の誤りを立証することができるでしょう。本書執筆時において，スペインの再生可能エネルギー支援政策の雇用に与えるネガティブな影響についてのレポートが注目を集めていますが，このレポートは米国の同タイプの支援政策に対抗した経験に基づいた反論とされています。このレポートは，北米や他の地域の専門家により，論理的な反論がなされている最中です。既に薄々感づいている人もいるかもしれませんが，このレポートの著者は再生可能エネルギーの支援政策に反対するさまざまな特定利権と結び付いているように見えます(Johnson, 2009)。スペインでのこの事実は，再生可能エネルギーの発展のまた別の側面を示しています。

再び強調しますが，既得権益者は，彼らが脅かされるような取り組みに対しては，常にそれを阻害しようとするでしょう。彼らは，FUD 戦略（恐怖，不安，懸念）を用いますが，この戦略は喫煙の禁止や地球温暖化ガスの制限に反対するために産業界が巧妙に使ってきたものであり，その効果の大きさは周知の通りです。逆にこの戦略は，再生可能エネルギーや FIT に賛成している人々による研究や論文を進展させることは確かでしょう。これは，反対者の戦略を表面化させ顕在化することにもなります。

10.2.5　政策スポンサーの協力と政策プロセスへの関与

FIT の普及啓発活動がある点まで達すると，政策プロセスにおける立案と参加の時期となります。これらはおそらくもっとも困難な部分であり，忍耐と，寛容と，交渉と，機転と，率直さと，強さと，猪突猛進的な一途さとが必要とされます。国の成り立ちに応じて，国レベル，州，市町村など，法制化に最も適した行政規模を対象とした意思決定が行われる場合もあります。北米，インド，オーストラリアはいずれもこの例です。

政策支援者を見つけることは，プロセスの最も重要な部分の一つです。政府においては，法案が採択されるよう立法者が自身の政党に圧力をかけ，反対者に対しては，法案や修正案への支持の幅広い訴えを行います。立法化や議題を提出する議会のシステムや方法は国により異なっており，例えば英国では，議員提出法案，「10分ルール」（下院の一般議員が10分までのスピーチで法案を提出することができるルール），時期尚早動議（すぐには審議される見込みはないが，議員に関心を促すために提出される動議），法案を存続させるための修正条項などの方法があります。

国会ロビイストの第一人者を見つけて共に働くことにより，物事はスムーズになり，成功のチャンスが増します。この人物は，理想的には良い経歴を持ち，よく知られており，信頼され，政策システムの内外をよく知る人であることが望ましいでしょう。彼らはアライアンスのガイドとなり，議会や立法機関の内部や周辺に関して政策戦略についてのアドバイスをすることができるでしょう。主な目的は，理想的には全ての政党を通じて，FITの支持を構築することです。公開討論を目的とした議会イベントにより一部の目的は達成可能ですが，アライアンスはさまざまな前線において活動が必要になります。関係大臣や州務長官への公開質問状は，アライアンスの意図や主張を述べるのに役立ちます。この種の公開レターは，一般の人々に対して，アライアンスとアライアンスの目的や主張の認知度を高めます。情報に通じたジャーナリストが数人参加することで，全国紙で政府および他の利権団体に公平性を求めることもできます。

非営利組織（NPO）は直接のロビー活動ができない可能性があることに注意を払うことは重要です。彼らの活動を統治する法律は各国で異なっており，ロビー活動は彼らの活動から除外されていることもあり，この場合は，アライアンスの他の構成員がロビー活動を行う必要があります。しかし，NPOは一般への認知の向上や，政策研究，コミュニティ活動など「教育的な」活動を行うことができます。彼らによって，産業界や政策専門家，メーカーなどを含むさまざまな人々との連携が促進されます。

アライアンスが政府とあまりに親密に活動すると，それは妥協であり，公に批判をして政府に圧力をかけにくくなると感じるかもしれません。しかし，アライアンス内のNGOが裕福になりすぎていて，単にかけるべき圧力を公にかけることができないだけかもしれません。ロビー活動と政策プロセスの親密性は，ここでの議論はこれ以上必要ではなく，状況は各国で大きく異なります。一般的な法則として，アライアンスが広く深化し，洗練されさまざまな関心に配慮すればするほど，立法化が確実になります。

人々にとって，エネルギーは生活の全てに不可欠なものですが，ほとんどの市民の生活からかけ離れたところにあり，情報に通じるのが難しいものです。効果的な議論は，仕事や，投資に対する保証された利益などの明確なものを人々に提供するものです。これらは政府が知りたいことと同じです。彼らは，いくつかの鍵となる点，すなわち，「どのくらいコストがかかるか？」「誰が払うか？」「誰がこれを支持するか？」などを知りたがっています。これらの質問は一般にFITの便益の議論の後に続くものであり，議論に先立って，なぜまだFITが適切に行われておらず，誰が反対しているのかの議論が行われます。

党派を超えた政策立案者による志のあるグループや議会の情報に通じたジャーナリストと協働し，活動的できちんと資金提供されることで，戦略を追い，注意深く研究や立証を行い，自らの利権に関心のある反対者を暴き，一貫した方針を持つ場合に，アライアンスは多くの目的を達成することができます。

再生可能エネルギーに賛成する議論の多くは，実際にはこの技術を自ら売り込むことを意味しますが，その一方で，熱心で専門的で組織化されたアライアンスや個人であれば，再生可能エネルギーの早急かつ民主的な導入のゴールに向けて機運を高めることはできるでしょう。

10.2.6　政策設計と施行

政府が推進を決めたら，次に何をするべきでしょうか？　政府がひとたび立法に取りかかったとしても，仕事はまだ終わっていません。アライアンスの構成メンバーは，適切な発電方式や，規模，適切な料金のレベルなどの意思決定を助けるために，全ての分野の立法について明確な提案を示すべきでしょう。さまざまな国の動きを観察すると，買取価格の水準は非常にうまく設定されていることも多いですが，提案がより良い帰結に向かうように政府を後押しすることも可能です。もし買取価格が低く設定されすぎて導入が進まなければ，導入プロセスにおいて何も学習がなされていないことになりますが，もし買取価格がより高く設定され導入が急速であれば，買取価格を適切な水準に低減するために政府に対して多くのなすべきことがあります。これは最も高い価格設定を提案するものではありませんが，しかし，専門家が広く賛同するレベルを設定することで，導入は非常に活性化します。これは，実のところ，政府は投資の安全性とエンドユーザーのコストとの間のバランスを取る必要があるという，買取価格に関わる根本の問題に戻ります。投資家は常に高いリターンを求めますが，一般市民（および彼らを代表する政治家）は電力料金が低く安定していることを求めます。

現在の経済状況では，政策は主に雇用創生や経済刺激の基本として政策立案者に売り込まれ，エネルギー安全保障やCO_2排出量削減は副次的な便益となるでしょう。社会的，環境的な重要性は三番目の便益となります。ここで「グリーンな精神」を後退させる必要はありません。価値観や倫理的な観点からこの移行が重要であることを呼びかけるのは無益ではありませんが，我々は，何が政策立案者や公衆の支持を動かしているのかを検討し，現実的にならなくてはなりません。さまざまな議論は有益であり，もし地域の状況に応じて政策設計や施行がうまく行われれば，この政策がどれだけ変革を促すかを示すことができます。

10.3　最後に

昔，オットー・フォン・ビスマルクは，法律を作ることはソーセージを作るようなものだと述べました。それらがどのように作られるかを知らない方が良い場合もあります。彼のコメントは，どのようなタイプの立案のプロセスも対立があり混沌としていることを強調しています。FITも例外ではなく，FITを適切に実施するには長く困難な道のりとなり，特に現在の法令とは異なるものを目指している場合は難しいものとなります（4.9節参照）。FITの普及啓発活動の経験が豊富な人が我々に指摘してくれたように，忍耐の必要性は強く強調されます。彼は，大きな政策を転換させるプロセスは，「ごちゃごちゃでいらいら」するものであると述べています。FIT の制定と施行はすぐにはできず，妥協することは快くはありませんが，さまざまな利益を持つ人々の間で効果的な意思決定を行うのには避けられないものです。

しかし，読者は，ほとんどの政策と法律は，FIT がもたらす便益以上のものをもたらさないということを忘れてはいけません。FIT はエネルギー生産の民主化を行い，あらゆる人々をエネルギー生産者や投資家にする可能性があります。FIT は市民やコミュニティを新たな方法で力づけ，グリーンな法律を改良していく道を作ります。これは本質の転換ですが，しかし，間違いなく人類の歴史において最も重要で避けられない転換です。すなわち，地球の歴史上前例のないほどに枯渇してしまったエネルギー源の使用をやめ，害のない再生可能なサイクルかつ一般の人も関わることができる有益なグリーン経済に基づくエネルギーシステムへの転換です。

参照文献

Johnson, K. (2009) 'Green jobs, ole: Is the Spanish clean-energy push a cautionary tale?', http://blogs.wsj.com/environmentalcapital/2009/03/30/green-jobs-ole-is-the-spanish-clean-energy-push-a-cautionary-tale/

Lacey, S. (2008) 'US state solar debate: Will SRECs create unhealthy market concentration?', Renewable Energy World.com, www.renewableenergyworld.com/ rea/news/article/2008/05/u-s-state-solar-debate-will-srecs-create-unhealthy-market-concentration-52339

Lappé, F. M. (2007) Getting a Grip: Clarity, Creativity and Courage in a World Gone Mad, Small Planet Media, Cambridge, MA

Mendonça, M. (2007) FITs: Accelerating the Deployment of Renewable Energy, Earthscan, London

Mendonça, M., Lacey, S. and Hvelplund, F. (2009) 'Stability, participation and transparency in renewable energy policy: Lessons from Denmark and the United States', Policy and Society, vol 27, pp379–398

Sovacool, B. K. (2008) 'The Dirty Energy Dilemma: What's Blocking Clean Power in the United States', Praeger, Westport, CN

Toke, D. (2005) Wind Power Outcomes: Myths and Reality, paper for the 11th Annual International Sustainable Energy Research Conference in Helsinki, 6–8 June

索　引

日本語翻訳

山下紀明（認定 NPO 法人　環境エネルギー政策研究所　主任研究員）
序文，第 1 章，第 4 章

古屋将太（認定 NPO 法人　環境エネルギー政策研究所　研究員）
第 2 章，第 3 章

西山裕也（GR Japan 株式会社　マネージャー（公共政策））
第 5 章，第 6 章

西村健佑（Umwerlin 代表者　翻訳家・ジャーナリスト）
第 7 章，第 8 章

奥山美保（特許業務法人　三枝国際特許事務所　弁理士）
第 9 章，第 10 章

安田　陽（京都大学大学院経済学研究科　特任教授）
原著者序文，監訳・校正

翻訳協力

島村悠太郎（認定 NPO 法人　環境エネルギー政策研究所　インターン）
序章

横江きらら（認定 NPO 法人　環境エネルギー政策研究所　インターン）
第 1 章，第 4 章

著者紹介

Miguel Mendonça（ミゲル・メンドーサ）
独立研究者。作家。

David Jacobs（デイビッド・ヤコブス）
IET（International Energy Transition）取締役。

Benjamin K. Sovacool（ベンジャミン・ソヴァクール）
英国サセックス大学ビジネススクール・エネルギー科学政策研究ユニット（SPRU）教授，および同大学エネルギーグループ部長

監訳者紹介

安田　陽（やすだ・よう）
京都大学大学院経済学研究科再生可能エネルギー経済学講座特任教授。専門分野は風力発電の耐雷設計および系統連系問題。現在，日本風力エネルギー学会理事，各種国際委員会エキスパートメンバー。

再生可能エネルギーと固定価格買取制度（FIT）
――グリーン経済への架け橋

2019年11月20日　初版第一刷発行

著　者　ミゲル・メンドーサ
　　　　デイビッド・ヤコブス
　　　　ベンジャミン・ソヴァクール
監訳者　安　田　陽
発行者　末　原　達　郎
発行所　京都大学学術出版会
京都市左京区吉田近衛町69
京都大学吉田南構内（606-8315）
電　話　075-761-6182
FAX　075-761-6190
振　替　01000-8-64677
http://www.kyoto-up.or.jp/

印刷・製本　亜細亜印刷株式会社
装　丁　野田和浩

ISBN978-4-8140-0240-5　定価はカバーに表示してあります
Printed in Japan

© Y. Yasuda 2019

本書のコピー，スキャン，デジタル化等の無断複製は著作権法上での例外を除き禁じられています。本書を代行業者等の第三者に依頼してスキャンやデジタル化することは，たとえ個人や家庭内での利用でも著作権法違反です。